Nicolas Schmidlin

Unternehmensbewertung & Kennzahlenanalyse

Autor

Nicolas Schmidlin, geboren 1988, ist Student der Wirtschaftswissenschaften mit dem Schwerpunkt Finance & Accounting an der Goethe Universität Frankfurt. Zusammen mit Marc Profitlich leitet er eine Personengesellschaft, die langfristig in Aktien und Anleihen nach den Grundsätzen des Value Investing investiert. Weitere Praxiserfahrung sammelte er im Investmentbanking in Frankfurt.

Unternehmensbewertung & Kennzahlenanalyse

–

Praxisnahe Einführung mit zahlreichen Fallbeispielen börsennotierter Unternehmen

Nicolas Schmidlin

Bibliografische Information der Deutschen Nationalbibliothek

Die Deutsche Nationalbibliothek verzeichnet diese Publikation in der Deutschen Nationalbibliografie. Detaillierte bibliografische Daten sind im Internet über http://dnb.d-nb.de abrufbar.

ISBN: 9783844802115

1. Auflage: November 2011

Herstellung und Verlag: Books on Demand GmbH, Norderstedt
Satz: Nicolas Schmidlin
Coverdesign: Ann-Katrin Göpfert

Den Autor erreichen Sie unter:
nicolas.schmidlin@li-ps.de

Danksagung

Dieses Buch hätte nicht ohne die tatkräftige Unterstützung meines Investmentpartners und Freundes Marc Profitlich entstehen können. Desweiteren danke ich Steffen Zollondz für die Beratung in sprachlichen und grammatikalischen Angelegenheiten. Weiter gilt ein besonderer Dank Ann-Katrin Göpfert für das Coverdesign und ihre ausdauernde Geduld. In der 18 monatigen Entstehungsgeschichte dieses Buches waren mir viele Personen bei der Korrektur des Manuskriptes behilflich, darunter möchte ich - ohne spezielle Reihenfolge - besonders danken: Rabab Flaga, Carl-Christoph Friedrich, Julian Gruber, Dirk Heizmann, Markus Herrmann, Dominik Hügle, Thomas Junghanns, Fabian Kaske, Sven Kluitman, Lars Markull, Lukas Mergele, Simon Vogt und Philipp Vorndran. Ein spezieller Dank gilt meinen Eltern für die bedingungslose Unterstützung sowie S.B.

Anlegerhinweis

Diese Publikation gibt die Meinungen und Ansichten des Autors wieder. Diese sind keinesfalls als Kauf- oder Verkaufsempfehlung für die Wertpapiere der genannten Unternehmen zu verstehen und dienen lediglich zu Anschauungszwecken. Der Verkauf dieser Publikation erfolgt unter der Prämisse, dass der Autor und Verlag damit weder Rechts-, Steuer-, Anlage- oder sonstige Beratungsdienstleistungen erbringen. Weder der Autor noch der Verlag garantieren die Richtigkeit der in diesem Buch enthaltenen Informationen und Angaben.

Inhaltsverzeichnis

Vorwort - von Philipp Vorndran

Werden Sie ein Unternehmer!

Manchmal ist es schon zum Verzweifeln. Kaum ist in lockerer Runde das Gespräch auf meine Tätigkeit gekommen, werde ich mit nahezu 100%-iger Wahrscheinlichkeit gefragt: „Na Philipp, wo steht der DAX am Ende des Jahres?“ Eine Frage, die eigentlich fast alles über die Investmentphilosophie von uns Deutschen aussagt: heimmarktfokussiert und indexgesteuert.

Um nicht ungerecht zu werden, muss man natürlich eingestehen, dass der Heimmarkt-Fokus (im englischen Home Bias) kein rein deutsches Phänomen ist. Überall dort, wo sich Investoren in einer großen, leistungsfähigen Volkswirtschaft wähnen, vergisst man nur allzu leicht, dass auch jenseits der Grenzen erstklassige Unternehmen und prosperierende Ökonomien zu finden sind. Den Home Bias findet man also genauso in den USA, in Japan oder auch in Großbritannien. Die Folge davon ist, dass bei den knapp 3,9 Millionen deutschen Aktionären - gemäß Analysen des deutschen Aktieninstituts - drei Viertel der direkt gehaltenen Unternehmen aus Deutschland stammen. Dies steht im drastischen Widerspruch zur Bedeutung des deutschen Aktienmarktes an der globalen Marktkapitalisierung. Der Anteil liegt nämlich lediglich bei ca. 5 Prozent.

Warum dies so ist, das können wir uns alle leicht vorstellen. Es sind Gründe wie die Sprache, die Vertrautheit mit dem lokalen Rechtssystem, der tägliche Kontakt mit den Produkten heimischer Unternehmen, das fehlende Wechselkursrisiko und vieles andere mehr. Alles Faktoren, die nicht von der Hand zu weisen sind, die es allerdings nicht rechtfertigen, ganze Regionen oder Sektoren komplett aus dem Portfolio zu verbannen. Oder können Sie beispielsweise in ein führendes deutsches Rohstoffunternehmen oder einen großen deutschen Hersteller von Unterhaltungselektronik investieren?

Immerhin hat sich dieser Fokus auf den Heimmarkt bei deutschen

Anlegern in den letzten Jahren etwas abgeschwächt. Auslöser dafür waren einerseits die stärkere Einbeziehung europäischer Unternehmen nach der Einführung des Euros, andererseits die fulminante Entwicklung der Schwellenländer, die vielen Investoren klar gemacht hat, dass Deutschland auch ökonomisch nicht mehr der Nabel der Welt ist.

Nochmals verschärft hat sich hingegen in den letzten Jahren der Trend zum Indexinvestment, egal ob direkt durch einen ETF, ein Zertifikat oder einen benchmarknahen Aktienfonds. Wurde im Jahr 2000 an der Xetra noch ein ETF-Volumen von 0,4 Mrd. Euro gehandelt, so waren es Ende 2009 über 120 Mrd. Euro. Wurden im Jahr 2000 ganze 2 ETFs gehandelt, so waren es 2010 über 600 - zugegeben nicht alle auf den DAX. Besser kann man den Trend weg von der Einzelaktie hin zur Benchmark fokussierten Geldanlage nicht belegen.

Dieser Umstand ist für eine Volkswirtschaft, die noch immer die Bezeichnung Marktwirtschaft, wenn auch soziale, trägt, traurig und langfristig schädlich, denn die Investoren und Bürger verlieren immer stärker den Bezug zu den realen Unternehmen, deren Chancen, Sorgen und Nöte. Unsere Firmen, egal ob in der Form einer Aktiengesellschaft, eines mittelständischen Familienbetriebes oder dem Handwerker um die Ecke, sind zusammen mit ihren gut ausgebildeten Arbeitnehmern das Rückgrat unseres Wohlstandes. Wenn die Mehrheit der Bevölkerung aber diese Unternehmen, wenn überhaupt, nur noch über ihre Produkte kennt, dann besteht die große Gefahr, dass die Standortvoraussetzungen für leistungsfähige, international wettbewerbsfähige Firmen in der politischen Diskussion kaum mehr Gehör finden. Ein aktiver Aktionär bei BASF hingegen wird Themen wie Umweltschutz, Energieversorgung, Arbeitszeiten, Ausbildung der Mitarbeiter oder Steuern - um nur einige zu nennen - in einer zusätzlichen Dimension betrachten, verglichen mit dem Bürger, der nie versucht hat, sich in die Schuhe eines Unternehmers zu versetzen.

In einer Marktwirtschaft muss Eigenkapital (Aktie) langfristig immer deutlich mehr rentieren als Fremdkapital (Anleihe), sonst gäbe es bald keine Unternehmen mehr. Das bedeutet nichts anderes, als dass derjenige, der bei der Anlage seiner Ersparnisse nicht kurzfristig orientiert ist, immer den Großteil seines Geldes in gute Unternehmen anlegen sollte, und nicht in Sparbriefe oder Anleihen. Was aber bedeutet dann das massive Übergewicht von Anleihen und Sparanlagen beim durchschnittlichen Deutschen? Glaubt er nicht mehr an die positiven Wohlstandseffekte einer Marktwirtschaft ... oder schlimmer noch, hat er nie wirklich daran geglaubt? Sind viele Deutsche im tiefen Inneren ihres Herzens in Tat und Wahrheit noch immer Verfechter einer staatlich gelenkten Planwirtschaft? Ich hoffe nein, aber zumindest die Art und Weise, wie viele Deutsche ihr Vermögen bewirtschaften, und so manche Tendenzen in Politik und öffentlicher Meinung der letzten Jahre lassen hier und da Zweifel aufkommen.

Was Investoren aber primär interessieren sollte, ist die Frage, wie finde ich die besten Unternehmen, wie schneide ich mit meinem Aktienportfolio langfristig besser ab als mit dem Index, der ja nichts anderes darstellt als den Durchschnitt aus guten und schlechten Unternehmen? Die erste Grundvoraussetzung dafür ist etwas Zeit. Denn egal für welche Analysemethodik Sie sich am Ende entscheiden werden, ohne Zeit für Recherche wird es nicht gehen! Selbst wenn man diese Zeit nur dafür aufwendet, die besten Fonds oder die besten Vermögensverwalter ausfindig zu machen, die Idee bei einem 60-minütigen Besuch eines Bankberaters sein Vermögen sinnvoll anzulegen, ist sehr naiv. Die Mehrheit von Ihnen hat für Ihr Vermögen zu hart und zu lange gearbeitet, um es in so kurzer Zeit aufs Spiel zu setzen - das hat Ihr Geld nicht verdient!

Wenn Sie sich die Zeit genommen haben - und genau deshalb halten Sie ja dieses Buch über die fundamentale Unternehmensanalyse in Ihren Händen - dann stellt sich noch die Frage nach der richtigen Methodik. Ist nun eher ein technischer, ein quantitativer, ein verhaltensgesteuerter oder ein fundamentaler Ansatz der richtige für Sie? Eine eindeutige Antwort dafür gibt es nicht. Es gibt für jeden Ansatz genügend Beispiele von Investoren, die mit diesem extrem erfolgreich gearbeitet haben. Und selbst überzeugte „Fundamentalisten" wie Warren Buffett vermischen manchmal die Signale mehrerer Techniken, um den richtigen Einstiegszeitpunkt für ein Investment zu definieren.

Verstehen Sie eine Aktie aber als strategische Teilnahme am Erfolg eines Unternehmens, dann kommen Sie an der fundamentalen Unternehmensanalyse nicht vorbei. Wenn Ihnen die Metamorphose vom Aktionär zum Unternehmer gelingt, dann beginnen Sie *Ihr*

Unternehmen und die Entscheidungen *Ihres* Managements Schritt für Schritt zu verstehen. Dann können Sie früher oder später auch beginnen, die nächsten Entwicklungen zu antizipieren, und gewinnen damit einen entscheidenden Vorsprung zum durchschnittlichen Anleger, dem sogenannten Konsensus-Investor.

Ein unrealistisches Ziel? Nein, wenn Sie sich nicht vornehmen, in kurzer Zeit Unternehmer bei zu vielen Gesellschaften zu werden. Beginnen Sie Ihr Unternehmertum bewusst bei einer kleinen Zahl von Aktiengesellschaften, durchaus aus unterschiedlichen Branchen und Regionen. Und wenn Sie das Grundprinzip der Bewertung anhand dieser wenigen Unternehmen verstanden haben, dann ist es anschließend mit jedem neuen immer einfacher, die Grundmuster auf weitere Firmen und deren Entscheidungsprozesse zu übertragen.

Das vorliegende Buch über Unternehmensbewertung ist für Sie eine erste wichtige Etappe. Ohne das Verständnis für das Zahlenwerk einer Gesellschaft bleiben für einen Investor zu viele Fakten im Dunkeln. Aber auch das Kennen der Zahlen alleine macht Sie noch lange nicht zu einem guten Investor. Dafür müssen Sie beim Interpretieren dieser Kennzahlen Erfahrungen sammeln und sich auch einmal eine „blutige Nase“ holen. Egal, ob Sie Ihr Finanzchef nicht vollständig informiert hat oder Sie es selbst waren, der die Zahlen zu optimistisch ausgelegt hat, beim Investieren gilt wie in anderen Bereichen des Lebens auch „aus Schaden wird man klug“ und „Übung macht den Meister“.

Philipp Vorndran
Kapitalmarktstratege
Würzburg

Einleitung

> Wir wissen nun, dass die Kunst nicht die Wahrheit ist. Die Kunst ist eine Lüge, die uns erlaubt, uns der Wahrheit zu nähern, zumindest der Wahrheit, die uns verständlich ist.
>
> *(Pablo Picasso)*

Dieses Buch beschäftigt sich mit der Bewertung und Bilanzanalyse börsennotierter Unternehmen. Ein adäquater Titel wäre gegebenenfalls auch „Nicht noch ein Unternehmensbewertungsbuch!" gewesen. Amazon zeigt mehr als 4.000 deutschsprachige Treffer zu diesem Thema und weitere 2.000 zum Bereich der Bilanzanalyse an. Weshalb also noch ein Buch zu diesem Thema? Vielleicht ist Ihnen aufgefallen, dass das einleitende Zitat nicht von einem berühmten Ökonomen, Unternehmer oder Investor, sondern vielmehr aus der Feder eines Künstlers stammt. Unternehmensbewertung ist mehr Kunst als Wissenschaft. Zwar bieten die aus der Kennzahlenanalyse gewonnenen Zahlen und Relationen einen greifbaren Überblick, gleichwohl sind Zahlen nicht alles. Würde das reine Ausrechnen und Vergleichen von Kennzahlen genügen, um unterbewertete oder vielversprechende Unternehmen ausfindig zu machen, so wäre dieses Buch überflüssig und ein Computer könnte die nötige Arbeit verrichten. Dem ist nicht so. Die durch die Auswertung der Kennzahlen gewonnenen Erkenntnisse geben nur Rückschlüsse darauf, wie sich ein Unternehmen bisher entwickelt hat. In die zukünftige Entwicklung fließen aber Faktoren aus den unterschiedlichsten, insbesondere qualitativen, Bereichen ein. Die Finanzmarkttheorie tut sich bisher schwer mit dieser Tatsache. Die meisten Bücher bestehen aus abstrakten Formeln, griechischen Buchstaben und Verklausulierungen. Der Anspruch dieses Buches ist dagegen die Vermittlung von Unternehmensbewertung und Kennzahlenanalyse in einem pragmatischen, lebhaften und fallorientierten Stil. Besonders durch die Betrachtung alternativer Ansätze neben den etablierten Methoden soll ein umfangreicher Einblick in die Unternehmensanalyse und Bewertung gegeben werden. Die in diesem Buch dargestellte Analyse ist dabei von einem Unternehmergedanken geleitet. Aktionäre besitzen einen Anteil an einem real existierenden Unternehmen mit realen Mitarbeitern, realen Produkten und (hoffentlich) realen Zahlungsströmen. Ziel dieses Buches ist es, genau dies zu vermitteln: Denken und bewerten wie ein Unternehmer, nicht wie ein Spekulant. Die nackten Zahlen sind das eine, eine vernünftige Beurteilung derselben das andere. Zusammen ergeben diese Puzzlestücke ein Bild des inneren Wertes eines Unternehmens. Im Gegensatz zu herkömmlichen Büchern über Unternehmensbewertung verzichtet das vorliegende Werk weitestgehend auf komplizierte mathematische Formeln und abstrakte Erklärungen. Es soll vielmehr ein Leitfaden zur praxisnahen und pragmatischen Unternehmensbewertung, anstatt grauer, kaum anwendbarer Theorie vermittelt werden.

Beim Blick in das Inhaltsverzeichnis mag auffallen, dass sich nur ein Kapitel explizit mit der Bewertung von Unternehmen auseinandersetzt. Tatsächlich bedingt jedoch jedes Kapitel das darauf folgende auf dem Weg zum inneren Wert eines Unternehmens. Die in Kapitel 8 dargestellte Bewertung baut daher auf den vorigen Kapiteln auf, sodass dieses nicht ohne jene verstanden oder zumindest richtig angewandt werden könnte. Die Bewertung selbst ist ein technischer Vorgang, der Weg dorthin die eigentlich wertschöpfende Tätigkeit des Investors. Um der Praxisnähe und Anwendbarkeit der Thematik gerecht zu werden, finden sich mehr als 110 Beispiele in den verschiedenen Kapiteln. Das Ende eines Beispiels ist durch einen horizontalen Strich gekennzeichnet. Da der Großteil der Unternehmen ihre Abschlüsse in englischer Sprache veröffentlichen, findet sich zu den meisten Kennzahlen und Bewertungsmethoden auch ein Beispiel anhand eines englischsprachigen Abschlusses. Dabei wurden aus Gründen der Authentizität die jeweiligen landestypischen Ziffergruppierungen übernommen. Die Beispiele können also 1:1 in den Originalabschlüssen nachvollzogen werden. Im Fließtext und den Formeln wird durchgängig die deutsche Schreibweise verwendet.

Die hier dargestellte Unternehmensbewertung legt den Fokus auf die Bewertung börsennotierter Unternehmen, kann jedoch ebenfalls auf private Unternehmen angewendet werden. Gerade an der Börse gehört die ständige Überprüfung und Erneuerung der eigenen Einschätzungen zum Tagesgeschäft. Der Einfluss übergeordneter politischer Entscheidungen, makroökonomischer Entwicklungen bis hin zu strategischen Entscheidungen des Managements auf den Unternehmenswert, erheben die Kunst der Unternehmensbewertung nicht nur zu einer der intellektuell herausforderndsten, sondern auch spannendsten Tätigkeiten an den Finanzmärkten. Die folgenden Kapitel sollen neben der Darstellung der Kennzahlenanalyse und Unternehmensbewertung auch diese dynamische und ertragsreiche Seite der Thematik vermitteln. Die Bewertung von Unternehmen ist eine Kunst, der innere Wert eines Unternehmens stets unbekannt, im Wandel und doch eingrenzbar. Bringen wir Licht ins Dunkel!

Nicolas Schmidlin
Frankfurt am Main, im November 2011

1 Grundlagen der Bilanzierung und Bilanzanalyse

> Welche Vorteile gewährt die doppelte Buchhaltung dem Kaufmanne! Es ist eine der schönsten Erfindungen des menschlichen Geistes [...]
> Sie lässt uns jederzeit das Ganze überschauen, ohne dass wir es nötig hätten, uns durch das Einzelne verwirren zu lassen.
>
> *(Johann Wolfgang von Goethe)*

Das Rechnungswesen ist die Sprache der Unternehmen. Wer langfristig erfolgreich bewerten und investieren will, muss Jahresabschlüsse verstehen und interpretieren können. Der Hauptzweck des Rechnungswesens besteht in der Erfassung, Auswertung und Quantifizierung betrieblicher Prozesse. Die kompakte Abbildung dieser Prozesse bildet der Jahresabschluss, in dem Vermögen und Schulden aber auch Erfolgsgrößen wie Umsatz, Gewinn und Kapitalfluss dargestellt werden. Die Auswertung und Interpretation dieser Daten vor dem Hintergrund der betrieblichen Tätigkeit des Unternehmens ist ein wesentlicher Bestandteil der Unternehmensbewertung. Ein Verständnis für diese „Sprache der Unternehmen“ zu entwickeln und gleichzeitig auch qualitative Faktoren mit in die Analyse einfließen zu lassen, bildet eine solide Grundlage für die anschließende Bewertung. Das Rechnungswesen zeigt damit in einem Modell die Unternehmenswelt, wie sie war und aktuell ist. Die Unternehmensbewertung setzt nun an diesem Punkt an und versucht, unter anderem mithilfe der Daten aus dem Rechnungswesen, eine Prognose über die zukünftige Entwicklung und das Risiko einer Unternehmung zu treffen. In diesem Kapitel wird auch auf die Schwächen und Grenzen der modernen Rechnungslegung eingegangen. Ein besonderer Nachteil liegt beispielsweise in der Natur der Rechnungslegung als hauptsächlich quantitatives Modell. Die Bilanzanalyse lebt daher von der Verbindung aus quantitativen Fakten und qualitativen Merkmalen. In diesem Kapitel wird vorrangig auf die verschiedenen Rechnungslegungen, die Bestandteile des Jahresabschlusses und die Berechnung erster Kennzahlen eingegangen. Kapitel 1 legt damit die Basis für die weitere kennzahlenbasierte Analyse, aber auch für die folgenden qualitativen Analysen, die sich zumindest am Jahresabschluss orientieren.

1.1 Bedeutung und Entwicklung des Rechnungswesens

Bis zum Jahr 2003 bilanzierten die meisten kapitalmarktorientierten Unternehmen in Deutschland nach den Vorschriften des Handelsgesetzbuchs, kurz HGB. In diesem Regelwerk ist das Vorsichtsprinzip sowie der Grundsatz des Gläubigerschutzes vorherrschend. Generell wird nach dem HGB konservativ bilanziert und ein tendenziell niedriger Gewinn ausgewiesen. Die Vorschriften des Handelsgesetzbuchs sind weiterhin relevant für die Einzelabschlüsse vieler Unternehmen und dienen als Ausschüttungs- und Steuerbemessungsgrundlage.

Mit der EU-weiten, verbindlichen Einführung der International Financial Reporting Standards (IFRS) für kapitalmarktorientierte Unternehmen musste das vom Gläubigerschutz dominierte HGB auf Konzernebene der neuen Rechnungslegung IFRS weichen. In den IFRS steht weniger der Gläubigerschutzgedanke, als vielmehr die Vermittlung von Informationen über die Vermögens-, Finanz- und Ertragslage des Unternehmens im Mittelpunkt. Da die IFRS hauptsächlich bei der Erstellung von Konzernabschlüssen Anwendung finden, ist diese Rechnungslegung maßgeblich bei der Analyse der meisten europäischen börsennotierten Unternehmen.

Während im HGB die Vermögenswerte beispielsweise höchstens zu Anschaffungskosten bilanziert werden und somit Wertsteigerungen nur unzureichend abbilden, erlauben die IFRS einen deutlich größeren Bewertungsspielraum. Diese und andere Neuerungen haben zur

Folge, dass in den nach IFRS aufgestellten Abschlüssen tendenziell ein höherer Gewinn ausgewiesen wird und die Vermögenswerte zu aktuelleren Werten angegeben werden, als dies im HGB der Fall ist.

Neben den europäischen IFRS existieren weltweit weitere relevante Rechnungslegungsvorschriften. In den USA wird nach den US-GAAP, in Großbritannien auf Grundlage des UK-GAAP und in der Schweiz auf Basis der IFRS/Swiss GAAP FER bilanziert. Zwischen den Bilanzierungsvorschriften in Europa und den USA bestehen inhaltlich nur geringfügige Unterschiede, was die den Konzernabschlüssen entnommenen Zahlen international relativ vergleichbar macht. Im Zuge eines Harmonisierungsprozesses zwischen US-GAAP und den IFRS ist zudem eine weitere Annäherung zu erwarten. Die optischen Unterschiede zwischen US-amerikanischen und europäischen Geschäftsberichten sind dagegen frappierend. Während in den europäischen Geschäftsberichten nahezu keine Auflagen bezüglich des Formats und der zusätzlichen Informationen gegeben sind, müssen die meisten US-Unternehmen ein standardisiertes Formblatt (sogenanntes 10-K) ausfüllen, welches kaum Spielraum für zusätzliche Daten oder Grafiken bietet. Diese Entwicklung ist unter anderem auf zahlreiche US-Bilanzierungsskandale Ende der 90er Jahre zurückzuführen, woraufhin der US-Kongress 2002 den so genannten „Sarbanes-Oxley Act“ verabschiedete. Demzufolge muss jeder Jahresabschluss in den USA von der Unternehmensleitung unterzeichnet und bei der Börsenaufsicht SEC hinterlegt werden.

Für die Jahresabschlussanalyse bietet dies Vor- und Nachteile. Zum einen sind die US-Abschlüsse (10-K) klar strukturiert und nach Gewöhnung an die juristischen Passagen auch sehr übersichtlich. Markt- und Branchendaten oder weitere Grafiken finden sich in diesen Abschlüssen jedoch nur in Ausnahmefällen. In europäischen Geschäftsberichten finden sich neben dem Jahresabschluss in vielen Fällen Zusatzinformationen zu relevanten Themen und erleichtern so das Verständnis von Markt und Unternehmen. Da viele der eingefügten Grafiken jedoch suggestiv sein können, ist die Meinungsbildung bei den US-Berichten gegebenenfalls unverfälschter. Europäische Geschäftsberichte weisen daher eine geringere Vergleichbarkeit auf, da den Unternehmen größere Freiheiten bezüglich Gestaltung und Inhalt zugestanden werden. Während die US-amerikanischen Jahres- (10-k) und Quartalsabschlüsse (10-Q) bequem über die Webseite der SEC eingesehen werden können, sind die Abschlüsse von europäischen Unternehmen in der Regel nur direkt über die Investor-Relations Seiten der Unternehmen abrufbar. Um auf die relevante Webseite zu gelangen, bietet sich der Suchbegriff „Unternehmensname + Investor“ in einer Suchmaschine an.

Börsennotierte Unternehmen veröffentlichen in der Regel quartalsweise Zwischenberichte und jährlich einen ausführlichen Geschäftsbericht mit Konzernabschluss, Lagebericht und weiteren Informationen. Bei kleineren Unternehmen, die in weniger regulierten Märkten notieren, besteht oft eine gelockerte Berichterstattungspflicht. In diesem Fall muss meist nur halbjährlich oder in geringerem Umfang berichtet werden. Diese Daten bilden die Grundlage der Bilanzanalyse und werden von den Unternehmen wenige Monate nach Geschäftsjahres- beziehungsweise Quartalsende veröffentlicht.

Da es sich bei börsennotierten Unternehmen in der Regel um Konzerne, also einen Verbund mehrerer Einzelunternehmen unter einer Konzernmutter handelt, ist der Konzernabschluss in der Regel der wichtigste Bezugspunkt der Bilanzanalyse. Der Konzernabschluss ist ein Jahres- oder Zwischenabschluss der gesamten Gruppe, in dem die einzelnen Abschlüsse der Töchterunternehmen und des Mutterunternehmens zu einem Zahlenwerk konsolidiert werden, um so einen Überblick über die finanzielle Leistungsfähigkeit des Konzerns zu vermitteln. Dabei wird die Fiktion einer rechtlichen Einheit des Konzerns unterstellt. In IAS 27.18 heißt es dazu: „the consolidated financial statements present information about the group *as that of a single economic entity*“. Der Abschluss wird also aufgestellt, als ob nur eine Konzerngesellschaft bestehen würde. Dabei werden besonders Verflechtungen zwischen den einzelnen Gesellschaften korrigiert. Gewährt eine Untergesellschaft der anderen einen Kredit, so entsteht innerhalb des Konzerns sowohl eine Forderung als auch eine Verbindlichkeit. Der Konzernabschluss eliminiert diese Verflechtungen und gibt somit einen genaueren Einblick, als die separate Betrachtung der verschiedenen Einzelabschlüsse liefern könnte.

Das folgende Beispiel zeigt, weshalb die Aufstellung von Konzernabschlüssen notwendig ist und warum die Analyse von Einzelabschlüssen unter Umständen zu falschen Ergebnissen führen kann.

Beispiel 1.1 - Konzernabschluss: Holdingstruktur

Die Mutter AG weist den folgenden Einzelabschluss auf. Neben der Mutter AG bestehen zu diesem Zeitpunkt keine weiteren Gesellschaften, der Einzelabschluss entspricht somit dem Konzernabschluss.

Mutter AG				
Aktiva		in €	Passiva	
Sachanlagen	100		Eigenkapital	150
Forderungen	50		Fremdkapital	50
Finanzanlagen	0			
Kasse	50			
Bilanzsumme	200		Bilanzsumme	200

Nun beschließt die Mutter AG, die operative Sparte in eine eigenständige Gesellschaft, die Tochter GmbH, auszugliedern. Dazu wird die neu gegründete Tochter GmbH mit den Sachanlagen von 100 € und einem Darlehen der Mutter über 50 € ausgestattet. Die Bilanzen der Mutter AG und Tochter GmbH stellen sich damit wie folgt dar:

Mutter AG				
Aktiva		in €	Passiva	
Sachanlagen	0		Eigenkapital	150
Forderungen	100		Fremdkapital	50
Finanzanlagen	100			
Kasse	0			
Bilanzsumme	200		Bilanzsumme	200

Tochter GmbH				
Aktiva		in €	Passiva	
Sachanlagen	100		Eigenkapital	100
Forderungen	0		Fremdkapital	50
Finanzanlagen	0			
Kasse	50			
Bilanzsumme	150		Bilanzsumme	150

Nach der Ausgliederung der operativen Sparte weist der Einzelabschluss der Mutter AG einen deutlich geringeren Informationsgehalt auf. Die Sachanlagen wurden komplett auf die Tochter GmbH übertragen, die Kasse nahm aufgrund des gewährten Darlehens ab, im Gegenzug stiegen die Forderungen um 50 € an. Auffällig ist die Position „Finanzanlagen", welche die Beteiligung an der neu gegründeten Tochter beinhaltet. Die Mutter AG tritt in diesem Fall als sogenannte Konzernholding auf und übernimmt lediglich administrative und strategische Aufgaben, wohingegen die operative Geschäftstätigkeit von den Tochtergesellschaften durchgeführt wird. Um externen Interessenten nun einen Einblick in die Vermögens-, Finanz- und Ertragslage zu ermöglichen, muss die Gruppe einen Konzernabschluss aufstellen, indem die verschiedenen Einzelabschlüsse zu einem Abschluss zusammengefasst werden. Dies geschieht durch einfaches Aufaddieren der einzelnen Bilanzpositionen mit anschließender Eliminierung von internen Verflechtungen. Erst der daraus resultierende konsolidierte Konzernabschluss gibt einen adäquaten Einblick in das Zahlenwerk der gesamten Gruppe.

In Deutschland dient der Konzernabschluss ausschließlich der Informationsfunktion und ist damit für Investoren besonders interessant. Ein typischer Konzernabschluss enthält die folgenden Bestandteile:

- Konzernbilanz
- Konzern-Gewinn- und Verlustrechnung
- Kapitalflussrechnung
- Segmentberichterstattung
- Eigenkapitalveränderungsrechnung
- Konzernanhang
- sowie ergänzend: Konzernlagebericht

Bei der Analyse ist darauf zu achten, stets die Zahlen des Konzernabschlusses zu verwenden, da im hinteren Teil des Geschäftsberichts oft zusätzlich noch der Einzelabschluss der Konzernmutter angegeben ist, der aber von nachrangiger Bedeutung bei der Analyse ist. Der Konzernabschluss wird in Europa in der Regel nach den Vorschriften der International Financial Reporting Standards erstellt, wohingegen der Einzelabschluss des Mutterunternehmens oft nach den nationalen Rechnungslegungsvorschriften, in Deutschland dem Handelsgesetzbuch, erstellt wird. Relevant für die Bilanzanalyse ist demnach stets der Konzernabschluss, aufgestellt nach den International Financial Reporting Standards oder den im jeweiligen Land gültigen Vorschriften wie den US-GAAP in den USA oder den UK-GAAP in Großbritannien.

1.1.1 HGB/IFRS-Vergleich sowie US-GAAP

Die folgende Tabelle zeigt eine Gegenüberstellung wichtiger Begriffe in deutschen und US-amerikanischen Abschlüssen. Die nach den IFRS aufgestellten, englischsprachigen Berichte verwenden in der Regel vergleichbare Begriffe wie die US-GAAP.

US-GAAP	IFRS (DEUTSCH)
Statement of financial position (balance sheet)	Bilanz
Statement of earnings (income statement)	Gewinn- und Verlustrechnung
Statement of cash flows	Kapitalflussrechnung (Cashflowrechnung)
Statement of investments and distribution to owners	Eigenkapitalveränderungrechnung
Notes	Anhang

Bei der Bilanzanalyse sollte berücksichtigt werden, dass Bilanzierung immer nur ein Modell ist, welches versucht die unternehmerische Wirklichkeit abzubilden.

Beispiel 1.2 - UNTERSCHIEDE DER RECHNUNGSLEGUNGEN

Betrachten wir zum Beispiel die unterstehenden Bilanz- und Erfolgspositionen zweier Unternehmen zum 31.12.2000.

Unternehmen V		in Mio. €	Unternehmen W	
Umsatz	85.554		Umsatz	83.127
Jahresüberschuss	2.061		Jahresüberschuss	2.614
Eigenkapital	11.267		Eigenkapital	21.371
Gesamtkapital	81.592		Gesamtkapital	92.565
Vorräte	8.389		Vorräte	9.335

Quelle: Unternehmensangaben

Einige Positionen wie Umsatz und Vorräte weisen ähnliche Werte auf, andere Punkte wie der Jahresüberschuss oder das Eigen- und Gesamtkapital weichen dagegen deutlich voneinander ab. Bei einer spontanen Bewertung könnte somit keine eindeutige Aussage getroffen werden, welches der beiden Unternehmen interessanter ist. Tatsächlich handelt es sich bei diesen Angaben um ein und dasselbe Unternehmen zum Bilanzstichtag am 31.12.2000. Grund für die teilweise deutlichen Unterschiede sind die verschiedenen Bilanzierungsvorschriften. Während Unternehmen V nach den Vorschriften des Handelsgesetzbuchs bilanziert, verwendet Unternehmen W die IFRS. Die Daten stammen, wie die Kürzel V und W bereits andeuten, aus dem Konzernabschluss des deutschen Automobilkonzerns Volkswagen. Die Unterschiede erklären sich unter anderem durch die geänderten Nutzungsdauern von Vermögensgegenständen und abweichenden Abschreibungsmethoden sowie der Aktivierung von Entwicklungskosten. Diese bilanziellen Änderungen erhöhten das Eigenkapital des Konzerns „über Nacht“ um mehr als 7 Mrd. €. Weitere erhebliche Aktivierungsmöglichkeiten im Bereich der Behandlung von Leasingverträgen und bestimmter Aufwandsarten führen zu zusätzlichen Abweichungen. Für die Gewinn- und Verlustrechnung ergibt sich ein ähnliches Bild. Auch hier erhöhten die Aktivierung von Entwicklungskosten und die Bewertung der Leasinggeschäfte den ausgewiesenen Gewinn deutlich. Während nach dem HGB (vor BilMoG) Entwicklungskosten meist direkt aufwandswirksam wurden, erlauben die IFRS die Aktivierung von Entwicklungskosten. Diese Kosten werden somit als Vermögensgegenstand in die Bilanz aufgenommen und über die Nutzungsdauer des entwickelten Produkts abgeschrieben. Dadurch verteilt sich der Aufwand über mehrere Perioden und steigert so den Gewinn. Diese Besonderheiten lassen ein und dasselbe Unternehmen auf dem Papier wie Fremde erscheinen.

Neben den Unterschieden der verschiedenen Rechnungslegungen soll dieses Beispiel auch vermitteln, dass Jahresabschlüsse immer nur der Versuch einer Abbildung der Realität sind und nie objektive Wahrheit verkörpern. Selbst innerhalb der IFRS ist durch zahlreiche Wahlmöglichkeiten Bewertungsspielraum vorhanden. Es ist daher ratsam, die zahlenbasierte Kennzahlenanalyse durch eine Auswertung des Geschäftsmodells zu erweitern. Überzeugt das Studium des Geschäftsmodells bereits, so wird dies von den Kennzahlen in der Regel auch bestätigt. Im Gegensatz zum HGB, sind IFRS und US-GAAP in vielen Bereichen kongruent.

Beispiel 1.3 - IFRS UND US-GAAP: ALLIANZ

Die nachfolgende Tabelle zeigt ausgewählte Positionen aus den Abschlüssen der Allianz Group im Jahr 2006 nach IAS/IFRS und US-GAAP. Dieser direkte Vergleich eines Konzernabschlusses nach zwei verschiedenen Rechnungslegungen ist deshalb möglich, da die Allianz neben der Börse Frankfurt auch in New York notiert ist und dort einen Abschluss nach den landestypischen Regularien gemäß den US-GAAP veröffentlichen muss. Inzwischen hat das Unternehmen die Notierung an der New Yorker Börse aufgrund zu hoher Kosten jedoch wieder aufgegeben.

Allianz Group (IFRS)		in Mio. €	Allianz Group (US-GAAP)	
Jahresüberschuss	7.021		Jahresüberschuss	6.517
Eigenkapital	49.650		Eigenkapital	52.999
Gewinn je Aktie	17,09		Gewinn je Aktie	15,59

Quelle: Allianz SE (2006) [IFRS,US-GAAP]

Wie der Aufstellung zu entnehmen ist, bestehen auch zwischen IFRS und US-GAAP gewisse Abweichungen, jedoch fallen diese deutlich geringer aus als beim Vergleich von IFRS und HGB. Generell bieten die IFRS mehr Spielraum bei Wahlrechten als die US-GAAP, wodurch US-amerikanische Abschlüsse untereinander die höchste Vergleichbarkeit aufweisen sollten.

1.1.2 Begrenzte Aussagekraft von Abschlüssen

Trotz zahlreicher Auflagen und Regulierungen seitens der Börsenaufsicht und Regierung sind kriminelle Energien in der Wirtschaftswelt allgegenwärtig. Der beeindruckendste Fall von Bilanzfälschung, welcher später zu dem bereits angesprochenen „Sarbanes-Oxley Act“

führte, vollbrachte der damals zu den größten US-Unternehmen zählende Energiekonzern Enron. Durch Anwendung der klassischen Bilanzanalyse konnte der gigantische Betrug Enrons nicht aufgedeckt werden. Selbst Ratingagenturen wie Standard & Poors, die einen tieferen Einblick in das Zahlenwerk haben, bescheinigten dem Unternehmen noch kurz vor der Insolvenz im Jahr 2001 eine gute Bonität. Tatsächlich lagen in den „weichen“ Faktoren wie dem Unternehmensauftritt und der Kommunikation deutlichere Anzeichen, dass Enron etwas zu verbergen hatte. So bezeichnete sich das Unternehmen in seinen Geschäftsberichten beispielsweise als „The World's Greatest Company“, darüber hinaus sind auch Beschimpfungen gegenüber kritischen Analysten während Bilanzpressekonferenzen bekannt. Wie fälschte Enron nun seine Zahlen? Zum einen wurden langlaufende Termingeschäfte schon zum heutigen Zeitpunkt komplett als Ertrag verbucht. Eine weitere Methode bestand darin, Geschäfte mit eigenen, vom Management gegründeten Offshore-Gesellschaften abzuschließen und diese als Gewinn zu verbuchen. Zudem führte Enron mehrere Milliarden an Verbindlichkeiten nicht in den eigenen Büchern und setzte Vermögenswerte durch fragwürdige Bewertungsmodelle zu inflationären Werten an.

In den meisten Fällen von Bilanzbetrug wird auf die folgenden Methoden zurückgegriffen:

1. Off-Balance Sheet Accounting
2. Gewinnsteuerung (verfrühter Ausweis von Gewinnen)
3. Befangenheit von Wirtschaftsprüfern
4. Aktivierung von fiktiven Wirtschaftsgütern

Werden Vermögenswerte und insbesondere Verbindlichkeiten außerhalb der Bilanz geführt, sind diese im Rahmen einer gewöhnlichen Bilanzanalyse in der Regel nicht aufdeckbar. Durch dieses Vorgehen wird die finanzielle Stabilität scheinbar erhöht, um beispielsweise die Kreditwürdigkeit zu verbessern. In weiteren Fällen des Bilanzbetrugs kam es zu einer Gewinnsteuerung des Managements. Dabei wurden Gewinne vor dem eigentlichen Umsatzakt ausgewiesen oder wie im Fall von Enron langlaufende Verträge unmittelbar als Ertrag gebucht. Die Befangenheit von Wirtschaftsprüfern ist als wichtigster Punkt bei Bilanzbetrug festzuhalten. Früher war es übliche Praxis, dass der Wirtschaftsprüfer gleichzeitig als Berater tätig war, wodurch unter Umständen Interessenkonflikte entstehen konnten. Dieses Verhältnis sorgte in einigen Fällen dazu, dass die genannten Methoden überhaupt angewandt werden konnten. Darunter fällt auch die Aktivierung fiktiver Wirtschaftsgüter, wodurch in der Bilanz eine nur scheinbare Substanz simuliert wird. Zusammen mit den oben angeführten Beispielen zeigt dies die Grenzen der Rechnungslegung an. Wer erfolgreich Unternehmen analysieren und investieren will, muss neben der Bilanzanalyse auch weitere Faktoren wie das Geschäftsmodell, das Management und die aktuellen Makrotrends mit in Betracht ziehen. Gleichwohl bietet eine ausführliche Bilanzanalyse einen guten und insbesondere quantifizierbaren Einblick in ein Unternehmen und bildet somit gewissermaßen das Fundament der weiteren Analyse.

1.1.3 Besonderheiten der Finanzbranche

Die Jahresabschlussanalyse und Unternehmensbewertung wie sie in diesem Buch dargestellt wird bezieht sich ausdrücklich nicht auf Versicherungen und Banken. Der Grund für diese Einschränkung liegt in der grundsätzlich verschiedenen Kapitalstruktur von Finanzinstituten. Durch die gewaltigen Bilanzsummen mancher Banken - die Deutsche Bank kommt beispielsweise auf fast 2 Billionen € an Vermögenswerten - scheitert eine Analyse der Aktiva bereits an der schieren Masse. Auch unterscheidet sich das Geschäftsmodell zu deutlich von gewöhnlichen Unternehmen, wodurch ein Übertragen der Unternehmensbewertung auf Banken und Versicherungen nicht ohne Weiteres möglich ist. Neben diesen Faktoren weisen Finanzwerte in der Regel eine sehr unstetige Entwicklung auf, was eine langfristige Bewertung zusätzlich erschwert. Die Niedergänge von Northern Rock, Bear Sterns oder Lehman Brothers während der Finanzkrise 2008/09 verdeutlichen, dass in der Finanzbranche zwischen Rekordgewinnen und der Insolvenz oft nur ein schmaler Grat herrscht. Während um 1980 noch Investmentbanken wie Salomon Brothers, Drexel Burnham und Nomura (die größte Investmentbank in den 80ern) die Wall Street dominierten, sind die meisten dieser Häuser inzwischen größtenteils unter- oder in anderen Finanzinstituten aufgegangen. Zudem ist in dieser Branche mit weiteren Regulierungen im Zuge der Finanzmarktkrise zu rechnen, was eine Einschätzung der Zukunftsaussichten zusätzlich erschwert.

1.2 Aufbau und Struktur von Jahresabschlüssen

Der wichtigste Bestandteil eines Geschäfts- oder Zwischenberichts ist der Jahres- beziehungsweise Konzernabschluss. Er enthält Bilanz, Gewinn- und Verlustrechnung, Anhang, Eigenkapitalveränderungsrechnung sowie eine Segmentberichterstattung. Zudem ist in der Regel ein Lagebericht angegeben. Je nach Größe des Unternehmens und Transparenzvorschriften beinhalten die einzelnen Bestandteile einen unterschiedlichen Detailgrad. Im folgenden Abschnitt sollen neben der Vorstellung der verschiedenen Bestandteile auch erste Kennzahlen zur Kosten- und Bilanzstruktur eingeführt werden.

1.2.1 Gewinn- und Verlustrechnung

Die Gewinn- und Verlustrechnung (GuV) stellt den Erträgen der Periode die entsprechenden Aufwendungen gegenüber. Der Saldo dieser Positionen ergibt den Gewinn oder Verlust der Periode. Die Gewinn- und Verlustrechnung wird in Deutschland entweder nach dem Gesamtkosten- (GKV) oder Umsatzkostenverfahren (UKV) aufgestellt. Zwar wird in den IFRS das Umsatzkostenverfahren als bevorzugt dargestellt, jedoch ist ebenso die Anwendung des Gesamtkostenverfahrens zulässig. International stellen die Unternehmen die Gewinn- und Verlustrechnung (Income statement) größtenteils nach dem Umsatzkostenverfahren auf. Das Gesamtkostenverfahren berücksichtigt alle angefallenen Kosten der Periode. Das Umsatzkostenverfahren stellt dagegen lediglich die Kosten der tatsächlich verkauften Produkte und Dienstleistungen den Umsatzerlösen gegenübergestellt. Aus diesem Grund wird im Gesamtkostenverfahren eine weitere Position, die Bestandsveränderungen der Vorräte, benötigt um letztendlich auf das gleiche Jahresergebnis zu kommen. Weitere für die Jahresabschlussanalyse relevante Punkte sind die unterschiedlichen Kostenarten. Im Gesamtkostenverfahren wird der Aufwand nach Kostenarten (Materialkosten, Personalkosten, etc.) aufgeführt, während das Umsatzkostenverfahren die Kosten nach Funktionsbereichen (Produktion, Vertrieb, etc.) gruppiert. Schematisch sind die beiden Verfahren nach IFRS wie folgt aufgebaut:

Gesamtkostenverfahren	**Umsatzkostenverfahren**
Umsatzerlöse	Umsatzerlöse
Sonstige betriebliche Erträge	Kosten der umgesetzten Leistung
Bestandsveränderungen	= Bruttoergebnis vom Umsatz
= Gesamtleistung	Sonstige betriebliche Erträge
Materialaufwand	Vertriebskosten
Personalaufwand	Sonstige Verwaltungskosten
Abschreibungen	
Sonstige betrieb. Aufwendungen	Sonstige betrieb. Aufwendungen
= Operatives Ergebnis (EBIT)	= Operatives Ergebnis (EBIT)
Finanzaufwendungen	Finanzaufwendungen
Finanzerträge	Finanzerträge
= Ergebnis vor Steuern (EBT)	= Ergebnis vor Steuern (EBT)
Ertragsteuern	Ertragsteuern
= Ergebnis der Periode (EAT)	= Ergebnis der Periode (EAT)

Im Gesamtkostenverfahren sind die Posten Materialaufwand, Personalaufwand, Abschreibungen und sonstige betriebliche Aufwendungen einzeln aufgeführt. Dies ermöglicht eine einfache Berechnung von Material- und Personalaufwandsquoten. Das Umsatzkostenverfahren bietet dagegen Einblick in die Kostenblöcke Herstellungskosten, Vertriebskosten, allgemeine Verwaltungskosten, sonstige betriebliche Erträge und sonstige betriebliche Aufwendungen. Da Personal-, Material- und Abschreibungsaufwendungen in den Kostenblöcken enthalten sind, fällt eine Berechnung der Material- und Personalaufwandsquote schwer bis unmöglich. Im Gegenzug gewinnt man Einsicht über die Kostenarten und kann beispielsweise eine ineffiziente Verwaltung oder zu hohe Vertriebskosten ausfindig machen. Beide Verfahren haben daher für die Analyse Vor- und Nachteile. Nach Abzug der operativen Aufwendungen steht in beiden Verfahren das Betriebsergebnis (EBIT). Diese Kenngröße gibt den Gewinn oder Verlust aus der operativen Geschäftstätigkeit an. Um das Ergebnis vor Steuern zu erhalten, wird das Finanzergebnis bestehend aus Zinsaufwendungen, Zinsertrag und Beteiligungserträgen vom EBIT subtrahiert. Auf diese Summe, das Ergebnis vor Steuern (EBT), bezahlt das Unternehmen die Ertragssteuern. Nachdem alle Aufwandspositionen von den Umsatzerlösen beziehungsweise der Gesamtleistung (im Gesamtkostenverfahren) abgezogen wurden, ergibt sich der Jahresüberschuss bzw. bei negativem Saldo ein Jahresfehlbetrag. Im IFRS-Abschluss wird diese Position auch „Ergebnis der Periode“ oder „Konzernergebnis“ genannt. Wir beziehen uns im Folgenden auf den Jahresüberschuss, der synonym zu Konzernergebnis und Ergebnis der Periode verwendet wird. Mit diesem Wissen lassen sich nun die ersten Kennzahlen aus der Gewinn- und Verlustrechnung bestimmen. Aufgrund der genannten Unterschiede zwischen Gesamt- und Umsatzkostenverfahren existieren unterschiedliche Kennzahlen im jeweiligen Verfahren.

1.2.2 Aufwandsquoten im Gesamtkostenverfahren

Im Gesamtkostenverfahren bietet sich zur Berechnung von Aufwandskennzahlen die Gegenüberstellung von operativen Aufwendungen und der erzielten Gesamtleistung an. Mit Blick auf die oben abgebildete Gewinn- und Verlustrechnung können im Gesamtkostenverfahren somit Material-, Personal-, Abschreibungs- und sonstige operative Aufwendungsquoten bestimmt werden, um die Entwicklung der operativen Aufwendungen nachzuvollziehen.

Materialaufwandsquote

Da bei den meisten produzierenden Unternehmen der Materialaufwand die größte Kostenposition ausmacht, wird zu Beginn die Materialaufwandsquote (MAQ) beleuchtet.

$$\text{Materialaufwandsquote} = \frac{\text{Materialaufwand}}{\text{Gesamtleistung}}$$

Die Materialaufwandsquote ist ein Indikator für die Inputpreissensibilität eines Unternehmens. Der in der Periode angefallene Materialaufwand wird zur Berechnung mit der erzielten Gesamtleistung ins Verhältnis gesetzt. Je höher die Materialaufwandsquote, desto sensibler reagiert das Unternehmen auf Preissteigerungen bei Rohstoffen. Insbesondere Unternehmen aus der verarbeitenden Industrie wie Stahl- und Aluminiumhersteller weisen eine hohe Materialaufwandsquote auf und reagieren entsprechend stark auf die Rohstoffpreisentwicklung. Wichtig ist die Verlaufsauswertung der Materialaufwandsquote über mehrere Jahre. Dabei sollten Einflussfaktoren wie die Entwicklung der Rohstoffpreise, Währungsschwankungen (viele Rohstoffe werden in US-Dollar gehandelt), Energiepreise und Transportkosten berücksichtigt werden.

Beispiel 1.4 - MATERIALAUFWANDSQUOTE: A.S. CREATION

A.S. Creation		
(in €)	2010	2009
Umsatzerlöse	184.603.379,32	181.325.232,61
Bestandsveränderungen	1.983.635,39	-4.111.330,99
Andere aktivierte Eigenleistungen	2.175,00	5.225,00
Gesamtleistung	186.589.189,71	177.219.126,62
Materialaufwand	96.064.012,85	90.216.262,90
Personalaufwand	39.335.859,68	37.714.495,25

Quelle: A.S. Crèation Tapeten AG (2010) [IFRS]

Anhand des Auszugs der nach dem Gesamtkostenverfahren aufgestellten Gewinn- und Verlustrechnung des deutschen Tapetenherstellers A.S. Creation Tapeten berechnet sich die Materialaufwandsquote wie folgt:

$$\text{Materialaufwandsquote} = \frac{96.064.012{,}85\ €}{186.589.189{,}71\ €} = 51{,}4\%$$

Gegenüber dem Vorjahr stieg die Materialaufwandsquote um 0,5 Prozentpunkte. Der Anteil des Materialaufwands an der Gesamtleistung nahm somit zu. Diese Entwicklung kann beispielsweise auf gestiegene Rohstoffpreise zurückzuführen sein und belastet das Ergebnis. Im Zusammenhang mit der Materialaufwandsquote sollte stets die Fähigkeit eines Unternehmens die Preise an die Inflation anzupassen beachtet werden. Im Fall von A.S. Creation lässt sich der Materialaufwand beispielsweise in die Bestandteile PVC, Energie, Farbe und Papier unterteilen und durch eine Analyse der einzelnen Preisentwicklungen Rückschlüsse ziehen, welcher Inputfaktor für die Verschlechterung der Materialaufwandsquote verantwortlich ist.

Personalaufwandsquote

Analog zur Materialaufwandsquote berechnet sich die Personalaufwandsquote (PAQ) folgendermaßen:

$$\text{Personalaufwandsquote} = \frac{\text{Personalaufwand}}{\text{Gesamtleistung}}$$

Bei dieser Kennzahl sollte neben der Mitarbeiteranzahl auch auf Faktoren wie das allgemeine Lohnniveau an den Produktionsstandorten, den Einfluss der Gewerkschaften sowie die Entwicklung der Inflation geachtet werden. Gegenüber Industrieunternehmen, bei denen in der Regel die Rohstoffe den größten Kostenblock ausmachen, reagieren Unternehmen aus der Informations- und Beratungsbranche besonders sensibel auf Veränderungen im Lohnniveau. Der Personalaufwand unterteilt sich in der Regel in die Punkte Löhne und Gehälter sowie die Abgaben für Sozialversicherungen. Bei der Analyse sollte auch die Mitarbeiterproduktivität berücksichtigt werden, die dem Umsatz je Mitarbeiter entspricht.

Beispiel 1.5 - PERSONALAUFWANDSQUOTE: A.S. CREATION

Auf Basis des oben abgebildeten Auszugs der Gewinn- und Verlustrechnung der A.S. Creation Tapeten AG ergibt sich für 2010 eine Personalaufwandsquote von:

$$\text{Personalaufwandsquote} = \frac{39.335.859{,}68\ €}{186.589.189{,}71\ €} = 21{,}1\%$$

Eine Zunahme der Aufwandsquoten ist generell negativ zu bewerten, da in einem solchen Fall die Kosten schneller als die Leistung des Unternehmens gewachsen sind. Eine eindeutige Aussage lässt sich allerdings nur im Kontext betrachten, da zum Beispiel neue Mitarbeiter erst eingearbeitet werden müssen, bevor tatsächlicher Nutzen generiert wird oder Maschinen erst nach einer gewissen Einarbeitungszeit effizient bedient werden können.

Beispiel 1.6 - ENERGIEAUFWANDSQUOTE: VETROPACK

Einen ähnlichen Fall zeigt der Konzernabschluss 2008 der Vetropack Gruppe, einem der führenden Glasverpackungshersteller Europas.

Vetropack		
(in Mio. CHF)	2008	2007
Nettoumsatz	752,0	699,6
Bestandsveränderungen	23,7	3,7
Sonstiger betrb. Ertrag	14,2	18,4
Ertrag	735,7	674,4
...	...	...
Energieaufwand	-134,8	-100,1

Quelle: Vetropack Gruppe (2008) [IFRS]

Da die Glasherstellung einen enormen Energiebedarf aufweist, gibt das Unternehmen den Energieaufwand als separate Position in der Gewinn- und Verlustrechnung an. Aus diesen Angaben lässt sich die Energieaufwandsquote anlog zu den bereits vorgestellten Aufwandskennzahlen berechnen. Die Position Ertrag entspricht dabei der Gesamtleistung.

$$\text{Energieaufwandsquote} = \frac{134{,}8 \text{ Mio. CHF}}{735{,}7 \text{ Mio. CHF}} = 18{,}3\%$$

Im Vorjahr berechnete sich die Energieaufwandsquote mit 14,8 %. In einem Jahr allgemein nachgebender Energiekosten ist der Energieaufwand damit von 2007 auf 2008 überproportional angestiegen. Erst die Rücksprache mit dem Management lässt in diesem Fall eine korrekte Interpretation zu: Das Unternehmen schließt immer zum Jahresbeginn Verträge über den Energiepreis des folgenden Jahres. Dies macht die Kosten für Vetropack leichter kalkulierbar, der Energieaufwand verändert sich in der Gewinn- und Verlustrechnung hierdurch allerdings erst mit einem Jahr Verzögerung. Der alleinige Blick auf die Kennzahlen hätte hier zu einer Fehleinschätzung geführt. Die Kennzahlenanalyse sollte daher unter Beachtung des Geschäftsmodells durchgeführt werden.

Die Berechnung von Aufwandsquoten sollte anhand aller Aufwandsarten in der Gewinn- und Verlustrechnung durchgeführt werden. Neben den bereits vorgestellten Kennzahlen sind dabei insbesondere die Abschreibungsquote und die Quote der sonstigen betrieblichen Aufwendungen (SBA) interessant. Letztere berechnet sich nach der folgenden Formel:

$$\text{Quote der SBA} = \frac{\text{sonstige betriebliche Aufwendungen}}{\text{Gesamtleistung}}$$

Diese Quote ist von besonderer Bedeutung, da die sonstigen betrieblichen Aufwendungen unter anderem fixe Kosten wie Mieten oder Instandhaltungskosten umfassen. Ein Rückgang dieser Quote kann daher als Indikator für eine Fixkostendegression genutzt werden. Die genaue Zusammenstellung der sonstigen betrieblichen Aufwendungen findet sich in der Regel im Anhang.

1.2.3 Aufwandsquoten im Umsatzkostenverfahren

Insbesondere in den US-GAAP wird das Umsatzkostenverfahren bei der Erstellung der Gewinn- und Verlustrechnung verwendet. Da in diesem Verfahren die Trennung der Kosten nach Funktionsbereichen erfolgt, kann ohne interne Informationen keine Material- oder Personalaufwandsquote berechnet werden. Dagegen bietet sich analog die Berechnung von Umsatzkosten-, Vertriebs-, Verwaltungs- sowie Forschungsaufwandsquoten an. Die Berechnung der Quoten erfolgt nach dem folgenden Schema:

$$\text{Umsatzkostenquote} = \frac{\text{Umsatzkosten}}{\text{Umsatzerlöse}}$$

$$\text{Vertriebskostenquote} = \frac{\text{Vertriebsaufwand}}{\text{Umsatzerlöse}}$$

$$\text{Verwaltungskostenquote} = \frac{\text{Verwaltungsaufwand}}{\text{Umsatzerlöse}}$$

$$\text{F\&E-Kostenquote} = \frac{\text{F\&E Aufwand}}{\text{Umsatzerlöse}}$$

Beispiel 1.7 - UMSATZKOSTENQUOTE: EMERSON ELECTRIC & CO.

Emerson Electric		
(in Mio. $)	2009	2010
Net Sales	20,102	21,039
Cost of Sales	12,542	12,713
Selling, general and administrative expenses	4,416	4,817

Quelle: Emerson Electric & Co. (2010) [US-GAAP]

Die Umsatzkostenquote für das Jahr 2010 berechnet sich wie folgt:

$$\text{Umsatzkostenquote} = \frac{\text{Cost of Sales}}{\text{Net Sales}} = \frac{12.713\ \text{Mio. \$}}{21.039\ \text{Mio. \$}} = 60{,}4\%$$

Nach demselben Verfahren können nun weitere Aufwandsquoten, wie beispielsweise eine Selling, general and administrative-Quote berechnet werden, die näherungsweise einer Vertriebs- und Verwaltungskostenquote (V&V-Quote) entspricht:

$$\text{V\&V-Kostenquote} = \frac{\text{S,G\&A-expenses}}{\text{Net Sales}} = \frac{4.817\ \text{Mio. \$}}{21.039\ \text{Mio. \$}} = 22{,}9\%$$

Wie in der oben aufgeführten Gegenüberstellung von Umsatzkosten- und Gesamtkostenverfahren ersichtlich ist, weisen beide Verfahren nach Berücksichtigung der operativen Aufwendungen keine Unterschiede auf. Kennzahlen, die mit Erfolgsgrößen unterhalb des operativen Ergebnisses (EBIT) berechnet werden, sind daher in beiden Verfahren identisch. Diese Kennzahlen sind insbesondere die Steuerquote, die EBIT-Marge und die Umsatzrendite, wobei die beiden zuletzt genannten als Rentabilitätskennzahlen erst in Kapitel 2 näher erläutert werden.

Steuerquote

Die Steuerquote beschreibt das Verhältnis von Steueraufwand zum Ergebnis vor Steuern (EBT).

$$\text{Steuerquote} = \frac{\text{Steueraufwand}}{\text{Ergebnis vor Steuern}}$$

Der Steueraufwand richtet sich nach verschiedenen Faktoren. Neben dem Standort des Unternehmenssitzes sind die regionale Verteilung der Umsätze und etwaige Verlustvorträge für die Höhe des Steueraufwands maßgeblich. Da es weder zielführend, noch umsetzbar ist, einen Überblick über sämtliche nationale Steuerbestimmungen zu gewinnen, ist eine Schätzung der Steuerquote meist nur als Fortschreibung früherer Werte oder nach Rücksprache mit dem Management möglich. In Deutschland ist eine Steuerquote von rund 30 % üblich, dies bedeutet, dass 30 % des Gewinns vor Steuern als Steueraufwand verbucht werden.

Beispiel 1.8 - STEUERQUOTE: A.S. CREATION

A.S. Creation		
(in €)	2010	2009
Ergebnis vor Ertragssteuern	12.351.582,38	10.834.074,39
Ertragssteuern	3.956.726,80	3.334.996,36

Quelle: A.S. Crèation Tapeten AG (2010) [IFRS]

Die Steuerquote berechnet sich im Fall von A.S. Creation für 2010 wie oben angegeben:

$$\text{Steuerquote} = \frac{3.956.726{,}80\ €}{12.351.582{,}38\ €} = 32{,}0\%$$

Beispiel 1.9 - STEUERQUOTE: EMERSON ELECTRIC & CO.

Im Abschluss der Emerson Electric Co. finden sich die folgenden Angaben:

Emerson Electric		
(in Mio. $)	2009	2010
Earnings before income taxes	2,450	2,879
Income taxes	688	848

Quelle: Emerson Electric Co. (2010) [US-GAAP]

In diesem Beispiel errechnet sich somit eine Steuerquote für 2010 von:

$$\text{Steuerquote} = \frac{\text{Income taxes}}{\text{Earnings before income taxes}} = \frac{848\ \text{Mio. }\$}{2.879\ \text{Mio. }\$} = 29{,}4\%$$

1.2.4 Bilanz

Die Bilanz dient der stichtagsbezogenen Gegenüberstellung von Mittelherkunft (Passiva) und Mittelverwendung (Aktiva). Vermögenswerte, Schulden und Reinvermögen des Unternehmens werden dabei in Kontenform aufgeführt. Die Bilanz zeigt demnach alle Vermögensgegenstände eines Unternehmens und wie diese finanziert sind. Da ein grundlegendes Wissen über die Bedeutung der einzelnen Bilanzpositionen unabdinglich für die weitere Analyse ist, geht dieser Abschnitt in kurzer und prägnanter Form auf die wichtigsten Bilanzpositionen in deutsch- und englischsprachigen Abschlüssen ein.

Aktiva

In der Aktiva sind sämtliche Vermögensgegenstände eines Unternehmens aufgeführt. Diese sind dabei in langfristige (Anlagevermögen) und kurzfristige (Umlaufvermögen) Vermögenswerte unterteilt, welche nach Fristigkeit und Liquidität geordnet sind. Das Anlagevermögen enthält in der Regel Vermögensgegenstände (engl. Assets) die dem Unternehmen langfristig zur Verfügung stehen und nicht zum Verkauf bestimmt sind. Darunter sind hauptsächlich Produktionshallen, Geräte und Fuhrpark aber auch immaterielle Vermögensstände und Firmenwerte zu verstehen. Das Umlaufvermögen bildet den zweiten Teil der Aktiva. Dieser beinhaltet kurzfristige Vermögensgegenstände, welche bis zu einem Jahr im Unternehmen verbleiben. Wichtige Positionen sind hier Vorräte, Forderungen und Zahlungsmittelbestände. Das Anlagevermögen dient daher in der Regel der Produktion der Güter, die im Umlaufvermögen veräußert werden. Die folgende Auflistung gibt die wichtigsten Positionen der Aktiva wieder.

Langfristige Vermögenswerte (non-current assets, fixed assets)

Immaterielle Vermögenswerte (intangible assets)
Die immateriellen Vermögenswerte bestehen in der Regel aus erworbenen Rechten, aktivierten Entwicklungskosten, Patenten, EDV und Lizenzen. Da seit der Einführung der IFRS unter bestimmten Voraussetzungen selbst erstellte immaterielle Vermögenswerte aktiviert

werden dürfen, sollte bei einer auffälligen Größe dieser Position geprüft werden, ob diese Vermögenswerte tatsächlich werthaltig sind. Speziell bei den immateriellen Werten besteht teilweise erheblicher bilanzieller Spielraum.

Firmenwerte (goodwill)
Die Position Goodwill beinhaltet den Aufpreis, den ein Unternehmen bei einer Übernahme über den Buchwert des Zielunternehmens bezahlt. Goodwill oder Firmenwert entsteht beispielsweise, wenn Unternehmen A ein anderes Unternehmen B, welches - nach Neubewertung der Vermögensgegenstände und Schulden - einen Buchwert von 50 Mio. € aufweist, also bilanziell 50 Mio. € „wert" ist, für mehr als diesen Buchwert (Eigenkapital) übernimmt. Bezahlt Unternehmen A etwa 70 Mio. €, so müssen 20 Mio. € als Goodwill in der Bilanz ausgewiesen werden. Dieser Vermögenswert wird gemäß IFRS jährlich einem Impairmenttest (Werthaltigkeitstest) unterzogen und nach gängigen Bewertungsmethoden angesetzt. Ergibt diese Bewertung einen Wert unter dem in der Bilanz ausgewiesenen, so erfolgt eine außerplanmäßige Abschreibung, was negative Auswirkungen auf Gewinn- und Verlustrechnung und Eigenkapital hat. Analog zu planmäßigen Abschreibungen sind diese jedoch nicht zahlungswirksam. Nicht zahlungswirksam meint in diesem Zusammenhang, dass zwar eine Aufwendung in der Gewinn- und Verlustrechnung besteht, durch diese Aufwendung jedoch kein Geld tatsächlich aus dem Unternehmen fließt. Unternehmen mit regen Übernahmeaktivitäten weisen besonders oft einen hohen Goodwill-Anteil in der Bilanz auf. In vielen Fällen stellt diese Art der bilanziellen Erfassung die latente Gefahr einer Überbewertung der Aktiva dar.

Sachanlagen (property, plant & equipment)
Die Sachanlagen beinhalten Fabriken, Filialen, Fuhrpark, Geräte und Maschinen sowie Grundstücke. Bei Industrieunternehmen stellen die Sachanlagen für gewöhnlich die größte Bilanzposition dar.

Finanzanlagen (financial assets)
Finanzanlagen sind Wertpapiere, die dauerhaft im Unternehmensbesitz sind. Darunter fallen insbesondere Finanzforderungen, Kapitalmarktpapiere und Investitionen in Dritt-Unternehmen. Grundsätz-

lich können Finanzanlagen auch dem Umlaufvermögen zugeordnet werden, wenn diese dem Geschäftsbetrieb nicht dauerhaft dienen. Die Folgebewertung von Finanzanlagen ist von der jeweiligen Klassifizierung gemäß IAS 39 abhängig:

Klassifizierung	Bewertung
At fair Value through Profit or Loss	Ergebniswirksam zum Zeitwert
Held to Maturity	Fortgeführte Anschaffungskosten
Loans and Receivables	Fortgeführte Anschaffungskosten
Available for Sale	Ergebnisneutrale Bewertung

Von diesen Bewertungsklassifizierungen sind insbesondere die Einordnungen als „At fair Value through Profit or Loss" und „Available for Sale" interessant. Im ersten Fall wird die Wertsteigerung eines Wertpapiers direkt in der Gewinn- und Verlustrechnung abgebildet. Steigt der Wert also beispielsweise um 100 €, so korrespondiert dies mit einem Ertrag von 100 €. Ist die Finanzanlage dagegen nach Available for Sale klassifiziert, würde die Wertsteigerung direkt mit dem Eigenkapital verrechnet werden. Der Jahresüberschuss wird durch die Wertsteigerung also nicht beeinflusst, das Eigenkapital steigt jedoch im gleichen Maß wie im ersten Fall. Diese Art der Bewertung hat den Vorteil, dass Bewertungsschwankungen von Wertpapieren, die langfristig gehalten werden, nicht zu Verzerrungen in der Gewinn- und Verlustrechnung führen.

Kurzfristige Vermögenswerte (current assets)

Vorräte (inventories)

Die Vorräte gliedern sich in drei Unterkategorien:

- Roh-, Hilfs- und Betriebsstoffe
- Unfertige Erzeugnisse
- Fertige Erzeugnisse und Waren

Roh-, Hilfs- und Betriebsstoffe umfassen Waren, die zur Herstellung der fertigen Produkte benötigt werden. Darunter sind zum Beispiel Schrauben oder Schmieröle zu verstehen. Unfertige Erzeugnisse umfassen noch nicht fertiggestellte Produkte.

Forderungen aus Lieferungen und Leistungen (accounts receiveable)
Diese Position enthält alle Forderungen des Unternehmens gegenüber Dritten. Sofern eine Forderung als ausfallgefährdet eingestuft wird, erfolgt eine entsprechende Abschreibung, die erfolgswirksam verbucht wird. Im Anhang finden sich darüber hinaus Informationen über die Verzugsstruktur der Forderungen und die bisher notwendigen Abschreibungen.

Zahlungsmittel und Zahlungsmitteläquivalente (cash and cash equivalents)
In den Zahlungsmitteln sind die gesamten Kassenbestände, Bankguthaben und Schecks des Unternehmens konsolidiert. Zusammen mit kurzfristigen Wertpapieren wie Geldmarktfonds bildet diese Position die liquiden Mittel. Dieser Bilanzposten wird auch als Cash-Position bezeichnet.

Passiva

Die Passiva gibt die Mittelherkunft an und zeigt somit, wie die Vermögenswerte der Aktiva finanziert wurden.

Angenommen ein privater Hauskauf über 500.000 € wird hälftig mit Eigen- und Fremdkapital finanziert. Die Bilanz des Erwerbers weist nach Abschluss der Bauarbeiten auf der Aktivseite eine Immobilie im Wert von 500.000 € und auf der Passivseite jeweils 250.000 € an Fremd- und Eigenkapital auf. Die Passiva gibt somit einen Überblick, zu welchem Teil die Vermögenswerte mit Fremd- oder Eigenkapital finanziert sind.

Grundsätzlich ist die Passiva in Eigen- und Fremdkapital unterteilt, wobei Rückstellungen ebenfalls zum Fremdkapital gezählt werden. Das Fremdkapital ist wiederum in langfristige Verbindlichkeiten, kurzfristige Verbindlichkeiten und Rückstellungen untergliedert.

Langfristige Verbindlichkeiten weisen eine Laufzeit von mehr als einem Jahr auf. Rückstellungen, mit Ausnahme von Pensionsrückstellungen, werden in der Regel dem kurzfristigen Fremdkapital zugerechnet, da die erwartete Auszahlung binnen eines Jahres fällig wird.

Als Differenz zwischen Fremdkapital und Vermögenswerten ergibt sich das Reinvermögen, also das Eigenkapital eines Unternehmens. Im obigen Beispiel des Hauskäufers beläuft sich das Reinvermögen auf 250.000 €, da nach Abzug der Verbindlichkeiten noch genau dieser Betrag für den Inhaber übrig bleibt. Fällt die Immobilie auf einen Wert von 300.000 €, verringert sich das Eigenkapital und Reinvermögen entsprechend auf 50.000 €, da dem gesunkenen Wert der Immobilie weiterhin 250.000 € an Verbindlichkeiten gegenüberstehen.

Eigenkapital (Shareholders' Equity)

Das Eigenkapital ist der Vermögensteil, der abzüglich aller Verbindlichkeiten zur Verfügung steht. Als Residualgröße steht das Eigenkapital, im Gegensatz zu Fremdkapital, dem Unternehmen für unbestimmte Zeit zur Verfügung. In der Konzernbilanz gliedert sich das Eigenkapital in folgende Bestandteile:

- Gezeichnetes Kapital
- Kapitalrücklage
- Gewinnrücklagen
- Eigene Anteile (negativ)
- Konzernergebnis

Die Höhe des Eigenkapitals richtet sich nach dem von den Eigenkapitalgebern eingebrachten Kapital und den Rücklagen. Das gezeichnete Kapital bildet die Basis des Eigenkapitals und entspricht dem Nennwert der ausstehenden Aktien. Wird bei einer Kapitalerhöhung mehr als der Nennwert je Aktie bezahlt, fließt dieses Agio (Aufgeld) in die Kapitalrücklage. Die Gewinnrücklage besteht hauptsächlich aus einbehaltenen Gewinnen, welche zu einem späteren Zeitpunkt ausgeschüttet werden können. Eigene Anteile, die durch einen Aktienrückkauf erworben wurden, werden vom Eigenkapital abgezogen. Den abschließenden Bestandteil des Eigenkapitals bildet das aktuelle Konzernergebnis.

Das Eigenkapital gibt den bilanziellen Buchwert des Unternehmens an. Würden sämtliche Vermögenswerte zum in der Bilanz aufgeführten Wert verkauft werden können, so bliebe nach Tilgung aller Schulden das Eigenkapital übrig.

Die Bezeichnung Eigenkapital bei börsennotierten Unternehmen ist darüber hinaus eine Erfindung der Geisteslosigkeit. Das englische *Shareholders' Equity* oder noch besser (und vereinzelt beobachtbar) *Shareholders' Investment* stellt die wahre Bedeutung dieser Position heraus, da es den von den Aktionären eingebrachten und zu verzinsenden Betrag treffend darstellt. In der deutschen Literatur werden die Begriffe Eigenkapital, Buchwert und Reinvermögen in der Regel synonym verwendet.

Da neben dem Jahresüberschuss weitere, direkt mit dem Eigenkapital verrechnete, Aufwendungen und Erträge die Höhe des Eigenkapitals verändern, gibt die Eigenkapitalveränderungsrechnung als Bestandteil des Jahres- und Konzernabschlusses einen Einblick in die unterjährige Veränderung des Eigenkapitals. Eine genaue Beschreibung der Eigenkapitalveränderungsrechnung ist am Ende des Kapitels aufgeführt.

Kurzfristige Schulden (short-term liabilities, current liabilities)

Verbindlichkeiten aus Lieferungen und Leistungen (accounts payable)

Verbindlichkeiten aus Lieferungen und Leistungen (VLL) umfassen Lieferantenkredite, also offene Rechnungen für Warenlieferungen der Zulieferer des Unternehmens. Ein Anstieg dieser Position erhöht zwar die Verbindlichkeiten, ist jedoch nicht grundsätzlich negativ, da das Unternehmen länger über eigenes Geld verfügt, wenn Rechnungen spät bezahlt werden. Die Verbindlichkeiten aus Lieferungen und Leistungen sind besonders im Working Capital Management von Bedeutung, welches in Kapitel 4 vertieft wird.

Kurzfristige Finanzverbindlichkeiten (notes payable, commercial papers)

Diese Position beinhaltet zinstragende Schulden mit einer Laufzeit von weniger als einem Jahr. Je nach Ausprägung sind darunter bald fällige Anleihen oder kurzfristige Bankkredite zu verstehen. Eine weitere Unterart sind beispielsweise commercial papers (Geldmarktpapier). Diese werden vor allem zur Deckung des kurzfristigen Finanzierungsbedarfs ausgegeben und haben in der Regel eine Laufzeit von bis zu 270 Tagen.

Langfristige Schulden (long-term debt/liabilities, borrowings)

Langfristige Finanzverbindlichkeiten (bank-loans, long-term debt, interest bearing loans)
Langfristige Finanzverbindlichkeiten sind verzinsliche Verbindlichkeiten mit einer Laufzeit von mehr als einem Jahr. In der Regel besteht diese Position aus Bankkrediten und Anleihen. Die gesamten Finanzverbindlichkeiten ergeben sich durch Addition der langfristigen und kurzfristigen Finanzverbindlichkeiten. Im Anhang der meisten Jahresabschlüsse sind Details wie Zinssatz, Währung, Fälligkeitsstruktur und weitere Besonderheiten angegeben. Die langfristigen Finanzverbindlichkeiten werden in einigen Bilanzen auch explizit unter den Positionen Bankkredite, Anleihen oder Ähnlichem geführt.

Rückstellungen (provision)
Rückstellungen werden im Fall von drohenden wirtschaftlichen Belastungen gebildet, deren Eintrittswahrscheinlichkeit oder Höhe nicht genau quantifizierbar ist. Darunter fallen insbesondere Garantierückstellungen, Rückstellungen für laufende Prozesse oder Steuerrückstellungen. Je nach Art und Dauer der Rückstellung kann auch eine Klassifizierung im kurzfristigen Bereich vorgenommen werden.

1.2.5 Cashflowrechnung

Stellen Sie sich vor, Sie sind der Betreiber einer Kneipe. Da ihre Kundschaft mal wieder knapp bei Kasse ist, erlauben Sie ihren treuen Kunden „anschreiben“ zu lassen. Sie generieren also Umsatz, jedoch fehlt nach absehbarer Zeit Geld um neue Waren einzukaufen, Mitarbeiter zu bezahlen und die Stromrechnung zu begleichen. Während die Gewinn- und Verlustrechnung diese Problematik nicht oder erst verzögert anzeigt, wird dieser Sachverhalt in der Cashflowrechnung sichtbar, indem das in der Gewinn- und Verlustrechnung ausgewiesene Ergebnis um Effekte bereinigt wird, bei denen dem Unternehmen tatsächlich kein Geld zugeflossen ist.

Die Cashflowrechnung ist das zentrale Element der Jahresabschlussanalyse. Da die Gewinn- und Verlustrechnung durch nicht zahlungswirksame Aufwendungen und Erträge verzerrt wird, gibt erst die Cashflowrechnung Aufschluss über die Mittel, die dem Unternehmen in der Periode zu-/ und abgeflossen sind.

Nicht zahlungswirksame Positionen stellen Aufwendungen, aber keine Auszahlungen dar. Dies sind beispielsweise Abschreibungen, vorübergehende Wertminderungen bei Wertpapieren aber auch Rückstellungen für eventuelle Auszahlungen (z. B. schwebende Prozesse), die erst zu einem späteren Zeitpunkt anfallen. Zudem werden noch nicht bezahlte Forderungen und Investitionen in Vorräte, die noch nicht verkauft wurden, berücksichtigt. Die Cashflow- oder Kapitalflussrechnung ist in drei Abschnitte gegliedert:

- Cashflow aus operativer Geschäftstätigkeit
- Cashflow auf Investitionstätigkeit
- Cashflow aus Finanzierungstätigkeit

Der Saldo dieser Cashflows ergibt die Veränderung des Zahlungsmittelbestands zum Jahresende. Eine typische, verkürzte Cashflowrechnung weist die folgende Gliederung auf:

Jahresüberschuss
+ Abschreibungen
+/− Veränderungen Rückstellungen
+/− sonstige zahlungsunwirksame Aufwendungen/Erträge
+/− Veränderung Nettoumlaufvermögen
= **Cashflow aus operativer Geschäftstätigkeit**
− Investitionen in Sachanlagen/imm. Vermögensgegenstände
− Auszahlungen für Akquisitionen
+ Desinvestitionen
= **Cashflow aus Investitionstätigkeit**
− Auszahlung zur Tilgung von Krediten
+ Einzahlungen aus Aufnahme von Krediten
− Rückkauf eigener Aktien
− Dividendenauszahlungen
= **Cashflow aus Finanzierungstätigkeit**

Wie die Bilanz und Gewinn- und Verlustrechnung ist auch die Cashflowrechnung nur unzureichend standardisiert. So weisen einige Unternehmen beispielsweise die bezahlten Fremdkapitalzinsen im operativen Cashflow, andere dagegen im Cashflow aus der Finanzierungstätigkeit aus. Die Cashflowrechnung sollte daher vor der Analyse gegebenenfalls aufbereitet werden.

Cashflow aus operativer Geschäftstätigkeit

Der operative Cashflow wird durch Bereinigung des Jahresüberschusses um nicht zahlungswirksame GuV-Positionen sowie der Veränderung des Netto-Umlaufvermögens berechnet. Letzteres ist nötig, da insbesondere in Wachstumsphasen Mittel ins Umlaufvermögen (z. B. Vorräte) investiert werden müssen, um das operative Geschäft betreiben zu können. Da damit bis zum Verkauf der Ware ein Mittelabfluss entsteht, muss dies im operativen Cashflow erfasst werden.

Dieser Vorgang ist vergleichbar mit dem Bäcker, der zuerst Rohwaren einkaufen muss (Mittelabfluss), die dann als fertiges Produkt in der Auslage liegen (Kapitalbindung) und schließlich verkauft werden (Mittelzufluss).

Analog dazu führt eine Verminderung der Verbindlichkeiten aus Lieferung und Leistungen, also das Begleichen von Rechnungen, zu einer Minderung des operativen Cashflows, da entsprechend liquide Mittel aus dem Unternehmen heraus geflossen sind. Sind hingegen große Mengen an (Roh-)Waren auf Ziel gekauft worden (Zunahme der VLL) wirkt sich dies positiv auf den operativen Cashflow aus. Verbindlichkeiten aus Lieferungen und Leistungen sind daher als zinsloser Kredit anzusehen.

Ähnlich wird eine Veränderung der Forderungen aus Lieferungen und Leistungen berücksichtigt. Steigen die Forderungen an, so wird zwar ein höherer Umsatz und Gewinn verbucht, die Rechnungen sind jedoch noch nicht beglichen. Der Jahresüberschuss muss demnach um den Anstieg der Forderungen reduziert werden, da der generierte Umsatz dem Unternehmen noch nicht zugeflossen ist. Das Nettoumlaufvermögen (NWC) berechnet sich wie folgt:

$$\text{NWC} = \text{Forderungen} + \text{Vorräte} - \text{Lieferantenkredite}$$

Die für die Cashflowrechnung relevante Veränderung des Nettoumlaufvermögens ergibt sich grundsätzlich aus dem Nettoumlaufvermögen in der betrachteten Periode abzüglich des Nettoumlaufvermögens im Vorjahr. Durch Besonderheiten in den Rechnungslegungen decken sich die Veränderungen in der Bilanz und in der Cashflowrechnung jedoch oft nicht komplett. Ein wesentlicher Faktor in der Cashflowrechnung sind die Abschreibungen. Da diese lediglich den Verschleiß von zuvor gekauften Wirtschaftsgütern über die Lebenszeit simulieren, stellen sie keinen tatsächlichen jährlichen Mittelabfluss dar (denn dieser trat bereits bei der Anschaffung ein) und werden in der Cashflowrechnung entsprechend korrigiert. Detailliert lässt sich die Berechnung des operativen Cashflows wie folgt darstellen:

	Jahresüberschuss
+/−	Abschreibungen/Zuschreibungen
+/−	Zunahme/Abnahme Rückstellungen
+/−	Abnahme/Zunahme Vorräte
+/−	Abnahme/Zunahme Forderungen
+/−	Zunahme/Abnahme Lieferantenkredite
	Cashflow aus operativer Geschäftstätigkeit

Beispiel 1.10 - Operativer Cashflow

Die Specious AG weist zum 31.12.2009 die folgende Bilanz auf:

Specious AG				
Aktiva		in €	Passiva	
Vorräte	400.000		Eigenkapital	500.000
Liquide Mittel	100.000		Fremdkapital	0
Bilanzsumme	500.000		Bilanzsumme	500.000

Die Specious AG verkauft die Vorräte für 500.000 € an einen Kunden auf Ziel. Der Umsatzakt ist somit vollzogen, das Geld aber noch nicht eingegangen. Zudem fallen während des Jahres Fixkosten von 70.000 € für Mitarbeiter und Miete an. Die Gewinn- und Verlustrechnung für das Geschäftsjahr 2010 stellt sich damit wie folgt dar:

Specious AG	
in €	2010
Umsatz	500.000
Materialaufwand	400.000
Fixkosten	70.000
Jahresüberschuss	30.000

Zwar wurde ein beachtlicher Gewinn erzielt, jedoch ist dem Unternehmen kein Geld zugeflossen, da die Vorräte auf Rechnung verkauft wurden. Nun wird der Kunde und Schuldner am 01.07.2011 zahlungsunfähig. In der Gewinn- und Verlustrechnung wird dies allerdings nicht ersichtlich, da der Buchungssatz,

Forderungen aus LuL 500.000 € an Umsatzerlöse 500.000 €

den tatsächlichen Geldfluss nicht berücksichtigt.

Die Insolvenz des Kunden wird erst im Jahresabschluss des Folgejahres ersichtlich, indem dort eine Abschreibung auf die Forderungen vorgenommen wird. Dem intelligenten Anleger hätte aber schon das Studium der Cashflowrechnung für das Jahr 2010 Aufschluss über die prekäre Lage der Specious AG gegeben:

Specious AG	
in €	2010
Jahresüberschuss	+ 30.000
Veränderung Vorräte	+ 400.000
Veränderungen FLL	- 500.000
Operativer Cashflow	- 70.000

In dieser verkürzten Cashflowrechnung wird der Jahresüberschuss um die Veränderungen der Forderungen und Vorräte bereinigt. In diesem Fall nahmen die Forderungen um 500.000 € zu, wodurch mehr Mittel gebunden wurden, gleichzeitig nahmen die Vorräte um 400.000 € ab. Zum Jahresende weist die Specious AG daher einen operativen Mittelabfluss von 70.000 € gegenüber einem ausgewiesenen Gewinn von 30.000 € auf. Das Unternehmen könnte nun im Folgejahr ohne neue Verkäufe seine Fixkosten von 70.000 € nicht mehr decken, da die liquiden Mittel von 100.000 € auf 30.000 € gesunken sind. Diese Thematik könnte das Unternehmen in existenzielle Schwierigkeiten stürzen. Obwohl dieses Beispiel die Situation stark vereinfacht wiedergibt, ist dieser Sachverhalt in der Realität nicht zu unterschätzen. Zur frühen Erkennung solcher Tendenzen werden in Kapitel 4 Kennzahlen vorgestellt. Letztlich steht und fällt jedes Unternehmen mit seiner Fähigkeit, Geldströme zu generieren. Aus diesem Grund liegt der Fokus dieses Buchs auf der Cashflowrechnung, die von einigen Marktteilnehmern zu Unrecht vernachlässigt wird.

Beispiel 1.11 - CASHFLOWRECHNUNG: BASF

Verdeutlichen wir uns die Analyse der Cashflowrechnung anhand des Chemiekonzerns BASF im Geschäftsjahr 2009.

BASF	
in Mio. €	2009
Jahresüberschuss	1.410
Abschreibungen	3.740
Veränderung der Vorräte	1.094
Veränderung der Forderungen	2.065
Veränderung der Lieferantenkredite	-1.592
Veränderung von Pensionsrückstellungen	-394
Gewinne/Verluste aus Abgängen von Wertpapieren	-53
Cashflow aus laufender Geschäftstätigkeit	6.270

Quelle: BASF SE (2009) [IFRS]

BASF weist im Geschäftsjahr 2009 einen Jahresüberschuss von 1.410 Mio. € auf. Diese Erfolgsgröße dient als Basis zur Ermittlung des operativen Cashflows. Dieser Wert wird um 3.740 Mio. € an Abschreibungen korrigiert, da diese zwar einen Aufwand, aber keine tatsächlichen Auszahlungen darstellen. Zudem flossen dem Unternehmen insgesamt 3.159 Mio. € aus Veränderungen der Vorräte und Forderungen zu. Der Bestand an Vorräten und Forderungen hat sich im Gegensatz zum Vorjahr also verringert. Das Unternehmen hat demnach gebundenes Kapital freigesetzt, was als Mittelzufluss in der Cashflowrechnung verbucht wird. Dies ist besonders häufig in Abschwungphasen beobachtbar, wenn Unternehmen ihre Kapazitäten zurückfahren. In Aufschwungphasen werden dagegen wieder Mittel in das Umlaufvermögen investiert, d. h. insbesondere mehr Vorräte vorgehalten werden. Diese Beträge werden als Mittelabfluss, mit negativem Vorzeichen in der Cashflowrechnung erscheinen. Aus den Veränderungen von Verbindlichkeiten aus Lieferungen und Leistungen flossen BASF im Geschäftsjahr 1.592 Mio. € ab. Hier wurden demnach mehr Verbindlichkeiten beglichen, als neue hinzukamen. Dazu kommen Korrekturbeträge von 394 Mio. € und 53 Mio. € für Veränderungen von Rückstellungen und Gewinnen aus Wertpapiergeschäften. Erstere sind mit negativem Vorzeichen aufgeführt, da der Rückgang der Rückstellungen bereits den Jahresüberschuss erhöht hat, dadurch jedoch dem Unternehmen keine Mittel zugeflossen sind. Der Gewinn aus dem Verkauf von Wertpapieren und langfristigen Vermögenswerten wird deshalb herausgerechnet, da dieser nicht zur operativen Geschäftstätigkeit zählt. Wir werden diese Position später in der Cashflowrechnung wiederfinden. Insgesamt beläuft sich der operative Cashflow des BASF Konzerns damit auf 6.270 Mio. €. Dem Unternehmen ist demnach im Jahr 2009 deutlich mehr zugeflossen, als die Gewinn- und Verlustrechnung hätte erwarten lassen. Diese Mittel stehen dem Unternehmen jedoch nicht in Gänze zur freien Verfügung, da damit notwendige Investitionen zur Erhaltung, Modernisierung und Expansion des Anlagevermögens finanziert werden müssen. Dies zeigt der zweite Teil der Cashflowrechnung an: der Cashflow aus Investitionstätigkeit.

Cashflow aus Investitionstätigkeit

Der operative Cashflow gibt an, welche Zahlungsströme aus dem operativen Geschäft in das Unternehmen geflossen sind. Der Cashflow aus Investitionstätigkeit beinhaltet nun die getätigten Investitionen und Desinvestitionen der Periode. Üblicherweise bilden die Investitionen in Sachanlagen den größten Investitionsposten. Investitionen werden mit einem negativen Vorzeichen (da Geld herausfließt) und Desinvestitionen mit einem positiven Vorzeichen (da Geld hineinfließt) ausgewiesen. Grundsätzlich sind Desinvestitionen kritisch zu sehen, da das Unternehmen Vermögenswerte verkauft, welche in der Regel Cashflows und damit Wert erzeugen. Wie in allen Bereichen der Bilanzanalyse ist aber auch hier der Einzelfall zu prüfen. Der Rückzug aus einem defizitären Geschäft, eine Desinvestition, ist mithin positiv zu werten. Analog dazu stellen gesunkene Investitionen in Sachanlagen dem Unternehmen zwar mehr Kapital zur Verfügung, jedoch sind Investitionen in der Regel notwendig, um wettbewerbsfähig zu bleiben und Marktanteile auszubauen. Kaum einem anderen Bereich kommt eine so elementare Bedeutung wie den Investitionen zu. Neben der Interpretation der Zahlen kommt es in diesem Bereich besonders auf das richtige Bauch- und Feingefühl an. Der gesunde Menschenverstand sagt hier oft mehr über den wirtschaftlichen Nutzen aus als jede Formel. Je nach Rechnungslegung enthält der Cashflow aus Investitionstätigkeit auch Ein- und Auszahlung aus Finanzanlagen mit einer Laufzeit von mehr als 3 Monaten (z. B. Einzahlung auf das Festgeldkonto). Da diese keine Investitionen im eigentlichen Sinn sind, sollte der Investitionscashflow um den entsprechenden Betrag bereinigt werden.

Beispiel 1.12 - CASHFLOWRECHNUNG: BASF

Auf das bereits oben angeführte Beispiel von BASF im Geschäftsjahr 2009 bezogen ergibt sich folgender Cashflow aus Investitionstätigkeit:

BASF	
in Mio. €	2009
Ausgaben für immaterielles Vermögen und Sachanlagen	-2.507
Ausgaben für Finanzanlagen und Wertpapiere	-641
Auszahlungen für Akquisitionen	-1.509
Erlöse aus Desinvestitionen	62
Erlöse aus dem Abgang von Wertpapieren	513
Cashflow aus Investitionstätigkeit	-4.082

Quelle: BASF SE (2009) [IFRS]

BASF investierte 2.507 Mio. € in Sachanlagen und immaterielle Vermögenswerte. Bei Industrieunternehmen bestehen diese Ausgaben in der Regel aus Investitionen in neue Maschinen, Produktionshallen, Firmenfahrzeuge aber auch Software oder IT-Infrastruktur. Dieser Betrag wird auch kurz als Sachinvestitionen oder CAPEX bezeichnet. Daneben investierte das Unternehmen 641 Mio. € in Finanzanlagen und Wertpapiere. Da diese Position keinen tatsächlichen

Mittelabfluss, sondern nur eine Umschichtung liquider Mittel in Finanzanlagen darstellt, sollte dieser Betrag bei der Analyse nicht als Mittelabfluss betrachten werden. Des Weiteren nutzte BASF seine Mittel, um Übernahmen über 1.509 Mio. € durchzuführen. Bei Unternehmen, die regelmäßig Übernahmen tätigen, kann dieser Betrag zu den Sachinvestitionen gezählt werden, da die Übernahmen gewissermaßen zum Geschäftsmodell gehören. Die bei der Berechnung des operativen Cashflows korrigierten Erlöse aus Anlagenabgängen tauchen unter anderem in dem Mittelzufluss über 62 Mio. € aus Desinvestitionen in diesem Abschnitt der Cashflowrechnung wieder auf. Zudem flossen BASF 513 Mio. € aus dem Verkauf von Wertpapieren zu. Analog zu dem oben beschriebenen Mittelabfluss aus Wertpapieranlagen stellt auch diese Position keinen wirklichen Mittelzufluss dar. Es wurden lediglich Wertpapiere veräußert, d. h. in liquide Mittel getauscht. Insgesamt investierte BASF somit 4.082 Mio. € in das Anlagevermögen. Nach Korrektur um Wertpapiertransaktionen beläuft sich der tatsächlich investierte Betrag auf 3.954 Mio. € (2.507 Mio. € + 1.509 Mio. € - 62 Mio. €).

Cashflow aus Finanzierungstätigkeit

Als Differenz aus operativem Cashflow und Investitionen ergibt sich der Free-Cashflow.

$$\text{Operativer Cashflow} - \text{Cashflow aus Investitionstätigkeit} = \text{Free-Cashflow}$$

Mit den Mitteln aus dem Free-Cashflow kann das Unternehmen nun Dividenden ausschütten, Aktien zurückkaufen und Kredite tilgen. Wenn die Investitionen einer Periode den operativen Mittelzufluss übersteigen, ergibt sich ein negativer Free-Cashflow. Dieser kann durch Aufnahme von Krediten oder der Nutzung vorhandener liquider Mittel ausgeglichen werden.

Auf das Beispiel von BASF bezogen, ergibt sich für das Geschäftsjahr 2009 ein Free-Cashflow von:

$$6.270 \text{ Mio. €} - 4.082 \text{ Mio. €} = 2.188 \text{ Mio. €}$$

Mit den angepassten Zahlen aus der Investitionstätigkeit beläuft sich der Free-Cashflow auf den folgenden Wert:

$$6.270 \text{ Mio. €} - 3.954 \text{ Mio. €} = 2.316 \text{ Mio. €}$$

Beispiel 1.13 - CASHFLOWRECHNUNG: BASF

Der BASF Konzern verwendete diese freien Mittel im Geschäftsjahr 2009 für folgende Zwecke, die im Cashflow aus der Finanzierungstätigkeit aufgeführt sind.

BASF	
in Mio. €	2009
Kapitalerhöhungen/-rückzahlungen	-134
Auszahlungen für den Rückkauf eigener Aktien	-
Aufnahme von Finanzverbindlichkeiten	4.636
Tilgung von Finanzverbindlichkeiten	-5.546
Gezahlte Dividende	-2.089
Cashflow aus Finanzierungstätigkeit	-3.133

Quelle: BASF SE (2009) [IFRS]

Das Unternehmen verwendete 134 Mio. € für Eigenkapitaltransaktionen und hatte keine Auszahlungen für den Erwerb eigener Aktien im Geschäftsjahr 2009. Im Vorjahr bezahlte BASF noch mehr als 1,6 Mrd. € für den Erwerb eigener Aktien. Aus Kreditaufnahmen flossen 4.636 Mio. € zu, gleichzeitig wurden während des Geschäftsjahres Kredite und Anleihen über 5.546 Mio. € getilgt. Zudem flossen rund 2.089 Mio. € als Dividende an die Anteilseigner aus dem Unternehmen. Unterm Strich verbuchte BASF daher einen Mittelabfluss von 3.133 Mio. € aus der Finanzierungstätigkeit.

Durch Addition der drei Cashflow-Arten ergibt sich der gesamte Mittelzufluss und Mittelabfluss für das Unternehmen im Geschäftsjahr.

BASF	
in Mio. €	2009
(A) Cashflow aus laufender Geschäftstätigkeit	6.270
(B) Cashflow aus Investitionstätigkeit	-4.082
(C) Cashflow aus Finanzierungstätigkeit	-3.133
(D) Liquiditätswirksame Veränderung der Zahlungsmittel	-945
(E) Zahlungsmittel und Zahlungsmitteläquivalente am Jahresanfang	2.776
(F) Zahlungsmittel und Zahlungsmitteläquivalente am Jahresende	1.835

Quelle: BASF SE (2009) [IFRS]

Die Veränderungen der Zahlungsmittel (D) ergeben sich durch Addition von (A) + (B) + (C). Insgesamt flossen 945 Mio. € aus dem Unternehmen. Zu Beginn des Jahres wies BASF einen Zahlungsmittelbestand von 2.776 Mio. € auf, abzüglich der 945 Mio. € ergibt sich somit ein Endbestand an Zahlungsmitteln von 1.835 Mio. €. Der geringfügige Unterschied besteht aufgrund von Währungsumrechnungen.

Es überrascht daher nicht, dass am Ende der Cashflowrechnung die liquiden Mittel bzw. der Kassenbestand steht, wie er in der Bilanz zu finden ist. Schematisch kann dies wie folgt dargestellt werden:

	Liquide Mittel 01.01.
+/−	Cashflow aus operativer Geschäftstätigkeit
+/−	Cashflow aus Investitionstätigkeit
+/−	Cashflow aus Finanzierungstätigkeit
=	Liquide Mittel 31.12.

Dabei können sich die Vorzeichen der Positionen in einigen Fällen wie übermäßiger Kreditaufnahme oder außergewöhnlichen Desinvestitionen ändern. Bei der Analyse von Cashflowrechnungen sollte daher stets die aktuelle Unternehmensentwicklung berücksichtigt werden. Der Neubau einer Konzernzentrale verursacht beispielsweise sehr hohe Investitionen, die jedoch nur temporärer Natur sind. Insbesondere bei großen, mit Fremdkapital finanzierten Übernahmen ergeben sich extreme Werte in der Cashflowrechnung. Ein Beispiel für diese nicht unübliche Situation bietet die Übernahme von Anheuser-Busch durch den belgischen Brauereikonzern InBev im Jahr 2008.

Beispiel 1.14 - CASHFLOWRECHNUNG: INBEV

InBev		
in Mio. €	2008	2007
Cash flow from operating activities	4.189	4.064
Cash flow from investing activities	(42.164)	(2.358)
- thereof: CAPEX	(1.640)	(1.440)
- thereof: Acquisition	(40.500)	(920)
Cash flow from financing activities	38.421	(970)
- thereof: proceeds from borrowings	35.142	366

Quelle: Anheuser-Busch InBev N.V. (2008) [IFRS]

Im Jahr 2007 weist die Cashflowrechnung normale Werte auf. Der operative Cashflow ist positiv, der Cashflow aus Investitionstätigkeit aufgrund von notwendigen Investitionen negativ und der Finanzierungscashflow durch Mittelabflüsse aus Dividendenzahlungen ebenfalls negativ. Im Jahr 2008 zeigt sich ein anderes Bild, da durch die mehr als 40 Mrd. € schwere Übernahme im Jahr 2008 die Cashflowrechnung verzerrt wurde. Zwar bleibt der operative Cashflow weiterhin positiv, aus der Investitionstätigkeit fließen nun aber mehr als 42 Mrd. € ab, davon 40,5 Mrd. € für die Übernahme des Konkurrenten Anheuser-Busch. Um diesen Betrag zu finanzieren, nahm das Unternehmen mehr als 35 Mrd. € an Krediten auf. Insgesamt flossen so aus der Finanztätigkeit rund 38,4 Mrd. € zu.

Beispiel 1.15 - CASHFLOWRECHNUNG: SOTHEBY'S

Cashflowrechnungen unterscheiden sich je nach Branche und Rechnungslegung teilweise deutlich in Gestalt und Aufbau. Da der wertschöpfende Teil der Analyse in der Interpretation der Daten vor dem Hintergrund des Geschäftsmodells geschieht, ist eine hinreichende Einarbeitung in die diversen Geschäftsfelder eine Grundvoraussetzung. Das folgende ausführliche Fallbeispiel geht auf die Cashflowrechnung des weltweit bekannten Auktionshauses Sotheby's ein. Kerngeschäftsfeld ist die Auktion von Kunstgegenständen aller Art. Das Unternehmen generiert Umsätze durch eine Gebühr, die der Verkäufer bezahlt und eine anteilige Marge am Hammerpreis, die der Käufer des Objekts bezahlt. Daneben tritt Sotheby's auch als Kunsthändler, Finanzierer und Lizenzgeber auf. Dieses Basiswissen ist dem einleitenden Teil des Geschäftsberichts zu entnehmen und wichtig, um die Cashflowrechnung nachvollziehen zu können.

	Sotheby's			
	in Mio. $	2009	2008	2007
A	**Net (loss) income**	**(6,528)**	**26,456**	**213,139**
B	Depreciation	21,560	24,845	22,101
C	Gain on sale of business	(4,146)	-	-
D	Impairment loss	-	13,189	14,979
E	Share-base compensation	20,568	30,396	28,163
F	**Changes in assets and liabilities**			
G	Accounts receivable	178,670	198,020	(443,307)
H	Due to consignors	(74,472)	(301,073)	200,080
I	Inventory	35,857	(20,923)	(84,859)
J	Accounts payable	(42,304)	(73,563)	33,746
K	**Net cash provided by operating activities**	**158,521**	**(175,478)**	**(37,145)**
L	Funding of receivable and consignor advances	(152,179)	(377,216)	(306,241)
M	Collection of receivable & consignore advances	179,289	371,388	352,381
N	Capital expenditures	(100,879)	(74,192)	(17,398)
O	**Net cash provided by investing activities**	**(65,789)**	**(83,708)**	**163,740**
P	Proceeds from revolving credit facility borrowings	-	390,000	-
Q	Repayments of revolving credit facility borrowings	-	(390,000)	-
R	Proceeds from 3.125% Convertible Senior Notes	-	194,300	-
S	Proceeds from 7.75% Senior Notes	-	145,855	-
U	Dividends paid	(20,434)	(40,651)	(33,326)
V	**Net cash provided by financing activities**	**(24,246)**	**170,255**	**(695)**
W	Exchange rate effect	(375)	(5,854)	1,259
X	Increase (decrease) in cash and cash equivalents	68,111	(94,785)	127,159
Y	Cash and cash equivalents at beginning of period	253,468	348,253	221,094
Z	**Cash and cash equivalents at end of period**	**321,579**	**253,468**	**348,253**

Quelle: Sotheby's (2009) [US-GAAP]

Die Cashflowrechnung des Konzerns ist oben auszugsweise dargestellt, einige weniger wichtige Positionen wurden aus Gründen der Übersichtlichkeit weggelassen, die Zahlen lassen sich daher nicht vollständig addieren. Mittelabflüsse sind mit einer Klammer gekennzeichnet, Mittelzuflüsse entsprechend ohne Klammer.

Sotheby's: Operativer Cashflow

Die Cashflowrechnung beginnt mit dem Jahresüberschuss des entsprechenden Geschäftsjahres (A). Da Sotheby's im Jahr 2009 einen Verlust, also einen Jahresfehlbetrag ausweist, steht der Betrag in einer Minusklammer. Position (B) korrigiert den Jahresfehlbetrag um die Abschreibungen, da diese zwar eine Aufwendung, jedoch keine Auszahlung darstellen. Der Verkauf von Unternehmensanteilen (C) stellt zwar einen Mittelzufluss dar, wird aber nicht zum operativen Geschäft gezählt und daher herausgerechnet. Diese Position findet sich in einer Unterposition des Cashflows aus Investitionstätigkeit wieder. Während die Gewinn- und Verlustrechnung keinen Unterschied zwischen gewöhnlichen Erträgen und betriebsfremden Erträgen (Aktienspekulationen, Versicherungsgutschriften, Verkauf von Immobilien, etc.) macht, werden in der Cashflowrechnung die Zahlungsströme ihren Kategorien zugerechnet. In (D) werden analog zu (B) die außerplanmäßigen Abschreibungen wieder hinzuaddiert. Eine weitere US-amerikanische Spezialität ist die Bezahlung der Mitarbeiter mit Aktien (E), da diese Form der Entlohnung (zunächst) keine direkte Auszahlung nach sich zieht, zuvor aber in der Gewinn- und Verlustrechnung als Aufwand gebucht worden ist, wird diese Position korrigiert.

Im nächsten Schritt erfolgt die Korrektur um die Veränderung des Working Capitals (F). Zunächst wird die Veränderung der Forderungen aus Lieferungen und Leistungen (FLL) erfasst. Wie aus der Tabelle hervorgeht, ist dem Unternehmen in den letzten 2 Jahren Geld zugeflossen, da mehr Rechnungen beglichen wurden, als neue Forderungen hinzukamen. Dies ist zum einen auf gutes Working Capital Management, aber auch auf den drastischen Abschwung im weltweiten Kunstmarkt zurückzuführen. Es zeigt sich, dass in Abschwungphasen Unternehmen ihre Forderungen schnell einfordern und gleichzeitig durch die rückläufigen Umsätze weniger neue Forderungen gebucht werden. Dies hat zumindest kurzfristig den Vorteil, dass gebundenes Kapital freigesetzt wird und damit Kredite abgelöst oder zukünftiges Wachstum finanziert werden kann. Ein Blick auf die entsprechende Zahl des Jahres 2007, dem Höhepunkt der weltweiten Kunstblase, zeigt einen Negativbetrag von mehr als 400 Mio. \$. Zu dieser Zeit nahm das Geschäftsvolumen stark zu, was eine höhere Kapitalbindung nach sich zog: Viele Kunden nutzten Sotheby's Auktionen, bezahlten für die Leistung jedoch erst später. Position (H) verhält sich offensichtlich spiegelbildlich zur Entwicklung der Forderungen und stellt eine Eigenart dar, die nur bei Cashflowrechnungen von Auktionshäusern vorkommt. Hinter „Due to consignors“ verbirgt sich der Betrag, den Sotheby's an die eigentlichen Verkäufer der Kunstobjekte weiterleiten muss. Die entsprechende Position findet sich daher unter den „Kurzfristigen Schulden“ in der Bilanz.

$$\text{Warenstrom: Verkäufer} \longrightarrow \text{Sothebys} \longrightarrow \text{Käufer}$$
$$\text{Zahlungsstrom: Verkäufer} \longleftarrow \text{Sothebys} \longleftarrow \text{Käufer}$$

Bei Abnahme dieser Position hat Sotheby's, technisch gesprochen, seine Schulden getilgt. Auf die Praxis bezogen hat das Unternehmen seine Forderungen beim Käufer eingetrieben, die entsprechende Marge einbehalten und den restlichen Kaufbetrag an den Verkäufer weitergeleitet. Daher sind abnehmende Forderungen (positiver Betrag in der Rechnung) im Fall von Sotheby's immer mit Mittelabflüssen bei den „Due to consignors“ verbunden. Diese betriebswirtschaftlichen Zusammenhänge zu erkennen, ist essenziell für eine gute Bilanzanalyse. Eine normalerweise bedeutende Position der Bilanz und Cashflowrechnung sind die Vorräte (I). Da Sotheby's jedoch in der Regel als Intermediär auftritt und der eigene Kunsthandel nur ein relativ geringes Volumen hat, haben die Vorratsveränderungen keinen bedeutenden Anteil am Cashflow. Es gilt die gleiche Logik wie bei den Forderungen aus Lieferungen und Leistungen. Nehmen die Vorräte zu, wird mehr Kapital gebunden; nehmen die Vorräte ab, wird Kapital freigesetzt. Entsprechend nahmen in den Jahren 2007 und 2008 die Vorräte zu. 2009 wurden hingegen Vorräte im Wert von 35,8 Mio. $ abgebaut, dem Unternehmen floss somit Geld zu. Position (J) beinhaltet die Verbindlichkeiten aus Lieferungen und Leistungen (VLL). Als Gegenstück zu den Forderungen aus Lieferungen und Leistungen steht bei einem Anstieg dieser Position dem Unternehmen mehr Mittel zur Verfügung. Durch das besondere Geschäftsmodell des Unternehmens übernehmen die „Due to consignors“ im Wesentlichen die Rolle der Lieferantenkredite. Durch Addition der Positionen A-J ergibt sich der operative Cashflow (K). Sotheby's flossen im Jahr 2009 rund 158 Mio. $ aus dem operativen Geschäft zu, dies ist vor dem Hintergrund eines Jahresfehlbetrags auf den ersten Blick verwunderlich. Verglichen mit den Jahren 2008 und 2007 fällt auf, dass dem Unternehmen hier aus operativer Geschäftstätigkeit keine Mittel zu-, sondern abgeflossen sind. Es zeigt sich, dass in Boomphasen die Investitionen in das Working Capital mitunter die eigentlichen Gewinne übersteigen und somit der operative Cashflow negativ wird und erst in Phasen von moderaterem oder rückläufigem Wachstum die eigentlichen Mittelzuflüsse stattfinden. Dies zeigt deutlich, dass Wachstum in der Regel große Mengen an Kapital bindet, welches dem Unternehmen in Folge nicht für Investitionen zur Verfügung steht.

Sotheby's: Cashflow aus Investitionstätigkeit
Analog zum operativen Cashflow unterscheiden sich auch beim Cashflow aus der Investitionstätigkeit einige Positionen von denen eines gewöhnlichen Industrieunternehmens. Da Sotheby's teilweise Werke vorfinanziert (L), also dem Verkäufer die Mindesthammersumme überweist, bevor das Werk überhaupt versteigert wurde, muss dieser Betrag refinanziert werden. Position (L) gibt dabei den an die Käufer überwiesenen Betrag an, (M) hingegen das „Einsammeln" dieses Betrags nach erfolgreicher Auktion. Wie zu erkennen ist, decken sich die Beträge (L) und (M) nahezu. Dies liegt an der maximalen Laufzeit dieser Geschäfte (von Finanzierung bis Abschluss) von bis zu 12 Monaten. Laut Unternehmensangaben sollten diese Geschäfte innerhalb einer Periode abgeschlossen werden und haben somit zum Bilanzstichtag keine bedeutenden Auswirkungen. Die betriebsnotwendigen Investitionen „Capex" (N) belaufen sich auf 100 Mio. $ im Jahr 2009 nach 74 Mio. $ im Vorjahr. Verglichen mit den nachhaltigen Cashflows (Jahresüberschuss + Abschreibungen) von 15 Mio. $ und 50 Mio. $ in den entsprechenden Jahren, ergibt sich eine besorgniserregende Sachinvestitionsquote, da das Unternehmen augenscheinlich mehr investiert, als operativ zufließt. Tatsächlich handelt es sich dabei um einen Sondereffekt aus dem Bau eines größeren Gebäudes. Unter Verwendung der Geschäftsberichte der letzten 5 Jahre ergibt sich ein durchschnittlicher CAPEX im Bereich von 10-15 Mio. $, der als unproblematisch anzusehen ist. Um solche Fallstricke zu erkennen, sollten stets die Geschäftsberichte mehrerer Jahre ausgewertet werden. Durch Addition der Werte L-N ergibt sich der Cashflow aus Investitionstätigkeit, der in der Regel negativ ist, da investiert wird.

Sotheby's: Cashflow aus Finanzierungstätigkeit
Die Positionen (P, R und S) betreffen jeweils Kreditaufnahmen sowie die Tilgung eines Darlehens (Q). Die entsprechenden Zahlungen sind in (T) erfasst. Unter (U) sind die im Geschäftsjahr bezahlten Dividenden aufgeführt. Durch Addition von (P) bis (U) ergibt sich der gesamte Mittelzufluss/-abfluss aus Finanzierungstätigkeit (V).

Die Summe dieser drei Cashflow Kategorien (K+O+V) sowie der Änderung durch Wechselkursbewegungen (W) ergibt die gesamte Veränderung der Zahlungsmittel (X) im Unternehmen für das Geschäftsjahr. Der entsprechende Endbestand an Zahlungsmittel zum

31.12. (Z) ergibt sich somit aus dem Anfangsbestand der Zahlungsmittel zum 01.01. (Y) zuzüglich der Veränderung der Zahlungsmittel (X).

Geld ist das Blut eines jeden Unternehmens und die Cashflowrechnung sinngemäß seine Aorta. Ohne den stetigen und ausreichenden Geldfluss könnten Sourcing, Produktion, Marketing und Vertrieb, kurz: das operative Geschäft, gar nicht betrieben werden. Die Cashflowrechnung gibt somit letztendlich den deutlichsten Einblick in die Lage eines Unternehmens, indem es die operativ zugeflossenen Mittel mit denen aus Investitionen und Finanzierung abgeflossenen saldiert.

1.2.6 Eigenkapitalveränderungsrechnung

Die Eigenkapitalveränderungsrechnung ist ein Bestandteil des Jahresabschlusses und gibt die detaillierte Veränderung des Eigenkapitals in einem Geschäftsjahr an. Neben dem erzielten Jahresüberschuss verändern auch Dividendenzahlungen, Aktienrückkäufe, Kapitaleinzahlungen und direkt im Eigenkapital erfasste Aufwendungen und Erträge das bilanzielle Eigenkapital. Die Eigenkapitalveränderungsrechnung listet tabellarisch den Einfluss dieser Faktoren auf die Bestandteile des Eigenkapitals, also das gezeichnete Kapital, die Kapitalrücklagen und die Gewinnrücklagen auf. Zudem ist in der Regel die Entwicklung der Anteile Dritter am Eigenkapital aufgeführt. Von besonderem Interesse ist die Eigenkapitalveränderungsrechnung, da sie neben der Gesamtergebnisrechnung die erfolgsneutral verbuchten Geschäftsvorgänge aufzeigt.

1.2.7 Anhang

Der Anhang (eng. notes) dient der detaillierten Erklärung einzelner Bilanz- und Gewinn- und Verlust-Positionen sowie weiterer Erläuterungen. Im ersten Teil des Anhangs werden die angewandten Bewertungs- und Bilanzierungsmethoden erläutert und auf den Konsolidierungskreis eingegangen. Auch wird auf Veränderungen im Vergleich zum Vorjahr hingewiesen. Im darauf folgenden Teil sind Erläuterungen zu einzelnen Positionen aus Bilanz und Gewinn- und Verlustrechnung aufgeführt. Von besonderem Interesse bei der Bilanzanalyse sind in der Regel die Anhangsunterpunkte zu den Themen:

Position	Erklärung
Ergebnis je Aktie	Anzahl und Veränderung der ausstehenden Aktien
Berichterstattung nach Segmenten und Regionen	Umsatz- und Ergebnisverteilung nach Regionen und Segmenten
Sonstige betriebliche Erträge und Aufwendungen	Inhalt der Erträge und Aufwendungen der sonstigen Geschäftstätigkeit
Finanzergebnis	Zusammensetzung des Finanzergebnis
Steueraufwand	Erwarteter und tatsächlicher Steueraufwand
Immaterielle Vermögenswerte	Buchwerte, Zugänge, Abgänge und Abschreibungen der imm. VG
Sachanlagenspiegel	Buchwerte, Zugänge, Abgänge und Abschreibungen der Sachanlagen
Vorräte	Zusammensetzung und Abschreibungen
Forderungen	Forderungsstruktur und Abschreibungen
Verbindlichkeiten	Fälligkeitsstruktur, Volumen, Währung und Zinssatz
Leasingverhältnisse	Laufzeit, Verpflichtungen, Klassifizierung

Die hier vorgestellten Bestandteile von Jahres- und Konzernabschlüssen bilden die Basis der quantitativen Fundamentalanalyse. Zusammenfassend empfiehlt sich stets die Auswertung der Bilanz, Gewinn- und Verlustrechnung und Cashflowrechnung über mehrere Jahre. Beim Vergleich mit anderen Unternehmen sollten die Unterschiede in den verschiedenen Rechnungslegungen sowie mögliche Wahlrechte berücksichtigt werden. Besonders bei der Analyse der Bilanz bietet sich der Anhang als ergänzendes Instrument an, um einzelne Positionen im Detail untersuchen zu können. Wie auch bei allen folgenden Kennzahlen ist es wichtig, die Analyse immer vor dem Hintergrund der eigentlichen Betriebstätigkeit durchzuführen. Wie das Beispiel von Sotheby's zeigt, ist eine Analyse ohne diese Kenntnis oft schwer bis unmöglich durchzuführen. Auf diesem Grundwissen aufbauend, werden in den folgenden drei Kapiteln Kennzahlen aus den verschiedenen Bereichen der Fundamentalanalyse näher erläutert und anhand von Fallbeispielen veranschaulicht.

2 Kennzahlen zu Ertrag und Rentabilität

> Time is the enemy of the poor business and the friend of the great business. If you have a business that's earning 20%-25% on equity, time is your friend. But time is your enemy if your money is in a low return business.
>
> *(Warren E. Buffett)*

Gewinnmaximierung ist eines der wichtigsten Unternehmensziele in der Betriebswirtschaftslehre. Gewinn entsteht dabei durch den Einsatz von Kapital unter Unsicherheit. Ein Bäcker benötigt etwa eine Filiale, eine Backstube und Waren, um mit diesem Kapital die operative Tätigkeit durchzuführen und einen Gewinn zu erzielen. Um den Erfolg einer Unternehmung zu messen, müssen daher beide Seiten der Gleichung betrachtet werden: Gewinn und benötigtes Kapital. Je größer der Gewinn und je geringer die dazu notwendige Kapitalbasis, desto rentabler wirtschaftet ein Unternehmen. Die Rentabilität stellt daher ein wichtiges Maß der Unternehmensbewertung dar.

Dieses Kapitel beschäftigt sich mit der Frage, wie Rentabilität gemessen werden kann und welche Aussagekraft diesen Ergebnissen zukommt. Anhand von Fallbeispielen werden verschiedene Rentabilitätskennzahlen erläutert, die als grundlegende Werkzeuge der Unternehmensbewertung dienen. Der Gewinn oder Jahresüberschuss ist die meistbeachtete betriebswirtschaftliche Kenngröße, die Aussagekraft dieser Erfolgsgröße lässt allerdings nur einen begrenzten Rückschluss auf den Wert eines Unternehmens zu, solange dieser nicht in Bezug zu anderen Kenngrößen gesetzt wird. Betrachten wir dazu die Entwicklung der Konzernergebnisse zweier fiktiver Unternehmen.

Beispiel 2.1 - RENTABILITÄT

Unternehmen A		in €	Unternehmen B	
Jahr	Gewinn		Jahr	Gewinn
2009	100,00		2009	1.000,00
2010	150,00		2010	1.000,00
2011	200,00		2011	1.000,00
2012	250,00		2012	1.000,00
2013	300,00		2013	1.000,00

Neben diesen Daten sei bekannt, dass beide Unternehmen über konstantes Eigenkapital von 5.000 € verfügen. Beide Unternehmen erzielen solide Gewinne, jedoch steigert Unternehmen A die Gewinne jährlich um 50 €, während Unternehmen B stagniert. Auf Basis der Gewinndynamik ist Unternehmen A daher attraktiver einzustufen. Im Verhältnis zum benötigten Eigenkapital erweist sich Unternehmen B jedoch als deutlich rentabler. Bei gleichem Kapitaleinsatz der Aktionäre erwirtschaftet B sehr viel mehr Gewinn als A.

Bei Rentabilitätsbetrachtungen steht stets der Gewinn im Verhältnis zum eingesetzten Kapital. Die alleinige Betrachtung der Gewinnentwicklung sagt daher nur wenig über die Qualität eines Unternehmens aus. Unternehmen A hätte das Eigenkapital beispielsweise festverzinslich zu 5 % anlegen können und dadurch ebenfalls einen Gewinn von 250 € erzielen können. Da Kapital ein knappes und innerhalb von Unternehmen risikoreiches Gut ist, sollte auf eine angemessene Verzinsung großen Wert gelegt werden.

2.1 Eigenkapitalrendite

Die Eigenkapitalrendite gibt die Verzinsung des von den Eigenkapitalgebern eingebrachten Kapitals an. Zur Berechnung dieser wichtigen Kennzahl wird der erwirtschaftete Jahresüberschuss mit dem durchschnittlichen Eigenkapital des Geschäftsjahres ins Verhältnis gesetzt. Es ist wichtig, den Jahresüberschuss und das Eigenkapital nach Anteilen Dritter bei der Berechnung heranzuziehen, um nur Erfolgsgrößen zu berücksichtigen, die den Aktionären auch tatsächlich zustehen.

$$\text{Eigenkapitalrendite} = \frac{\text{Jahresüberschuss}}{\text{ØEigenkapital}}$$

Das Ergebnis gibt die Verzinsung des eingebrachten Kapitals wieder und bietet Investoren eine Vergleichsgröße zwischen verschiedenen Anlagen. Auf Beispiel 2.1 angewandt ergibt sich für Unternehmen A im Jahr 2009 eine Eigenkapitalrendite von 2 % (100 € / 5.000 €). Hätten die Investoren dagegen das Kapital auf dem Bankkonto angelegt, wäre die Rendite bei vernachlässigbarem Risiko gegebenenfalls vorteilhafter gewesen. Unternehmen B lieferte seinen Eignern dagegen trotz stagnierender Gewinne eine Verzinsung ihres Kapitals von 20 % (1.000 € / 5.000 €).

Eine niedrige Eigenkapitalrendite lässt auf den ineffizienten Einsatz von Kapital oder einer Überbewertung der Aktiva (und damit des Eigenkapitals) schließen. Die Eigenkapitalrendite stellt aufgrund der Verbindung von Gewinn und Eigenkapital die zentrale Rentabilitätskennzahl für Eigenkapitalgeber dar. Wie in Kapitel 8 gezeigt wird, gewinnen Unternehmen an Wert, wenn diese ihr Eigenkapital mit einer hohen Rate bei geringem Risiko steigern können. Die Eigenkapitalrendite gibt diese Steigerungsrate an.

Verteilung der Eigenkapitalrendite im S&P 500

Die folgende Tabelle bildet die Verteilung der Eigenkapitalrenditen (5-jähriger Durchschnitt) der S&P 500 Unternehmen ab. Diese Aufstellung soll einen Überblick verschaffen, wie eine gegebene Eigenkapitalrendite im Marktumfeld einzuschätzen ist. Der Median der Eigenkapitalrenditen liegt bei 15,7 %. Rund 67 % der Werte liegen in der Spanne zwischen 0 und 20 %.

EKR	0 bis 5	5 bis 10	10 bis 15	15 bis 20	20 bis 25
Anteil	8,2%	15,6%	22,4%	21,1%	16,2%

EKR	25 bis 30	30 bis 35	35 bis 40	40 bis 45	45+
Anteil	5,7%	4,6%	2,3%	1,1%	2,7%

Quelle: Bloomberg; Stand April 2011

Beispiel 2.2 - Eigenkapitalrendite: Rational

Im Konzernabschluss der Rational AG, einem Hersteller von Dampfgarern für Großküchen, sind die folgenden relevanten Daten zu finden:

Rational	
in T€	2010
Konzernergebnis 2010	79.793
Eigenkapital 2010	230.266
Eigenkapital 2009	189.750

Quelle: Rational AG (2010) [IFRS]

Durch die außergewöhnliche Marktstellung erzielte die Rational AG im Geschäftsjahr 2010 eine Eigenkapitalrendite von:

$$\text{Eigenkapitalrendite} = \frac{79.793 \text{ T€}}{\frac{1}{2} \times 230.266 \text{ T€} + \frac{1}{2} \times 189.750 \text{ T€}} = 37{,}99\%$$

Dieses Ergebnis ist als überdurchschnittlich einzustufen. Besonders der Verzicht auf die Steigerung der Eigenkapitalrendite durch Fremdkapitalaufnahme unterstreicht die Qualität der Rentabilität. Der Rational Konzern weist zum 31.12.2010 eine Eigenkapitalquote von 75 % und keine Finanzverbindlichkeiten auf. Die Zahlen sind der Gewinn- und Verlustrechnung (Konzernergebnis = Jahresüberschuss) und der Passiva in der Knzernbilanz zu entnehmen. Bei der Analyse der Kennzahl im Zeitverlauf sollte insbesondere auf die Entwicklung des Verschuldungsgrades und das eingegangene Risiko geachtet werden. Erzielt ein Unternehmen hohe Eigenkapitalrenditen und geht dabei hohe Risiken ein, so ist die erzielte Überrendite entsprechend gering. Besonders hohe Eigenkapitalrendite bei geringem Risiko, wie dies beispielsweise bei dem hier vorgestellten Rational Konzern der Fall ist, deuten dagegen auf eine sehr gute Marktposition und den effizienten Einsatz von Kapital hin. Die Qualität dieser Kennzahl kann durch die Verwendung des Mittelwertes des quartalsweisen Eigenkapitalbestandes anstatt dem durchschnittlichen Eigenkapital auf Jahresendbasis erhöht werden. In der Regel hat diese Modifikation jedoch keinen nennenswerten Einfluss.

Beispiel 2.3 - Eigenkapitalrendite: Energizer

Betrachten wir nun die Berechnung der Eigenkapitalrendite anhand eines US-amerikanischen Abschlusses. Untenstehend ist ein Auszug aus dem Konzernabschluss der Energizer Corp. für das Geschäftsjahr 2010 abgebildet.

Energizer	
in Mio. $	2010
Net sales	4,248.3
...	...
Net earnings	403.0
Total Shareholders' Equity 2010	2,099.6
Total Shareholders' Equity 2009	1,762.3

Quelle: Energizer Corp. (2010) [US-GAAP]

Die Eigenkapitalrendite berechnet sich in diesem Fall wie folgt:

$$\text{Eigenkapitalrendite} = \frac{403{,}0 \text{ Mio. } \$}{\frac{1}{2} \times 2.099{,}6 \text{ Mio. } \$ + \frac{1}{2} \times 1.762{,}3 \text{ Mio. } \$} = 20{,}87\%$$

Mit 20,87 % verzinst auch die Energizer Corp das Eigenkapital überdurchschnittlich, jedoch ist dieser Wert durch einen hohen Hebel in Form von Fremdkapitalaufnahme bedingt. In den letzten 10 Jahren reduzierte das Unternehmen allein durch Aktienrückkäufe sein Eigenkapital um 1,7 Mrd. $. Die hohe Eigenkapitalrendite ist also neben den tatsächlich hohen Gewinnmargen auch auf einen hohen Verschuldungsgrad mit einer Eigenkapitalquote von nur 32,8 % zurückzuführen. Die Eigenkapitalrendite wird demnach auch durch ein höheres Risiko erkauft.

Wie das Beispiel der Energizer Corp. zeigt, ist eine überdurchschnittliche Eigenkapitalrendite nicht nur Folge der operativen Leistung eines Unternehmens, sondern unterliegt auch finanzpolitischen Entscheidungen.

Die Betrachtung der Formel für die Eigenkapitalrendite ergibt zwei Wege zur Steigerung der Rentabilität: Einerseits kann die Eigenkapitalrendite durch eine Erhöhung des Gewinns, andererseits aber auch durch eine Reduktion der Eigenkapitalbasis gesteigert werden. Unternehmen mit ausreichender Stabilität reduzieren daher teilweise ihre Eigenkapitalbasis durch Aktienrückkäufe oder Dividendenausschüttungen, um die Eigenkapitalrendite zu steigern. Beispiel 2.4 verdeutlicht anhand der US-amerikanischen Yum! Brands, wie durch ausgeprägte Rückkäufe das Eigenkapital übermäßig stark gesenkt werden kann. Da diese Praxis vor allem im angelsächsischen Bereich verbreitet ist, sind dort sehr hohe Eigenkapitalrenditen keine Seltenheit. Diese Form der Rentabilitätssteigerung weist jedoch auch Risiken auf, da eine ausreichende Eigenkapitalbasis in Krisenzeiten als Sicherheitspuffer wirkt. Die Erhöhung der Eigenkapitalrendite durch Aktienrückkäufe geht also in der Regel mit einer Erhöhung des Risikos einher. Dieses Vorgehen sollte daher nur von Unternehmen mit sehr sicheren Zahlungsströmen durchgeführt werden. Die Eigenkapitalrendite sollte aus diesem Grund im Zusammenhang mit dem Verschuldungsgrad, der Eigenkapitalquote (beide Kapitel 3) und dem Geschäftsmodell (Kapitel 5) bewertet werden. Im Fall von Yum Brands!, der größten Fast-Food-Kette der Welt, ist dieses Vorgehen durchaus legitim. Zwar hat der Konzern sein bilanzielles Eigenkapital durch Aktienrückkäufe und andere Einflüsse kurzzeitig bis in den negativen Bereich gesenkt, jedoch ist das Geschäftsmodell als äußerst robust einzustufen, sodass selbst diese extreme Art der Rentabilitätssteigerung als vertretbar einzustufen ist. Dieser Konzern bildet dabei jedoch eine Ausnahme. Zyklische Branchen wie der Maschinenbau benötigen beispielsweise eine ausreichende Eigenkapitalbasis, um auch in Abschwungphasen ihre Flexibilität zu wahren.

Beispiel 2.4 - YUM! BRANDS

Wie in dem Auszug der Passiva von Yum! Brands zu sehen ist, verminderte sich das Eigenkapital des Konzerns durch Aktienrückkäufe derart stark, dass zum Ende des Geschäftsjahres 2008 ein negatives Eigenkapital ausgewiesen wurde.

Yum! Brands	
in Mio. $	2008
Balance at December 29, 2007	**1,139**
Net income	964
Foreign currency translation adjustment	(223)
Pension and post-retirement benefit plans	(208)
Net unrealized loss on derivative instruments	(7)
Comprehensive Income	**526**
Dividends declared on Common Stock	(339)
Repurchase of shares of Common Stock	(1,615)
Other effects	181
Balance at December 27, 2008	**(108)**

Quelle: Yum! Brands Inc. (2008) [US-GAAP]

Die Tabelle zeigt einen Ausschnitt der Eigenkapitalveränderungsrechnung des Jahres 2008. Zum Vorjahr wurde ein Eigenkapital von 1,1 Mrd. $ ausgewiesen, dieses wurde durch den Jahresüberschuss um 964 Mio. $ erhöht, gleichzeitig aber durch nicht in der Gewinn- und Verlustrechnung berücksichtigte Effekte aus Währungsabsicherungen und Pensionsverpflichtungen um 438 Mio. $ gemindert. Der „wahre“ Gewinn des Jahres lag damit nur bei 526 Mio. $ und wird in den USA als „Comprehensive Income“ ausgewiesen. Des Weiteren wurde das Eigenkapital durch Dividendenausschüttungen und Aktienrückkäufe im Umfang von fast 2 Mrd. $ belastet, wodurch das an sich solide Unternehmen zum Jahresende ein negatives Eigenkapital von 108 Mio. $ ausweist.

2.2 Umsatzrendite

Die Umsatzrentabilität gibt an, wie viel Cent Gewinn durch einen Euro an Umsatz erwirtschaftet werden. Insbesondere bei gering verschuldeten Unternehmen mit einer exzellenten Marktstellung sind sehr hohe Umsatzrenditen vorzufinden.

$$\text{Umsatzrendite} = \frac{\text{Jahresüberschuss}}{\text{Umsatzerlöse}}$$

Bei Konzernabschlüssen muss zur Berechnung der Umsatzrendite stets das Ergebnis vor dem Abzug von Minderheitsanteilen herangezogen werden. Maßgeblichen Einfluss auf die Umsatzrendite haben die Marktmacht und das Kostenmanagement des Unternehmens. Je ausgeprägter die Fähigkeit, die Preise anzupassen und gleichzeitig die Kosten zu senken, desto höher fällt die Umsatzrendite aus. Aus diesem Grund verfügen Unternehmen, die in einem Monopol oder Oligopol wirtschaften, in der Regel über hohe Umsatzrenditen. Zudem sind hohe oder zunehmende Umsatzrenditen oft ein Zeichen für das Vorliegen einer Fixkostendegression.

Die Kehrseite bilden klassischerweise Händler, die keine Produkte herstellen, sondern als Intermediär auftreten. In dieser Branche liegen die Umsatzrenditen für gewöhnlich im niedrigen einstelligen Bereich. Eine Erhöhung der Rendite kann in der Regel nur über Kostensenkungen oder Volumenausdehnung stattfinden. Dies erklärt auch, weshalb im Massengütermarkt die absolute Größe einer der wichtigsten Einflussfaktoren ist, um annehmbare Renditen zu erzielen.

Beispiel 2.5 - Umsatzrenditen nach Marktposition

Im Folgenden werden die Umsatzrenditen von drei Unternehmen aus verschiedenen Branchen betrachtet.

Unternehmen	Metro	Linde	Swatch Group
Umsatz	67.258 Mio. €	12.868 Mio. €	6.108 Mio. CHF
Jahresüberschuss	850 Mio. €	1.064 Mio. €	1.074 Mio. CHF
Umsatzrendite	1,26%	8,26%	17,58%

Quelle: Konzernabschlüsse 2010 [IFRS, IFRS, IFRS]

Alle drei Unternehmen arbeiten profitabel, weisen jedoch sehr unterschiedliche Umsatzrenditen auf. Die Swatch Group verdient aufgrund ihrer außergewöhnlichen Marktstellung als umsatzstärkster Uhrenkonzern der Welt pro Einheit Umsatz deutlich mehr, als der Industriegashersteller Linde oder der Großhändler Metro, die einem stärkeren Wettbewerb ausgesetzt sind. Eine hohe Umsatzrendite deutet also auf Alleinstellungsmerkmale, Marktmacht und geringe Konkurrenz hin. Eine niedrige Umsatzrendite hingegen auf intensiven, hauptsächlich über den Preis betriebenen Wettbewerb oder schlechtes Kostenmanagement.

Beispiel 2.6 - UMSATZRENDITE: THE COCA-COLA COMPANY

Anhand des verkürzten Income Statement (Gewinn- und Verlustrechnung) der Coca-Cola Company berechnet sich die Umsatzrendite wie folgt:

Coca-Cola	
in Mio. $	2009
Net Operating Revenues	30,990
Gross Profit	19,902
Operating Income	8,231
Net Income	6,824

Quelle: Coca-Cola Company (2009) [US-GAAP]

$$\text{Umsatzrendite} = \frac{6.824 \text{ Mio. \$}}{30.990 \text{ Mio. \$}} = 22{,}0\%$$

Beispiel 2.7 - UMSATZRENDITE: FUCHS PETROLUB

Die nach IFRS bilanzierende Fuchs Petrolub AG, ein Produzent von speziellen Schmierstoffen, weist zum Jahresende 2008 einen Jahresüberschuss von 109,4 Mio. € bei Umsatzerlösen von 1.393,7 Mio. € auf. Daraus ergibt sich die folgende Umsatzrendite:

$$\text{Umsatzrendite} = \frac{109{,}4 \text{ Mio. €}}{1.393{,}7 \text{ Mio. €}} = 7{,}85\%$$

Eine Umsatzrendite von 7,85 % stellt an sich einen guten Wert dar, verglichen mit dem Vorjahr, ergibt sich allerdings ein Rückgang um 0,9 Prozentpunkte. Dies ist besonders bemerkenswert, da die Steuerquote im Konzern von 35 % auf 32 % gesunken ist. Eine kurze Betrachtung der GuV-Kennzahlen verdeutlicht, dass in diesem Fall besonders der Anstieg von Personal- und Rohstoffaufwendungen für den Rückgang der Umsatzrendite verantwortlich ist. Die im ersten Kapitel vorgestellten Aufwandsquoten können also zur Analyse der Umsatzrendite eingesetzt werden.

2.3 EBIT/EBITDA-Marge

In einigen Lehrbüchern wird die Berechnung der Umsatzrendite im Zähler, neben dem Jahresüberschuss, noch um Steuern und Zinsen erweitert. Da nun aber Zinsen und Steuern reale Aufwendungen darstellen, sollten diese konsequenterweise abgezogen werden. Eine niedrige Steuerquote, beispielsweise aufgrund eines Konzernsitzes in der Schweiz, ist ein Wettbewerbsvorteil, da dem Unternehmen durch die geringeren Steuerzahlungen mehr Gewinn pro Einheit Umsatz zur Verfügung steht.

Zum Vergleich von Unternehmen in einer Branche oder über verschiedene Regionen hinweg kann es dennoch hilfreich sein, die EBIT-Marge, also das Verhältnis von operativem Gewinn zu Umsatz zu berechnen. Ohne Rücksicht auf Unterschiede in der Zins- und Steuerlast kann so die eigentliche operative Leistung des Unternehmens quantifiziert werden.

$$\text{EBIT-Marge} = \frac{\text{EBIT}}{\text{Umsatzerlöse}}$$

Eine Erweiterung der EBIT-Marge kann durch Hinzuzählen der Abschreibungen zum operativen Ergebnis erzielt werden. Das EBITDA gibt somit den Gewinn vor Zinsen, Steuern und Abschreibungen an.

$$\text{EBITDA-Marge} = \frac{\text{EBITDA}}{\text{Umsatzerlöse}}$$

Beispiel 2.8 - EBIT/EBITDA-MARGE: CANADIAN RAILWAY

Die Berechnung der Margen wird anhand des Income Statement der Canadian National Railway veranschaulicht:

Canadian National	
in Mio. $	2007
Revenues	7.897
Labor and fringe benefits	-1.701
Purchased services and material	-1.045
Fuel	-1.026
Depreciation and amortization	-677
Equipment rents	-247
Casualty and other	-325
Operating Income	2.876

Quelle: Canadian National (2007) [US-GAAP]

Zur Berechnung der EBIT-Marge wird der Umsatz von 7.897 Mio. $ und das operative Ergebnis (EBIT) von 2.876 Mio. $ benötigt. Aus diesen Daten ergibt sich eine EBIT-Marge von:

$$\text{EBIT-Marge} = \frac{2.876 \text{ Mio. \$}}{7.897 \text{ Mio. \$}} = 36{,}4\%.$$

Um die EBITDA-Marge zu ermitteln, müssen die Abschreibungen zum EBIT hinzugezählt werden. Aus den oben angegebenen Daten lassen sich Abschreibungen (Depreciation) von 677 Mio. $ ablesen, das EBITDA ergibt sich damit mit 3.553 Mio. $ (2.876 + 677). Die EBITDA-Marge berechnet sich dann analog:

$$\text{EBITDA-Marge} = \frac{3.553 \text{ Mio. \$}}{7.897 \text{ Mio. \$}} = 44{,}9\%.$$

Beide Werte sind als sehr gut einzustufen und lassen auf eine ausgeprägte Marktstellung und ein gutes Kostenmanagement der Canadian Railway schließen.

2.4 Kapitalumschlag

Die Umschlaghäufigkeit des Kapitals gibt Aufschluss darüber, wie produktiv Kapital im Unternehmen eingesetzt wird. Ein hoher Kapitalumschlag bedeutet, das Kapital schnell wieder in das Unternehmen zurückfließt und somit insgesamt weniger Kapital benötigt wird, um ein gegebenes Geschäftsvolumen durchzuführen.

$$\text{Kapitalumschlag} = \frac{\text{Umsatz}}{\text{ØBilanzsumme}}$$

Aufgrund der engen Verknüpfung zwischen Geschäftsmodell und Kapitalbedarf ist eine Vergleichbarkeit dieser Kennzahl nur im Branchenkontext zulässig. Weiter verbreitet und aussagekräftiger ist die Anwendung der Kennzahl bei Einzelunternehmen im Zeitverlauf.

Beispiel 2.9 - KAPITALUMSCHLAG: DAIMLER (AUTOMOBIL)

Der Daimler Konzern erwirtschaftete im Geschäftsjahr 2010 im Automobilbereich einen Umsatz von 97.761 Mio. € bei einer Bilanzsumme im Jahr 2010 von 67.959 Mio. € (Vorjahr: 63.761 Mio. €). Anhand dieser Daten errechnet sich ein Kapitalumschlag von:

$$\text{Kapitalumschlag} = \frac{97.761 \text{ Mio. €}}{\frac{1}{2} \times 67.959 \text{ Mio. €} + \frac{1}{2} \times 63.761 \text{ Mio. €}} = 1{,}48$$

Inhaltlich sagt dieser Wert aus, dass mit je 1 € an Kapital ein Umsatz von 1,48 € generiert werden konnte. Eine Erhöhung des Kapitalumschlags bedingt einen geringeren Kapitalbedarf, welcher sich in einer höheren Rentabilität manifestiert. Es verwundert daher nicht, dass der Return on Investment (RoI) und der Kapitalumschlag eines Unternehmens direkt miteinander verbunden sind:

$$\text{RoI} = \frac{\text{Umsatz}}{\text{Bilanzsumme}} \times \frac{\text{Betriebsgewinn}}{\text{Umsatz}} = \frac{\text{Betriebsgewinn}}{\text{Bilanzsumme}}$$

Dieses Kennzahlensystem wurde 1919 von Donaldson Brown, einem Ingenieur des US-Unternehmens Du Pont de Nemours entwickelt und wird deshalb auch als Du-Pont-Schema bezeichnet. Das ausführliche Du-Pont-Schema gliedert den Return on Investment noch weiter in seine Einzelteile auf und zeigt, welche Einflussfaktoren auf die drei Bestandteile der RoI-Formel (Umsatz, Kapital, Betriebsergebnis) wirken. Die Analyse der oben angegeben Formel ergibt, dass der Return on Investment zum einen durch einen hohen Kapitalumschlag (erster Bruch) und zum anderen durch eine hohe Betriebsergebnismarge (zweiter Bruch) gesteigert werden kann. Die Betriebsergebnismarge entspricht näherungsweise der Umsatzrendite und wird durch die Marktstellung und dem Kostenmanagement bestimmt. Der Kapitalumschlag ist dagegen abhängig von Geschäftsmodell und Investitionspolitik.

Wie kann in der Realität eine Verbesserung des Kapitalumschlags erreicht werden? Unternehmen können beispielsweise ihre Vorräte schlanker gestalten, nicht oder nur spärlich benutzte Maschinen verkaufen und Forderungen per Factoring abbauen oder durch Anreize wie Skonti schneller einfordern. Diese Maßnahmen, welche hauptsächlich das Working Capital Management betreffen, werden in Kapitel 4 näher beschrieben. Besonders deutsche Unternehmen nehmen nicht gerade eine Vorreiterrolle in der effizienten Nutzung ihres Betriebskapitals ein. Ein Vergleich der DAX-Mitglieder mit der internationalen Konkurrenz zeigt größtenteils unterdurchschnittliche Werte an.

2.5 Gesamtkapitalrendite

Da der bereits vorgestellte Return on Investment in Abwandlungen auch mit dem Jahresüberschuss oder anderen Ergebnisgrößen anstatt dem Betriebsergebnis verrechnet wird, ist an dieser Stelle die Gesamtkapitalrendite noch einmal explizit aufgeführt. Die Gesamtkapitalrendite berücksichtigt neben dem Reingewinn des Unternehmens auch die gezahlten Zinsen und setzt diese ins Verhältnis mit dem von Fremd- und Eigenkapitalgebern eingebrachten Kapital.

$$\text{Gesamtkapitalrendite} = \frac{\text{Jahresüberschuss} + \text{Fremdkapitalzinsen}}{\text{ØBilanzsumme}}$$

Gegenüber der Eigenkapitalrendite hat die Gesamtkapitalrendite den Vorteil, nicht durch finanzpolitische Effekte verzerrt zu sein. Sie drückt also die Rendite aller Kapitalgeber aus, weshalb die Fremdkapitalzinsen als Ertrag der Fremdkapitalgeber hinzugerechnet werden. Der zuvor angesprochene Return on Investment ist eine Variante der Gesamtkapitalrendite.

Beispiel 2.10 - Gesamtkapitalrendite: Vergleich

Unternehmen, die zweistellige Gesamtkapitalrenditen erzielen, sind als äußerst rentabel einzustufen. Ein Vergleich von Procter & Gamble, einem führenden Konsumgüterproduzenten, dem deutschen Automobilkonzern Daimler und dem Onlinereifenhändler Delticom zeigt deutliche Unterschiede zwischen den Gesamtkapitalrenditen.

Unternehmen	Procter & Gamble	Daimler (Auto)	Delticom
Jahresüberschuss	12.736.000 T$	4.126.000 T€	32.251 T€
Fremdkapitalzinsen	946.000 T$	1.457.000 T€	32 T€
Gesamtkapital	128.172.000 T$	67.959.000 T€	148.959 T€
Gesamtkapitalrendite	10,6 %	8,2 %	21,6 %

Quelle: Konzernabschlüsse (2010) [US-GAAP, IFRS, IFRS]

Die hervorragende Marktposition von Procter & Gamble ermöglicht es dem Unternehmen, mit relativ geringem Kapitaleinsatz, hohe Renditen abzuwerfen. Der Automobilhersteller Daimler arbeitet hingegen in einer kapitalintensiven Branche, wodurch die Gesamtkapitalrendite geringer ausfällt. Der Online Reifenhändler Delticom benötigt dagegen kaum Anlagevermögen, um sein Geschäft zu betreiben. Lediglich der saisonale Auf- und Abbau der Lagerbestände (Sommer- und Winterreifen) bewegt die Bilanz. Das Kapital wird besonders häufig umgeschlagen. Durch diese schlanke Struktur erzielt das Unternehmen trotz Händlerstatus hohe Renditen auf das Gesamtkapital.

2.6 Return on Capital Employed

$$\text{ROCE} = \frac{\text{EBIT}}{\text{Ø}\text{Capital Employed}}$$

Der Return on Capital Employed gibt an, wie rentabel das gebundene Kapital eines Unternehmens eingesetzt wird. Das Capital Employed berechnet sich durch Addition von Anlagevermögen und Working Capital, abzüglich der Zahlungsmittel (Netto Working Capital). Diese Kenngröße gibt das betriebsnotwendige, gebundene Kapital an, mit dem das Unternehmen das operative Geschäft betreibt. Die Verbindlichkeiten gegenüber Lieferanten werden abgezogen, da es sich hierbei um zinslose Kredite handelt. Der Abzug der Zahlungsmittel erfolgt, da diese zum Großteil nicht zur operativen Tätigkeit benötigt werden. Folglich ergibt das Capital Employed in Summe den Betrag, der netto tatsächlich investiert werden müsste, um das Unternehmen abzubilden. Eine zweite, simplere Berechnungsart des Capital Employed ergibt sich durch Addition von Eigenkapital und Finanzverbindlichkeiten, also dem durch das operative Geschäft zu verzinsende Kapital. Die Herangehensweisen sind nicht komplett kongruent, da in der Literatur kein endgültiger Konsens über die Berechnung herrscht.

Beispiel 2.11 - ROCE: Farmbeispiel

Zum besseren Verständnis dieser Kennzahl stellen wir uns zwei Farmen mit einem operativen Gewinn von jeweils 1.000.000 $ vor. Farm A baut Baumwolle an, benötigt also Farmland und Traktoren im Wert von 5.000.000 $, Farm B ist dagegen auf den Anbau von Mais spezialisiert und weist Farmland und Traktoren im Wert von 10 Mio. $ in der Bilanz auf. Beide Farmen verfügen zudem über Umlaufvermögen von 500.000 $, wovon 100.000 $ Zahlungsmittel ausmachen. Verbindlichkeiten gegenüber Lieferanten bestehen in Höhe von 200.000 $ für A und B. Der Return on Capital Employed ergibt sich somit für A und B durch:

$$\text{ROCE}_A = \frac{1.000.000\ \$}{5.000.000\ \$ + 400.000\ \$ - 200.000\ \$} = 19{,}2\%$$

$$\text{ROCE}_B = \frac{1.000.000\ \$}{10.000.000\ \$ + 400.000\ \$ - 200.000\ \$} = 9{,}8\%$$

Farm A erzielt bei geringerem Kapitaleinsatz den gleichen operativen Gewinn und setzt daher sein Kapital deutlich effektiver ein. Rentabilitätskennzahlen wie die Eigenkapitalrendite zeigen diesen Sachverhalt nicht zwingend an, da beide Farmen theoretisch Eigenkapital in gleicher Höhe aufweisen können. Auffällig ist, dass Farm A das Kapital effizienter einsetzt und vermutlich einen höheren Kapitalumschlag hat. Der ROCE ist somit eng mit der Gesamtkapitalrendite verwandt, wobei diese Kennzahl nur das tatsächlich gebundene Kapital beachtet und dadurch eine Weiterentwicklung darstellt. Für Investoren sind Unternehmen mit geringen jährlich notwendigen Investitionen besonders interessant, da diese in der Regel hohe freie Cashflows erzeugen. Aus einem hohen Return on Capital Employed folgt daher in der Regel eine geringe Kapitalbindung. Dies erhöht die Attraktivität eines Unternehmens, da ein hoher Gewinn mit verhältnismäßig wenig Kapitaleinsatz erzielt werden kann.

Beispiel 2.12 - ROCE: Kabel Deutschland

Auch nach dem Börsengang im Frühjahr 2010 weist Kabel Deutschland ein negatives Eigenkapital in Höhe von 1,6 Mrd. € aus. Die Berechnung der Eigenkapitalrendite ist demnach nicht möglich. Um eine Einschätzung über die Rentabilität des Unternehmens zu erhalten, bietet sich daher der Return on Capital Employed an. Durch Anwendung der zweiten Formel berechnet sich das Capital Employed durch Addition von Eigenkapital und Finanzverbindlichkeiten. Zum Bilanzstichtag am 31. März 2010 weist Kabel Deutschland folgende verkürzte Passiva aus:

Kabel Deutschland	
in Mio. €	2010
Eigenkapital	-1.611
Langfristige Finanzverbindlichkeiten	3.092
Kurzfristige Finanzverbindlichkeiten	23
Sonstige Verbindlichkeiten	861
Bilanzsumme	2.365

Quelle: Kabel Deutschland AG (2010) [IFRS]

Das Capital Employed berechnet sich demnach durch die Formel,

$$\text{Capital Employed} = \text{Eigenkapital} + \text{Finanzverbindlichkeiten}$$

und auf den aktuellen Fall bezogen:

$$\text{Capital Employed} = -1.611 \text{ Mio. €} + 3.092 \text{ Mio. €} + 23 \text{ Mio. €} = 1.504 \text{ Mio. €}$$

Die Verzinsung des gebundenen Kapitals berechnet sich nun durch Division des in der Gewinn- und Verlustrechnung mit 194,6 Mio. € angegebenen operativen Gewinns und dem berechneten Capital Employed:

$$\text{ROCE} = \frac{194{,}6 \text{ Mio. €}}{1.504{,}0 \text{ Mio. €}} = 12{,}9\%$$

2.7 Umsatzverdienstrate

Die Umsatzverdienstrate (UVR) zeigt an, wie viel Cent Cashflow pro Euro Umsatz generiert werden. Im Gegensatz zu anderen Kennzahlen lässt sich für die Umsatzverdienstrate kein idealer Wert festlegen, es gilt schlicht: je mehr, desto besser. Die Umsatzverdienstrate weist Ähnlichkeiten mit der Umsatzrendite auf, wobei letztere zahlungsunwirksame GuV-Positionen und Working Capital Investitionen nicht berücksichtigt. Die Umsatzverdienstrate ist folglich die genauere Kennzahl, sie ist durch die vielen Einflussfaktoren aber auch schwankungsanfälliger und schwieriger zu interpretieren.

$$\text{Umsatzverdienstrate} = \frac{\text{operativer Cashflow}}{\text{Umsatzerlöse}}$$

Beispiel 2.13 - Umsatzverdienstrate: Assa Abloy

Die folgende Tabelle zeigt einen verkürzten Ausschnitt der Cashflowrechnung des schwedischen Assa Abloy Konzerns, einem Produzenten von Schließ- und Sicherheitssystemen.

Assa Abloy		
in Mio. SEK	2009	2008
Operating Income	4,374	4,269
Depreciation	1,014	921
Reversal of restructuring costs	1,039	1,180
Restructuring payments	-676	-485
Non-cash items	127	-49
Interest paid	-596	-732
Interest received	89	14
Tax paid on income	-907	-742
Change in working capital	1,460	-5
Cash flow from operating activities	5,924	4,369

Quelle: Assa Abloy AB (2009) [IFRS]

Assa Abloy erzielte einen Umsatz von 34,963 (34,829) Mio. SEK in 2009 (2008). Aus diesen Daten lassen sich folgende Umsatzverdienstraten errechnen:

$$UVR_{2009} = \frac{5.924 \text{ Mio. SEK}}{34.963 \text{ Mio. SEK}} = 16{,}9\%$$

$$\text{UVR}_{2008} = \frac{4.369 \text{ Mio. SEK}}{34.829 \text{ Mio. SEK}} = 12{,}5\%$$

Der Konzern konnte die Umsatzverdienstrate zwischen 2008 und 2009 deutlich steigern. Inhaltlich bedeutet dies, dass Assa Abloy 2009 pro schwedische Krone Umsatz 4,4 Öre mehr zugeflossen sind als im Vorjahr. Die Kennzahlenanalyse lebt von der Interpretation der Ergebnisse. In diesem Fall ist eine deutliche Veränderung beim Working Capital festzustellen, wohingegen das operative Ergebnis nur geringfügig stieg. Der höhere Mittelzufluss stammt also aus der Freisetzung von gebundenem Kapital im Umlaufvermögen. Es wurden beispielsweise Lagerbestände verkauft oder Forderungen schneller eingefordert. Will das Unternehmen weiter wachsen, so ist in den Folgejahren wieder mit einem Aufbau des Working Capitals und somit mit negativen Einflüssen auf den Cashflow und die Umsatzverdienstrate zu rechnen. Da bei einigen Unternehmen die Veränderungen des Working Capitals den operativen Cashflow maßgeblich beeinflussen, kann in diesem Fall die Anwendung des operativen Cashflows vor Working Capital Veränderungen herangezogen werden. Diese Ergebnisgröße wird Cash Earnings genannt und berechnet sich durch Addition von Jahresüberschuss, Abschreibungen und nicht zahlungswirksamen Sondereffekten.

3 Kennzahlen zur finanziellen Stabilität

> Der Wechsel allein ist das Beständige.
>
> *(Arthur Schopenhauer)*

Eine langfristige Kapitalanlage muss zwei grundlegende Kriterien erfüllen: Zum einen sollte die Investition eine angemessene Rendite auf das eingesetzte Kapital abwerfen. Messgrößen zu dieser Problematik wurden in Kapitel 2 bereits vorgestellt. Zum anderen kann ein Unternehmen nur dann langfristig erfolgreich wirtschaften, wenn es über eine solide Finanzierung und Kapitalstruktur verfügt. Das folgende Kapitel liefert Kennzahlen zur Überprüfung und Quantifizierung der finanziellen Lage eines Unternehmens. Obwohl die Rentabilitätskennzahlen zuerst vorgestellt wurden, ist die Bedeutung der finanziellen Stabilität schwerlich zu überschätzen. Gerade in der Wirtschaft ist Murphys Gesetz aktueller denn je: Alles, was schiefgehen kann, wird auch irgendwann schiefgehen.

3.1 Eigenkapitalquote

Die Eigenkapitalquote gibt den Anteil des Eigenkapitals am Gesamtkapital eines Unternehmens an.

$$\text{Eigenkapitalquote} = \frac{\text{Eigenkapital}}{\text{Bilanzsumme}}$$

Eine hohe Eigenkapitalquote kennzeichnet in der Regel besonders konservativ finanzierte Unternehmen. Je höher die Eigenkapitalquote, desto geringer ist die Verschuldung eines Unternehmens. Gegenüber Eigenkapital hat Fremdkapital jedoch den Vorteil der steuerlichen Abzugsfähigkeit, da Fremdkapitalzinsen die Steuerlast eines Unternehmens senken können. Zudem ist Fremdkapital günstiger als Eigenkapital, da Gläubiger im Insolvenzfall vorrangig bedient werden und somit weniger Risiko ausgesetzt sind. Die Eigenkapitalgeber hingegen werden erst nach vollständiger Bedienung der Fremdkapitalgeber berücksichtigt. Ein gewisser Fremdkapitalanteil ist daher in jedem Unternehmen vorzufinden und auch sinnvoll, da beispielsweise die Vorräte teilweise durch Lieferantenkredite finanziert werden oder kurzfristig Liquidität aus Kreditlinien abgerufen werden muss. Mit steigendem Fremdkapitalanteil erhöht sich jedoch das Risiko einer Unternehmung, da die Zinslast zunimmt. Gerade in Abschwungphasen ist der fixe Charakter von Zinszahlungen problematisch für Unternehmen, die in zyklischen oder geringmargigen Branchen wirtschaften. Die These von Paracelsus gilt auch für Fremdkapital: Allein die Menge macht das Gift. Im Gegensatz zu Fremdkapital weist Eigenkapital weder eine Endfälligkeit noch einen Zwang zu Dividendenzahlungen auf. So kann in schwierigen Marktphasen Liquidität im Unternehmen gehalten und die Flexibilität substanziell erhöht werden.

Langfristig orientierte Anleger sollten Unternehmen bevorzugen, die eine ausreichend hohe Eigenkapitalquote aufweisen, um auch extreme Abschwungphasen zu überstehen. Die genaue Höhe richtet sich nach dem Geschäftsmodell und der Volatilität der Gewinne. Start-Ups mit einem besonders großen Maß an Ungewissheit sollten daher eine möglichst hohe Eigenkapitalquote als Vorsorge für schlechte Zeiten anstreben, während etablierte und wenig volatile Geschäftsmodelle wie beispielsweise das von Nestle oder Procter & Gamble auch relativ geringe Eigenkapitalquoten überdauern könnten. Übersteigt die Eigenkapitalquote den je nach Geschäftsmodell angemessenen Zielkorridor, sinkt die Rentabilität ohne die Sicherheit maßgeblich zu erhöhen. Die Eigenkapitalquote sollte daher sowohl aus Risiko- als auch aus Renditegesichtspunkten beurteilt werden. Da Fremdkapital günstiger als Eigenkapital ist, tendieren viele Manager in guten Zeiten dazu, den Wert ihres Unternehmens mit geliehenem Kapital zu erhöhen. Folgendes Beispiel soll diesen Hebel- oder Leverage-Effekt beschreiben, der in vielen Fällen Unternehmen bereits in Schieflage gebracht hat.

Beispiel 3.1 - Leverage-Effekt: Private Kreditaufnahme

Eine Bank bietet einen Kredit über 10 Jahre zu 4 % effektiven Jahreszins an. Es werden 10.000 € zum Kauf von Anleihen mit einem Kupon (und Rendite) von 7 % p.a. aufgenommen, die Zinsdifferenz ist der Gewinn des Anlegers.

Nachdem zwei Jahre scheinbar ohne jedes Risiko ein Gewinn von 300 € (10.000 € x 0,07 - 10.000 € x 0,04) erzielt wurde, gerät der Emittent der Anleihe in Zahlungsschwierigkeiten. Der Anleihenkurs sinkt stark und die Zinszahlungen werden bis auf Weiteres ausgesetzt. Während die Einnahmequelle weggebrochen ist, verlangt die Bank weiterhin eine jährliche Zinszahlung von 400 €.

Eine ähnliche, unter dem Namen Leverage-Effekt bekannte Strategie verfolgen viele Unternehmen. Angenommen, ein Unternehmen erzielt eine Gesamtkapitalrendite von 10 % und kann Kredite zu einem Zinssatz von 5 % aufnehmen, so lohnt sich diese Strategie, solange die Grenzrendite des frischen Kapitals mehr als 5 % beträgt.

Manager und Investoren vergessen in Boomphase regelmäßig, dass jedem Aufschwung stets ein Abschwung folgt, welcher mit sinkenden Renditen einhergeht. Für ein sehr rentables Unternehmen (nur solche kommen für eine langfristige Investition infrage) ist es nicht zielführend, das Risiko substanziell zu erhöhen, um die Rendite marginal zu steigern. Die durch das Hebeln des Eigenkapitals erkauften Chancen stehen in keinem günstigen Verhältnis zu den damit verbundenen Risiken. Der aufsehenerregende Fall des Sportwagenherstellers Porsche, der im Jahr 2008 durch fremdkapitalfinanzierte Aktienkäufe die vielfache größere Volkswagen AG übernehmen wollte oder die ebenfalls kreditfinanzierte Übernahme Continentals durch die zehnmal kleinere Schäffler Gruppe sind nur einige Negativbeispiele dieser Praxis.

Beispiel 3.2 - Eigenkapitalquote: Masch. Hermle

Die Eigenkapitalquote kann direkt aus den Daten der Bilanz berechnet werden. Betrachten wir hierzu die Passiva der Maschinenfabrik

Hermle, einer süddeutschen Maschinenbaufirma, zum 31.12.2009:

Maschinenfabrik Hermle	
in T€	2009
Eigenkapital	116.849
Langfristige finanzielle Verbindlichkeiten	0
Langfristige Rückstellungen	2.396
Verbindlichkeiten aus Lieferungen und Leistungen	4.882
Kurzfristige Rückstellungen	22.220
Sonstige Verbindlichkeiten	7.808
Bilanzsumme	154.135

Quelle: Maschinenfabrik Hermle AG (2009) [IFRS]

Per Division des Eigenkapitals durch die Bilanzsumme ergibt sich die Eigenkapitalquote des Konzerns:

$$\text{Eigenkapitalquote} = \frac{116.849 \text{ T€}}{154.135 \text{ T€}} = 75{,}8\%$$

In einer zyklischen Branche wie dem Maschinenbau stellt eine Eigenkapitalquote von 75 % einen sehr guten Wert dar und sichert das Unternehmen ausreichend gegen Abschwungphasen ab. Durch die außergewöhnliche Marktposition des Konzerns erwirtschaftet die Maschinenfabrik Hermle trotz der sehr hohen Eigenkapitalquote zweistellige Eigenkapitalrenditen und muss dabei auf keinerlei Finanzverbindlichkeiten zurückgreifen. Dies gibt dem Unternehmen offensichtlich einen Wettbewerbsvorteil: Selbst in der Rezession 2008/09 mit Auftragseinbrüchen von über 50 % musste sich Hermle nicht von einem einzigen Mitarbeiter trennen und konnte verstärkt in Forschung und Entwicklung investieren. Die teilweise stark verschuldete Konkurrenz musste dagegen vorrangig die hohe Zinslast bedienen und konnte sich nicht vollständig auf das operative Geschäft konzentrieren.

Beispiel 3.3 - EIGENKAPITALQUOTE: HUSQVARNA

Die Husqvarna Gruppe, ein Hersteller von Kettensägen und weiteren Garten- und Outdoor-Geräten, weist die nachfolgende Passiva zum 31.12.2009 auf:

Husqvarna	
in Mio. SEK	2009
Equity attributable to equity holders in the parent company	
- Share capital	1,153
- Other paid-in capital	2,605
- Other reserves	479
- Retained earnings	7,845
Total Equity attributable to equity holders in the parent company	12,082
- Minority interest	44
Total Equity	12,126
Total non-current liabilities	11,677
Total current liabilities	6,426
Total equity and liabilities	30,299

Quelle: Husqvarna AB (2009) [IFRS]

Auf Basis der teilweise verkürzten Passiva errechnet sich eine Eigenkapitalquote von:

$$\text{Eigenkapitalquote} = \frac{12.082 \text{ Mio. SEK}}{30.299 \text{ Mio. SEK}} = 39{,}87\%$$

Zur Berechnung muss stets das Eigenkapital nach Abzug der Minderheitsanteile, in diesem Fall 12.082 Mio. SEK herangezogen werden, da nur dieses Kapital den Aktionären tatsächlich zusteht.

3.2 Gearing

Zur Beurteilung der finanziellen Stabilität stellt das Gearing die wichtigste Kennzahl dar. Es gibt an, zu welchem Grad die Nettofinanzverbindlichkeiten (d. h. Finanzverbindlichkeiten abzüglich flüssiger Mittel) durch Eigenkapital gedeckt sind. Durch die Verbindung von Finanzverbindlichkeiten, Cash-Bestand und Eigenkapital enthält diese Kennzahl alle elementaren Bilanzbestandteile hinsichtlich der finanziellen Stabilität eines Unternehmens.

$$\text{Gearing} = \frac{\text{Finanzverbindlichkeiten} - \text{Liquide Mittel}}{\text{Eigenkapital}}$$

Im Gegensatz zur Eigenkapitalquote, die indirekt alle Verbindlichkeiten mit einbezieht, beachtet das Gearing lediglich die zinstragenden Verbindlichkeiten (Finanzverbindlichkeiten). Hohe Bestände an Verbindlichkeiten aus Lieferungen und Leistungen werden somit positiv gewertet, da diese unverzinsliche Kredite darstellen. Da diesen in der Regel Forderungen und Vorräte gegenüberstehen, ist ein hoher Bestand an Verbindlichkeiten aus Lieferungen und Leistungen unter normalen Umständen nicht kritisch zu sehen. Ein niedriges Gearing gibt somit eine geringe Nettoverschuldung an, folglich gilt bei dieser Kennzahl die Schlussfolgerung: Je niedriger das Gearing, desto geringer ist die tatsächliche Verschuldung des Unternehmens. Verfügt ein Unternehmen über mehr liquide Mittel als Finanzverbindlichkeiten, so ist es als schuldenfrei anzusehen. Das Gearing ist in diesem Fall negativ. Aus Rendite/Risiko Gesichtspunkten ist ein Gearing von 10-20 % als ideal anzusehen, da in diesem Bereich weder zu viele liquide Mittel gehortet werden, noch die finanzielle Stabilität vernachlässigt wird. Werte zwischen 20 und 50 % sind weiterhin als gut einzustufen. Ab einem Gearing von 70 % ist die finanzielle Stabilität des Unternehmens hingegen kritisch. Übersteigt der Wert 100 %, sollte über eine Kapitalerhöhung oder eine substanzielle Entschuldung nachgedacht werden, da in diesem Fall die Nettofinanzschulden das Eigenkapital übersteigen.

Beispiel 3.4 - GEARING: TECHNICOLOR

Der Technicolor Konzern weist im Konzernabschluss zum 31.12.2010 die folgenden verkürzten Bilanzzahlen aus:

Technicolor				
Assets		in Mio. €	Equity & Liabilities	
Non-current assets	2,299		Shareholders' Equity	503
Current assets	1,635		Non-current liabilities	2,038
- Cash and equivalents	332		- Borrowings	1,278
- Other current assets	1,303		- Other non-current liab.	760
			Current liabilities	1,391
			- Borrowings	47
			- Other current liabilities	1,344
Total Assets	3,934		Total Equity & Liabilities	3,934

Quelle: Technicolor SA (2010) [IFRS]

Das Gearing errechnet sich nun durch Verrechnung der zinstragenden Schulden (Borrowings) mit den Zahlungsmitteln (Cash and equivalents) geteilt durch das Eigenkapital (Shareholders' Equity).

$$\text{Gearing} = \frac{1.278 \text{ Mio. €} + 47 \text{ Mio. €} - 332 \text{ Mio. €}}{503 \text{ Mio. €}} = 197\%$$

Das Gearing des Konzerns ist somit als sehr hoch einzustufen.

Anhand der Swatch Group und dem Chemieunternehmen LyondellBasell wird die Berechnung und Interpretation der Kennzahl weiter veranschaulicht.

Beispiel 3.5 - GEARING: SWATCH GROUP

Die Swatch Group weist in ihrem Konzernabschluss 2008 Finanzverbindlichkeiten in Höhe von 529 Mio. CHF auf, denen liquide Mittel (inkl. Wertpapieren) von 1.226 Mio. CHF gegenüberstehen. Die Nettofinanzschulden betragen folglich -697 Mio. CHF. Durch Verrechnung mit dem Eigenkapital von 5.451 Mio. CHF ergibt sich ein Gearing von -12,7 %. Die Swatch Group verfügt somit über eine Netto-Kassenposition (Net Cash) und ist als schuldenfrei anzusehen. Da bei Unternehmen mit einer solchen Net Cash-Position das Gearing mathematisch weiter abnimmt, wenn die Eigenkapitalbasis abgebaut wird, bezeichnet man ein negatives Gearing oft schlicht als Net Cash-Position, ohne den genauen Wert zu berechnen. Eine explizite Berechnung ist in der Regel in einem solchen Fall auch nicht notwendig, da die Finanzverbindlichkeiten voll durch die liquiden Mittel gedeckt werden und die finanzielle Stabilität gewährleistet sein sollte.

$$\text{Gearing} = \frac{529 \text{ Mio. CHF} - 1.226 \text{ Mio. CHF}}{5.451 \text{ Mio. CHF}} = -12{,}7\% \mathrel{\hat{=}} \text{Net Cash}$$

Beispiel 3.6 - Gearing: LyondellBasell

Das Gegenteil ist bei dem inzwischen insolventen Chemieriesen LyondellBasell zu beobachten. Ein Blick in die Bilanz Ende 2008 hätte Investoren deutliche Anzeichen für den bevorstehenden Insolvenzantrag vermittelt. Ein Jahr vor der Insolvenz wies das Unternehmen ein Gearing von 1.270 % auf. Zur Erinnerung: Werte von über 70 % sind bereits als bedenklich anzusehen. Das Unternehmen hatte einen Schuldenberg von 24,4 Mrd. $ bei einem Cash-Bestand von 560 Mio. $ und Eigenkapital in Höhe von 1,9 Mrd. $ aufgebaut. Das Gearing berechnet sich nach der oben angegebenen Formel demnach wie folgt:

$$\text{Gearing} = \frac{24.451 \text{ Mio. \$} - 560 \text{ Mio. \$}}{1.921 \text{ Mio. \$}} = 1.270\%$$

Die Kennzahl muss dabei immer im Kontext betrachtet werden. Strategische Übernahmen oder Expansionspläne lassen das Gearing selbst bei soliden Unternehmen für kurze Zeit auf kritische Werte ansteigen. Sofern die Kredite durch den Cashflow der letzten Jahre aber abgetragen werden können, stellen diese Ausreißer kein Problem dar.

Um diese Verzerrung abschätzen zu können, sollte das Gearing zusammen mit dem dynamischen Verschuldungsgrad und insbesondere der Cashflowentwicklung betrachtet werden.

3.3 Dynamischer Verschuldungsgrad

$$\text{Dyn. Verschuldungsgrad} = \frac{\text{Finanzverbindlichkeiten} - \text{Liquide Mittel}}{\text{Free Cashflow}}$$

Diese Kennzahl gibt die theoretische Schuldentilgungsdauer in Jahren an, sofern das Unternehmen seinen gesamten Free-Cashflow zur Schuldentilgung nutzt. Da dieser mitunter deutlich schwankt, sollte ein sinnvoller Durchschnitt des Free-Cashflows der letzten Jahre verwendet werden.

Der dynamische Verschuldungsgrad hat gegenüber dem Gearing den Vorteil, dass auch die Einkommensseite betrachtet wird. Im Extremfall könnte auch ein Unternehmen mit niedrigem Gearing in finanzielle Schwierigkeiten geraten, sobald keine Cashflows mehr erwirtschaftet werden, um die Schulden zu bedienen. Beim dynamischen Verschuldungsgrad sind Werte unter 2 Jahren als sehr gut anzusehen, ab 5 Jahren ist der Verschuldungsgrad als kritisch einzustufen. Bei Wachstumsunternehmen, die aufgrund hoher Investitionen in der kurzen Frist oft niedrige oder negative Free-Cashflows aufweisen, sollte ein sinnvoller, mittelfristig zu erwartender Free-Cashflow verwendet werden.

Sehr stabile Geschäftsmodelle mit geringen Reinvestitionsraten können unter Umständen mit großen Mengen an Fremdkapital finanziert sein, ohne dadurch übermäßig an finanzieller Stabilität einzubüßen. Das Beispiel der amerikanischen Fast-Food Kette Yum! Brands verdeutlicht die ergänzende Aussagekraft des dynamischen Verschuldungsgrades in Kombination mit dem Gearing.

Beispiel 3.7 - DYN. VERSCHULDUNGSGRAD: YUM! BRANDS

Da Yum! Brands über viele Jahre bedeutende Mittel für Dividendenausschüttungen und Aktienrückkäufe verwendete, die oft durch Fremdkapitalaufnahme finanziert wurden, zeigt das Gearing sehr schlechte Werte an. Aufgrund des stabilen Geschäftsmodells kann sich Yum! Brands diese Finanzpolitik jedoch durchaus erlauben, wie der dynamische Verschuldungsgrad zeigt (dies soll im Übrigen nicht bedeuteten, dass diese Art der Finanzpolitik wertmaximierend ist).

Yum! Brands	2007	2008	2009	2010
Gearing	213,7%	n/a	284,1%	134,8%
Verschuldungsgrad	2,9 Jahre	5,7 Jahre	4,8 Jahre	1,8 Jahre

Quelle: Yum! Brands Inc. (2007-2010) [US-GAAP]

Das Gearing weist in jedem Jahr einen sehr hohen Wert auf, was auf eine geringe finanzielle Stabilität schließen lässt. Im Jahr 2008 war das Eigenkapital des Konzerns sogar negativ, wodurch keine Berechnung durchgeführt werden konnte. Bezieht man die Free-Cashflow

Generierung des Unternehmens mit in die Ermittlung der finanziellen Stabilität ein, so ergibt sich ein besseres Bild. Yum! Brands weist im Mittel einen dynamischen Verschuldungsgrad von 3,8 Jahren auf. Dieser Wert ist als moderat anzusehen. Der hohen Verschuldung des Unternehmens stehen also ausreichende Zahlungsströme aus dem operativen Geschäft gegenüber, um die finanzielle Stabilität als ausreichend einstufen zu können.

Beispiel 3.8 - DYN. VERSCHULDUNGSGRAD: WRIGLEY'S

Betrachten wir hierzu noch verkürzt die Unternehmensangaben der The Wrigley Company zum 31.12.2007:

Wrigley	
in Mio. $	2007
Cash and Cash equivalents	278.843
Long-Term Debt	1.000.000
Stockholders' Equity	2.817.480
Operativer Cashflow	1.004
Sachinvestitionen	251
Free-Cashflow	753

Quelle: Wrigley (2007) [US-GAAP]

Im Jahr 2007 errechnet sich so bei Wrigley's ein dynamischer Verschuldungsgrad von 0,96 Jahren. Das Unternehmen könnte seine Schulden also innerhalb eines Jahres komplett tilgen, ohne dabei notwendige Investitionen zu vernachlässigen. Da diese Kennzahlen stets auf Kenngrößen beruhen, die bilanzpolitischen Maßnahmen ausgesetzt sind, sollte vor der Berechnung stets eine konservative Bereinigung durchgeführt werden. Insbesondere Leasingverbindlichkeiten werden dabei oft außerhalb der Bilanz geführt und sollten zu den Finanzverbindlichkeiten zurückaddiert werden.

In den letzten Jahren hat die Inanspruchnahme von Leasingangeboten drastisch zugenommen, was zu einer Verringerung der Bilanzqualität geführt hat, da Leasingverbindlichkeiten in einigen Fällen nicht in der Bilanz aufgeführt werden müssen. Die IFRS unterscheiden gemäß IAS 17 zwischen sogenannten operating lease- und finance lease-Verträgen. Übersteigt der Barwert aller vom Leasingnehmer garantierten Zahlungen 95 % des Objektwertes, so muss das Leasingobjekt (z. B. ein Firmenwagen) in der Bilanz aktiviert werden. Der Leasingvertrag gilt damit als finance lease. Damit einher geht die Passivierung von Verbindlichkeiten in identischer Höhe. In diesem Fall ist die bilanzielle Behandlung unproblematisch, da die Verbindlichkeiten für das Leasingobjekt direkt in der Bilanz ausgewiesen werden und den Finanzverbindlichkeiten zugerechnet werden können. Der aktivierte Betrag wird über die Nutzungsdauer abgeschrieben und ist somit erfolgswirksam als Aufwand zu verbuchen. Im zweiten Fall, dem operating lease, bleibt die Bilanz von der Leasingtransaktion unberührt, obwohl das Unternehmen klar definierte Zahlungsverpflichtungen in der Zukunft aufweist. Insbesondere im Fall von Fluggesellschaften ist dies bilanztechnisch problematisch, da die Verbindlichkeiten aus der Nutzung ganzer Flugzeugflotten unter Umständen nicht in der Bilanz abgebildet werden. Der Leasingvertrag wird im Falle eines operating lease somit als eine Art Mietkauf aufgefasst. Dies ist deshalb ein Problem, da festvereinbarte Rückzahlungsverpflichtungen bestehen, die nicht in der Bilanz aufgeführt sind. In diesem Fall sind die Unternehmen jedoch verpflichtet, die anstehenden Auszahlungen im Anhang des Konzernabschlusses auszuweisen. Um die Finanzverbindlichkeiten in korrekter Höhe zu bestimmen, werden die Leasingverbindlichkeiten diskontiert und der Barwert den bestehenden Finanzverbindlichkeiten zugerechnet.

Beispiel 3.9 - OPERATING LEASE: TIFFANY & CO.

Betrachten wir dazu das Beispiel des Juweliers Tiffany & Co., der zahlreiche Filialen in einem Sale and Lease-Back Verfahren veräußert und zurückgemietet hat, um damit einen kurzfristigen Mittelzufluss zu generieren. In der Anhangposition J. des Geschäftsberichts 2007 findet sich folgende Aufstellung über die operating lease Verbindlichkeiten des Unternehmens:

Tiffany	
in T$	Minimum annual rental payments
2009	114,078
2010	109,092
2011	101,146
2012	91,878
2013	84,736
Thereafter	523,609

Quelle: Tiffany & Co. (2007) [US-GAAP]

Um diese Verpflichtungen den bestehenden Finanzverbindlichkeiten zuzurechnen, diskontieren wir die Zahlungen mit dem durchschnittlichen Zinssatz des Unternehmens auf langfristige Kredite von 6,5 %. Dieser Zinssatz berechnet sich aus der Anhangs-Position des Unternehmens zu den Finanzverbindlichkeiten. Da die jährliche Aufteilung der letzten Auszahlung „Thereafter“ unbekannt ist, wird dieser mit dem Mittelwert der Auszahlung zwischen 2009 und 2013 dividiert (ca. 100 Mio. $). Es ergibt sich dadurch eine Laufzeit von 5,23 Jahren nach 2013, welche auf 5 Jahre abgerundet wird.

Barwert der Leasingverpflichtungen
114.078 T$ / 1,065
+ 109.092 T$ / $1{,}065^2$
+ 101.146 T$ / $1{,}065^3$
+ 91.878 T$ / $1{,}065^4$
+ 84.736 T$ / $1{,}065^5$
+ 100.000 T$ / $1{,}065^6$
+ 100.000 T$ / $1{,}065^7$
+ 100.000 T$ / $1{,}065^8$
+ 100.000 T$ / $1{,}065^9$
+ 100.000 T$ / $1{,}065^{10}$
= ca. 760 Mio. $

Das Unternehmen konnte durch die Inanspruchnahme der Bilanzierungsspielräume bei Leasinggeschäften folglich 760 Mio. $ weniger an Schulden in der Bilanz ausweisen. Das Gearing des Unternehmens erhöht sich durch diese Anpassung von 12,6 % auf 59,0 %. Der dynamische Verschuldungsgrad steigt von ausgewiesenen 12 Monaten auf 4,7 Jahre.

3.4 Net Debt / EBITDA

Die Kennzahl Net Debt / EBITDA vergleicht die Nettoverschuldung des Unternehmens, d. h. die Finanzverbindlichkeiten abzüglich der liquiden Mittel, mit dem Ergebnis vor Zinsen, Steuern und Abschreibungen. Das EBITDA stellt den Betrag dar, der zur Bedienung der Zinslast in der kurzen Frist verwendet werden kann. Da das EBITDA zudem näherungsweise dem Brutto-Cashflow entspricht, kann mit dieser Kennzahl gemessen werden, wie sicher die Rückzahlung der Finanzverbindlichkeiten ist. Je stärker die Verbindlichkeiten durch das EBITDA gedeckt sind, desto größer ist die Wahrscheinlichkeit einer vollständigen Rückzahlung.

Das EBITDA berechnet sich durch Addition der Abschreibungen zum operativen Ergebnis (EBIT).

Beispiel 3.10 - Net Debt/EBITDA

Weist ein Unternehmen beispielsweise ein operatives Ergebnis von 100 Mio. € und Abschreibungen von 50 Mio. € auf, so ergibt dies bei Nettofinanzverbindlichkeiten von 300 Mio. € ein Net Debt / EBITDA von:

$$\text{Net Debt / EBITDA} = \frac{300 \text{ Mio. €}}{150 \text{ Mio. €}} = 2$$

Grundsätzlich sind Net Debt / EBITDA-Werte von weniger als 1 als sehr gut einzustufen. In diesem Fall können die Verbindlichkeiten mit hoher Wahrscheinlichkeit zurückgezahlt werden. Ab 3 ist ein Wert als kritisch anzusehen und bei Werten von mehr als 8 kann in der Regel nicht mehr von einer vollständigen Tilgung aus dem Cashflow ausgegangen werden.

3.5 Sachinvestitionsquote

Stellen Sie sich vor, Sie besitzen ein Unternehmen, welches jährlich einen Gewinn von 5 Mio. € abwirft. Um diesen Gewinn zu generieren und wettbewerbsfähig zu bleiben, müssen aber alle zwei Jahre

10 Mio. € in neue Anlagen investiert werden. Letztendlich kann dem Unternehmen also kein Geld entzogen werden, trotz jährlicher Gewinne.

Die Sachinvestitionsquote beschreibt diesen Sachverhalt als Verhältnis von Sachinvestitionen zu operativem Cashflow. In der Praxis wird häufig anstatt des operativen Cashflows auch die Cash Earnings, also der Jahresüberschuss zuzüglich Abschreibungen und anderen zahlungsunwirksamen Positionen verwendet, da der operative Cashflow bei vielen Unternehmen durch Working Capital-Veränderungen deutlichen Schwankungen unterworfen ist.

$$\text{Sachinvestitionsquote} = \frac{\text{Sachinvestitionen}}{\text{operativer Cashflow}}$$

Die Überlegungen aus dem Eingangsbeispiel verdeutlichen, dass eine Sachinvestitionsquote von über 100 % langfristig jedes Unternehmen ruiniert. Wer über Jahre mehr Geld ausgibt, als operativ zufließt, ist über kurz oder lang auf Kredite angewiesen, welche zur Überschuldung führen. Dies erklärt auch das langfristig schwache Abschneiden von kapitalintensiven Branchen wie Automobilbau, Luftfahrt oder Stahlerzeugung.

Langfristig orientierte Investoren sind in der Regel an Unternehmen interessiert, die Jahr für Jahr hohe Gewinne auf das eingesetzte Kapital abwerfen und einen nur geringen Kapitalbedarf aufweisen.

Beispiel 3.11 - SACHINVESTITIONSQUOTE: AUDI

Der deutsche Automobilhersteller Audi weist zum Halbjahr 2010 die folgende ausschnittsweise dargestellte Cashflowrechnung aus:

Audi	
in Mio. €	H1 2010
Brutto-Cashflow	2.268
Veränderungen Working Capital	+ 349
Cashflow aus der laufenden Geschäftstätigkeit	2.617
Investitionen in Sachanlagen	- 423
Aktivierte Entwicklungskosten	- 314

Quelle: Audi AG (H1 2010) [IFRS]

Zuerst fällt die untypische Position der aktivierten Entwicklungskosten in der Cashflowrechnung auf. Im Automobilbau ist es gängig, die Entwicklungskosten als Vermögenswert zu aktivieren und über die Nutzungsdauer abzuschreiben. Dadurch wird dieser Geldabfluss nicht direkt in der Gewinn- und Verlustrechnung ausgewiesen. Da die Entwicklungstätigkeit aber klar dem operativen Geldfluss zuzuordnen ist, sollte der operative Cashflow von 2.617 Mio. € um die Entwicklungskosten von 314 Mio. € angepasst werden. Es ergibt sich daher ein bereinigter operativer Cashflow von 2.303 Mio. €. Die Sachinvestitionsquote errechnet sich dann wie folgt:

$$\text{Sachinvestitionsquote} = \frac{423 \text{ Mio. €}}{2.303 \text{ Mio. €}} = 18{,}36\%$$

Diese Sachinvestitionsquote ist für einen Automobilhersteller außergewöhnlich gering und deutet auf eine sehr gute Marktstellung von Audi hin. Des weiteren sollte bei halbjährlichen Betrachtungen geprüft werden, ob im zweiten Halbjahr durch saisonale Schwankungen Abweichungen entstehen.

Beispiel 3.12 - SACHINVESTITIONSQUOTE: WRIGLEY'S

Betrachten wir zur weiteren Vertiefung das Beispiel des bis 2008 an der Börse notierte Unternehmen Wrigley's, welches über eine einzigartige Markenstellung verfügt.

Wrigley's (in Mio. $)	2004	2005	2006	2007
Operativer Cashflow	725,0	740,3	721,4	1.003,9
Sachinvestitionen	279,0	281,7	327,7	251,4
SI-Quote	38,48%	38,05%	45,42%	25,04%

Quelle: Wrigley [US-GAAP]

Der Überschuss aus operativem Cashflow abzüglich Sachinvestitionen (Free-Cashflow) kann zur Tilgung von Krediten, Dividendenausschüttungen und Aktienrückkäufen genutzt werden. Unternehmen, die eine sehr geringe Sachinvestitionsquote aufweisen, haben den Vorteil, dass Investitionen aus den operativen Mitteln finanziert werden können und Kredite bis zu einem gewissen Maße nicht genutzt werden müssen.

Viele schnell wachsende Unternehmen scheitern an ihrem Finanzierungsbedarf. Wrigley's verfügte dagegen von Anfang an über ein wenig kapitalintensives Geschäftsmodell - pro Jahr mussten lediglich einige Maschinen ersetzt und Produktionsstätten erneuert werden.

Das deutlichste Beispiel in diesem Kontext stellen erfolgreiche IT-Unternehmen wie Google oder Microsoft dar, da diese Unternehmen mit einem Mindestmaß an Investitionen auskommen.

Beispiel 3.13 - SACHINVESTITIONSQUOTEN IM VERGLEICH

Um die herausragende Stellung dieser Kennzahl herauszuarbeiten, werden in einem weiteren Beispiel die Coca Cola Company, Geberit, Chevron und ThyssenKrupp verglichen. Die angegebenen Kennzahlen sind Durchschnittswerte der Jahre 2007 und 2008.

Unternehmen	Coca Cola	Geberit	ThyssenKrupp	Chevron
Sachinvestitionsquote	24,4%	25,0%	108,5%	57,7%
Eigenkapitalquote	50,3%	62,4%	25,4%	52,7%
Eigenkapitalrendite	27,9%	34,2%	0,2%	25,9%

Quelle: Konzernabschlüsse 2007/2008 [US-GAAP, IFRS, IFRS, US-GAAP]

Coca Cola und Geberit verfügen über zwei substanzielle Vorteile: eine hervorragende Wettbewerbsposition und ein Geschäftsmodell mit wenig Kapitalbedarf. Da sämtliche Investitionen aus dem Cashflow bezahlt werden können, verfügen diese Unternehmen nur über eine geringe Verschuldung, was aus der hohen Eigenkapitalquote ersichtlich wird.

Der Mineralölkonzern Chevron arbeitet zwar in einer äußerst kapitalintensiven Branche, kann aber durch seine Oligopolstellung hohe Preise durchsetzen. Dies zeigt, dass auch Unternehmen mit hohen jährlichen Investitionen unter gewissen Umständen ein attraktives Investment sein können. Chevron weist eine moderate Sachinvestitionsquote auf, obwohl das Unternehmen hohe Investitionen durchführen muss. Die gute Sachinvestitionsquote gründet in diesem Fall nicht auf den geringen Investitionen des Konzerns, sondern vielmehr auf der ausgeprägten Preismacht und den damit verbundenen hohen operativen Cashflows.

ThyssenKrupp investierte in den Jahren 2007 und 2008 mehr, als der Gesellschaft operativ zugeflossen ist. Der negative Free-Cashflow des Unternehmens musste durch Kreditaufnahme ausgeglichen werden. In Folge der Kreditaufnahme ging die Eigenkapitalquote zurück. Durch einen Verlust im Vorjahr beläuft sich die durchschnittliche Eigenkapitalrendite auf einen niedrigen Wert von 0,2 %. Da ThyssenKrupp in einer investitionsintensiven Branche (hohe Sachinvestitionen) wirtschaftet, die Produkte weitestgehend substituierbar (niedrige Cashflows) sind und auch keine marktbeherrschende Stellung zur Erhöhung der Preise vorliegt, stellt das Unternehmen auf Basis dieser Kriterien keine geeignete langfristige Investition dar.

3.6 Anlagenabnutzungsgrad

Geringe Sachinvestitionsquoten sind in der Regel als Wettbewerbsvorteil oder gerade als Folge eines solchen zu werten. Jedoch können niedrige Sachinvestitionsquoten auch aufgrund eines verringerten Investitionsvolumens auftreten, was generell negativ zu werten ist. Auch Unternehmen aus wenig kapitalintensiven Branchen sollten nie an den Investitionen sparen, da beispielsweise im IT-Bereich oder durch modernere Dämmungen der Fabriken enorme Effizienzsteigerungen möglich sind. Lucent Microsystems reduzierte durch die Einführung eines Oracle Enterprise Systems beispielsweise die Durchlaufzeit ihrer Geschäftsprozesse von mehr als einer Woche auf weniger als 8 Stunden und steigerte seine EBIT-Marge nur durch eingesparte Logistikkosten um einen halben Prozentpunkt. Colgate Palmolive erreichte durch die Einführung eines SAP-Systems gar eine Halbierung der Zeit zwischen Auftragseingang und Auslieferung.

Ein findiger Manager könnte jedoch auf die Idee kommen, durch den konsequenten Verzicht auf Investitionen kurzfristig den Free-Cashflow zu erhöhen. Derartige Praktiken lassen sich mithilfe des Anlagenabnutzungsgrades überprüfen.

$$\text{Abnutzungsgrad} = \frac{\text{Kumulierte Abschreibungen auf Sachanlagen}}{\text{Sachanlagen zu historischen Anschaffungskosten}}$$

Diese Kennzahl lässt sich als Indikator für das Alter der Sachanlagen anwenden. Der Anlagenabnutzungsgrad sagt nun aus, zu welchem Anteil das Anlagenvermögen bereits abgeschrieben ist. Ein hoher Wert gibt folglich an, dass in Zukunft hohe Investitionen nötig sind, um alte Anlagen zu ersetzen. Insbesondere der Vergleich mit Branchenkonkurrenten ist hier von Interesse.

Beispiel 3.14 - ABNUTZUNGSGRAD: DEUTSCHE TELEKOM

Im Sachanlagenspiegel (Anhang-Position 6) der Deutschen Telekom finden sich die folgenden Daten:

Deutsche Telekom	
in Mio. €	
Sachanlagen zum 31.12.2008 (historische AK)	120.415
Sachanlagen zum 31.12.2009 (historische AK)	126.507
Sachanlagen zum 31.12.2010 (historische AK)	129.749
Kumulierte Abschreibungen zum 31.12.2008	78.856
Kumulierte Abschreibungen zum 31.12.2009	81.039
Kumulierte Abschreibungen zum 31.12.2010	85.541

Quelle: Deutsche Telekom AG (2008/2009/2010) [IFRS]

Daraus berechnen sich Anlagenabnutzungsgrade von:

$$\text{Anlagenabnutzungsgrad}_{2010} = \frac{85.541 \text{ Mio. €}}{129.749 \text{ Mio. €}} = 65{,}9\%$$

$$\text{Anlagenabnutzungsgrad}_{2009} = \frac{81.039 \text{ Mio. €}}{126.507 \text{ Mio. €}} = 64{,}0\%$$

$$\text{Anlagenabnutzungsgrad}_{2008} = \frac{78.856 \text{ Mio. €}}{120.415 \text{ Mio. €}} = 65{,}4\%$$

Auf Sicht von drei Jahren zeigt sich damit kein klarer Trend. Verglichen mit einem Wert von 52,7 % aus dem Jahr 2002 kann jedoch vermutet werden, dass die Deutsche Telekom entweder in den Vorjahren zu viele Investitionen getätigt hat oder zwischen 2002 und 2010 die Investitionen zu stark zurückgefahren hat. Ein Problem dieser Kennzahl ist die Unterscheidung von Abschreibungsdauer und Nutzungsdauer. Da einige Vermögenswerte zwar bereits abgeschrieben, aber immer noch im Betrieb sind, sollten die Ergebnisse dieser Kennzahl stets kritisch hinterfragt werden.

3.7 Wachstumsquote

Eine dynamischere Kennzahl mit ähnlichem Ziel, die Wachstumsquote, setzt die getätigten Investitionen und Abschreibungen ins Verhältnis.

$$\text{Wachstumsquote} = \frac{\text{Investitionen}}{\text{Abschreibungen}}$$

Für gewöhnlich ist Wachstum mit entsprechenden Investitionen verbunden. Übersteigen die Investitionen die jährlichen Abschreibungen, so befindet sich das Unternehmen meist in einer expansiven Phase. Liegt der Wert dagegen unter 100 %, ist zu prüfen, ob das Unternehmen entweder die Abschreibungsraten zu hoch ansetzt, auf Kosten seiner Substanz lebt oder geringere Investitionen gerechtfertigt sind, da die Wachstumsdynamik abgenommen hat. Ein weiterer Grund können technologische Veränderungen sein. Wechselt beispielsweise ein Kaufhaus komplett auf den eCommerce Kanal, so werden die Sachinvestitionen stark abnehmen, da im eCommerce geringere Investitionen anfallen. Die Abschreibungen und Investitionen zur Berechnung der Kennzahl für die jeweilige Periode finden sich in der Cashflowrechnung.

Beispiel 3.15 - WACHSTUMSQUOTE: ROYAL DUTCH SHELL

Der Mineralölkonzern Royal Dutch Shell weist für die Jahre 2008 bis 2010 Abschreibungen von 13,6 Mrd. \$, 14,4 Mrd. \$ und 15,5 Mrd. \$ auf. In der Cashflowrechnung finden sich zudem Netto-Investitionen von 30,3 Mrd. \$, 25,2 Mrd. \$ und 23,6 Mrd. \$. Daraus errechnen sich Wachstumsquoten von 185 %, 175 % und 152 %. Die Wachstumsdynamik vonseiten der Investitionstätigkeit hat damit über die drei betrachteten Jahre abgenommen, das Unternehmen befindet sich aber weiter in einer expansiven Phase, da die Wachstumsquote deutlich über 100 % liegt.

3.8 Cash-Burn-Rate

Insbesondere junge und schnell wachsende Unternehmen weisen einen Kapitalbedarf auf, der die operativen Cashflows oft übersteigt. Da starkes Wachstum in der Regel mit hohen Investitionen in das Umlaufvermögen einhergeht (z. B. für ausreichende Vorratsbestände), würde die herkömmliche Bewertung stets zu einem negativen Ergebnis kommen. Zwar ist eine gesunde Skepsis gegenüber jungen Unternehmen gerade in Boom-Phasen angebracht, jedoch sind auch in diesem Bereich interessante Investitionsideen zu finden. Die Cash-Burn-Rate zeigt an, wie lange ein Unternehmen maximal defizitär wirtschaften kann.

Bei defizitären Unternehmen bietet sich der Vergleich von Verlust (im Betrag) und Eigenkapital an:

$$\text{Cash Burn Rate} = \frac{\text{Eigenkapital}}{|\text{Jahresfehlbetrag}|}$$

Diese Kennzahl gibt die maximale Anzahl an verkraftbaren Verlustjahren an. Je näher dieser Wert dem negativem Bereich kommt, desto notwendiger wird eine Kapitalerhöhung, um die Insolvenz abzuwenden.

Weist die Cash-Burn-Rate (C-B-R) beispielsweise einen Wert von 5 Jahren auf, so bedeutet dies, dass erst nach fünf konstanten Verlustjahren das Eigenkapital aufgezehrt wäre. Es ist zu beachten, dass der Investor in einem solchen Fall über eine fundierte Einschätzung verfügen sollte, wann das Unternehmen den Break-Even Punkt erreichen kann. Ist dieser beispielsweise nach zwei Jahren erreicht, so genügen die Rücklagen. Eine solche Prognose ist dabei immer unter pessimistischen Annahmen zu treffen, da bei Nichteintreffen unter Umständen ein Totalverlust droht.

Beispiel 3.16 - C-B-R: Bubble AG vs. DreamBig AG

Die fiktive Bubble AG, ein Hersteller von neuartigen Seifenblasen und die DreamBig AG, ein Internet Start-Up, weisen bei einem Eigenkapital von 1.000.000 € folgende Jahresfehlbeträge auf:

Jahr	Ergebnis „Bubble“	Ergebnis „DreamBig“
2007	-3.000.000,00 €	-4.000.000,00 €
2008	-2.500.000,00 €	-3.000.000,00 €
2009	-2.000.000,00 €	-2.000.000,00 €
2010e	-1.500.000,00 €	-1.000.000,00 €

Die Marktkapitalisierung beider Unternehmen beläuft sich per 2009 auf 300.000 €. Welches Unternehmen steht weniger schlecht da?

Durch Anwendung der Formel ergibt sich für die Bubble AG eine Cash-Burn-Rate Wert von 8 Monaten gegenüber 12 Monaten für die DreamBig AG. Beide Unternehmen laufen also innerhalb des nächsten Jahres Gefahr, ihr Eigenkapital aufzubrauchen oder eine Kapitelerhöhung durchführen zu müssen.

$$\text{Cash Burn Rate}_{Bubble} = \frac{1.000.000\ €}{|-1.500.000\ €|} = 8 \text{ Monate}$$

$$\text{Cash Burn Rate}_{DreamBig} = \frac{1.000.000\ €}{|-1.000.000\ €|} = 12 \text{ Monate}$$

Da gerade bei jungen Unternehmen die Zukunftsaussichten entscheidend sind, schreiben wir in Ermangelung weiterer Daten die Ertragsentwicklung weiter und erhalten für die Bubble AG im Jahr 2010 einen Verlust von 1,5 Mio. €, welcher zur Überschuldung (Eigenkapital < 0) des Unternehmens führt. Eine Kapitalerhöhung und die damit verbundene Verwässerung der Aktionäre bietet den einzigen Ausweg. Die DreamBig AG würde durch den Verlust in Höhe von 1 Mio. € zwar sein Eigenkapital aufzehren, könnte aber bei Fortschreibung der Ertragsentwicklung im nächsten Jahr den Break-Even Punkt erreichen. Unter diesem Gesichtspunkt wäre die DreamBig AG folglich die bessere der zwei schlechten Investitionen.

Diese Beispiele illustrieren, dass eine Cash-Burn-Rate von weniger als 24 Monaten in jedem Fall zur Ablehnung der Investitions- und Bewertungsentscheidung führen sollte, da die Zukunft hinreichend ungewiss ist. Bei Investitionen in junge Unternehmen ist eine gesicherte finanzielle Ausstattung daher sehr wichtig.

3.9 Umlauf- und Anlageintensität

Je größer der Anteil des Umlaufvermögens an der Bilanzsumme, desto ausgeprägter ist die Flexibilität des Unternehmens. Da Umlaufvermögen per Definition kurzfristig gebundenes Kapital darstellt, bedeutet eine hohe Umlaufintensität gleichzeitig ein großes Maß an Anpassungsfähigkeit.

$$\text{Umlaufintensität} = \frac{\text{Umlaufvermögen}}{\text{Bilanzsumme}}$$

Insbesondere in schnelllebigen Branchen ist Flexibilität die Grundvoraussetzung, um langfristig bestehen zu können. Weist ein Unternehmen beispielsweise eine geringe Umlaufintensität auf, so ist ein großer Teil der Vermögenswerte im Anlagevermögen gebunden. Dies können zum Beispiel Fabrikgebäude und Maschinen sein. Ändert nun ein Trend wie der Elektroantrieb im Automobilsektor eine ganze Branche, so müssen die Anlagegüter erneuert werden, was in der Regel kostspielig ist. Gleichwohl bedeutet eine hohe Umlaufintensität nicht per se hohe Flexibilität. Gegebenenfalls kann das Unternehmen seine Vorräte nicht verkaufen oder Forderungen nicht eintreiben. In diesem Fall deutet ein Anschwellen des Umlaufvermögens auf existenzielle Probleme hin.

Das Gegenstück zur Umlaufintensität stellt die Anlagenintensität dar:

$$\text{Anlageintensität} = \frac{\text{Anlagevermögen}}{\text{Bilanzsumme}}$$

Eine hohe Anlagenintensität birgt dabei teilweise Risiken, da nicht schnell auf Markttrends reagiert werden kann. Ein Händler mit einer sehr geringen Anlagenintensität kann beispielsweise sehr schnell auf Trends reagieren, indem er stets die Produkte ins Sortiment nimmt, die gerade nachgefragt werden. Die Produzenten dieser Produkte können dagegen oft nicht flexibel auf Nachfrageänderungen reagieren, da Maschinen in der Regel nur bestimmte Produkte herstellen können. Unternehmen mit einer hohen Anlageintensität sollte daher stets über eine hohe Planbarkeit verfügen, wodurch das Risiko von neuen Markttrends und Nachfrageänderungen minimiert wird.

Beispiel 3.17 - ANLAGENINTENSITÄTEN IM VERGLEICH

Dieses Beispiel verdeutlicht die Berechnung der unterschiedlichen Intensitäten und die damit verbundenen Schlussfolgerungen.

in T$/T€	Canadian National	Amadeus Fire	Kabel Deutschland	Fiskars
Anlagenvermögen	23.686.000 $	13.498 €	2.141.123 €	710.900 €
Umlaufvermögen	1.490.000 $	34.555 €	230.992 €	262.400 €
Bilanzsumme	25.176.000 $	48.053 €	2.372.116 €	973.300 €
Umlaufintensität	5,9%	71,9%	9,7%	26,9%
Anlageintensität	94,1%	28,1%	90,3%	73,1%

Quelle: Konzernabschlüsse 2008/09 [US-GAAP, IFRS, IFRS, IFRS]

Der nordamerikanische Eisenbahnbetreiber Canadian National weist die höchste Anlagenintensität der Vergleichsgruppe auf. Dies ist nicht weiter verwunderlich, da Eisenbahngesellschaften über ein Streckennetz und zahlreiche Lokomotiven und Waggons verfügen müssen, um das operative Geschäft betreiben zu können. Da in dieser Branche Wandel und Neuerungen durch die technischen Begebenheiten und das Oligopol der Anbieter nur sehr langsam vonstattengehen, ist die hohe Anlagenintensität aber weniger problematisch. Amadeus Fire weist als Zeitarbeitsfirma eine hohe Umlaufintensität auf. Das Unternehmen benötigt nur wenige langfristige Vermögenswerte wie Büroflächen und bindet daher die meisten Mittel im Umlaufvermögen in Form von Zahlungsmitteln und Forderungen. Der TV- und Internetanbieter Kabel Deutschland verfügt über einen hohen Anteil von langfristigen Vermögenswerten. Im Gegensatz zu vielen anderen Unternehmen mit hohen Anlageintensitäten besteht das Anlagevermögen von Kabel Deutschland zu knapp einer Milliarde aus immateriellen Vermögenswerten wie Software, Goodwill und Kundenbeziehungen. Dies bedeutet, dass Kabel Deutschland deutlich weniger Sachinvestitionen pro Jahr tätigen muss, als dies die Anlageintensität vermuten lässt. Als letztes Unternehmen in dieser Aufstellung weist der finnische Fiskars Konzern eine Besonderheit auf: Mehr als die Hälfte des Gewinns stammt aus einer Minderheitsbeteiligung an einem börsennotierten Unternehmen. Diese Beteiligung ist zum Buchwert im Anlagevermögen als Finanzanlage abgebildet, wodurch das Anlagevermögen deutlich zunimmt. Durch diesen Effekt unterschätzt die Anlageintensität die wahre Flexibilität des Konzerns, der an sich nur zu einem geringen Teil auf das Anlagevermögen angewiesen ist. Diese Beispiele verdeutlichen, dass auch bei den Intensitäten keine pauschalen Schlussfolgerungen getroffen werden können und das Geschäftsmodell bei der Analyse berücksichtigt werden sollte.

3.10 Anlagendeckungsgrad I und II

Die „Goldene Bilanzregel" verlangt, dass langfristiges Vermögen langfristig finanziert sein sollte, um Finanzengpässe zu vermeiden. Da neben dem Eigenkapital das langfristige Fremdkapital dem Unternehmen ebenfalls über mehrere Jahre zur Verfügung steht, dieses im Gegensatz zu Ersterem aber eine Fälligkeit aufweist, bietet sich zur Bewertung des Finanzierungsgrad eine Aufteilung in zwei verwandte Kennzahlen an.

$$\text{Anlagendeckungsgrad I} = \frac{\text{Eigenkapital}}{\text{Anlagevermögen}}$$

Die Anlagendeckung I beschreibt die prozentuale Deckung des Anlagenvermögens durch Eigenkapital. Da Unternehmen zudem noch langfristiges Fremdkapital zur Verfügung steht, ist ein Zielwert zwischen 70 und 90 % ausreichend.

$$\text{Anlagendeckungsgrad II} = \frac{\text{Eigenkapital} + \text{langfristiges Fremdkapital}}{\text{Anlagevermögen}}$$

Durch Hinzuziehen des langfristigen Fremdkapitals ergibt sich die Anlagendeckung zweiten Grades. Ein Wert von über 100 % sagt aus, dass neben dem Anlagevermögen auch ein Teil des Umlaufvermögens langfristig finanziert ist. Der Zielwert ist im Bereich von 130 % anzusiedeln.

Insbesondere bei zyklischen oder finanziell angeschlagenen Unternehmen ist diese Kennzahl wichtig. Eine Anlagendeckung II von unter 100 % birgt die latente Gefahr von Zahlungsschwierigkeiten bei der Begleichung von kurzfristigen Verbindlichkeiten. Die Hypo Real Estate ist eines der prominentesten Opfer der Nichtbeachtung dieser Kennzahl. Langfristige Kredite wurden kurzfristig finanziert, um aus dem Zinsunterschied Gewinn zu ziehen - die Folgen sind bekannt.

Beispiel 3.18 - ANLAGENDECKUNGSGRAD I/II: ROSENBAUER

Am Beispiel der verkürzten Bilanz des österreichischen Löschfahrzeugproduzenten Rosenbauer International zum 31.12.2009 soll die Berechnung der Anlagendeckungsgrade kurz erläutert werden.

Rosenbauer International				
Aktiva		in Mio. €	Passiva	
Langfristiges Vermögen	61,6		Eigenkapital	99,8
Kurzfristiges Vermögen	245,1		Langfristige Verb.	36,8
			Kurzfristige Verb.	170,1
Bilanzsumme	306,7		Bilanzsumme	306,7

Quelle: Rosenbauer AG (2009) [IFRS]

Die relativ hohe Umlaufintensität des Konzerns fällt bei Betrachtung der Aktiva sofort auf. Das Unternehmen bindet demnach relativ viel Kapital in Vorräten, Forderungen und Zahlungsmittel. Die Deckungsgrade 1. und 2. Grades ergeben sich wie folgt:

$$\text{Anlagendeckungsgrad I} = \frac{99{,}8 \text{ Mio. €}}{61{,}6 \text{ Mio. €}} = 162{,}0\%$$

$$\text{Anlagendeckungsgrad II} = \frac{99{,}8 \text{ Mio. €} + 36{,}8 \text{ Mio. €}}{61{,}6 \text{ Mio. €}} = 221{,}7\%$$

Das Unternehmen weist Deckungsgrade auf, die über den Zielwerten liegen. Hierdurch wird zwar viel Kapital gebunden, gleichzeitig signalisiert diese Überdeckung aber auch eine erhöhte Sicherheit in der Konzernbilanz.

3.11 Goodwill-Anteil

Sechs Jahre, nachdem Vodafone die Firma Mannesmann für die Rekordsumme von 112 Mrd. £ übernommen hatte, vermeldete der britische Mobilfunkanbieter im Jahr 2006 einen Verlust nach Steuern in Höhe von 21,8 Mrd. £. Was war passiert? Das britische Unternehmen hatte den Wert Mannesmanns zu hoch angesetzt und sah sich, angesichts der nicht eintretenden Erwartungen, gezwungen den in der Bilanz ausgewiesenen Wert entsprechend anzupassen. Eine

Goodwill Abschreibung in Milliardenhöhe war die Folge. Zur Erinnerung: Goodwill oder Geschäfts- und Firmenwert ist der Aufpreis, den der Erwerber auf den Buchwert des Zielunternehmens bezahlt. Der Goodwill-Anteil berechnet sich durch die folgende Formel:

$$\text{Goodwill-Anteil} = \frac{\text{Goodwill}}{\text{Eigenkapital}}$$

Unternehmen müssen jährlich einen so genannten „Impairment-Test" des ausgewiesenen Goodwills in der Bilanz durchführen. Dieser Werthaltigkeitstest überprüft, ob die Höhe des Vermögenswertes Goodwill in der Bilanz gerechtfertigt ist. Sollte dies nicht der Fall sein, erfolgt eine außerplanmäßige Abschreibung, die den Gewinn entsprechend belastet. Eine jährliche, planmäßige Abschreibung des Goodwills wird nach der geltenden internationalen Rechnungslegung nicht durchgeführt. Goodwill stellt eine Gefahr für die Bilanzrelationen dar, da viele Unternehmen den Wert übernommener Firmen häufig zu optimistisch angesetzt haben und mitunter deutliche Abschreibungen in den Folgejahren verbuchen mussten. Oft ist dies die direkte Folge von zu hohen Kaufpreisen bei Übernahmen, welche sich in im Nachhinein durchgeführten Impairment-Tests als überteuert herausstellen. Dennoch ist Goodwill nicht per se zu verteufeln, da einige Unternehmen ohne Zweifel mehr als ihr bilanzielles Eigenkapital wert sind. Ein hoher Goodwillanteil in der Bilanz birgt die Gefahr von außerplanmäßigen Abschreibungen, welche das Eigenkapital mindern. Aus diesem Grund sollte der ausgewiesene Goodwill keinen signifikanten Anteil am Eigenkapital haben. Als Faustregel kann ein Maximalverhältnis von 30 % festgehalten werden. Selbst im Fall einer Abschreibung des Goodwills sind so in der Regel weiterhin solide Bilanzkennzahlen gewährleistet. Zwar sind Abschreibungen nicht liquiditätswirksam und ziehen somit keine Auszahlungen nach sich, jedoch ist diese Art von Abschreibungen immer direkte Folge einer Überbewertung der eigenen Vermögensgegenstände, was nie positiv zu bewerten ist. Der Goodwill sollte daher im Analyseprozess einer eigenen Werthaltigkeitsprüfung unterzogen werden. Stellt sich dieser als minderwertig heraus, ist eine entsprechende Verrechnung mit dem Eigenkapital notwendig. Der genauen Bereinigung und Aufbereitung der Bilanz ist am Ende von Kapitel 8 ein eigener Abschnitt gewidmet.

4 Kennzahlen zum Working Capital Management

> The long run is a misleading guide to current affairs. In the long run we are all dead.
>
> *(John Maynard Keynes)*

Wäre es nicht vorteilhaft ein Unternehmen zu besitzen, welches Zahlungen erhält, bevor die Produkte überhaupt geliefert wurden? Und wäre es darüber hinaus nicht geschickt, eingekaufte Waren erst Monate nach deren Lieferung zu bezahlen? Große Handelskonzerne wie Wal-Mart, Aldi oder Home-Depot steigern ihre Rentabilität genau mit dieser Methode. Da ihre Lieferanten zu einem großen Teil von ihnen abhängig sind, müssen diese die Zahlungsmoral der großen Handelsketten hinnehmen oder mit großzügigen Skonti locken.

Wenn nun also Wal-Mart seine Wareneinkäufe erst nach zwei Monaten bezahlt, diese allerdings innerhalb weniger Wochen verkaufen kann, gewährt der Lieferant effektiv einen zinslosen Kredit. Der Computerhersteller Dell verwendet dieses Vorgehen sehr erfolgreich gegenüber seinen Kunden, indem diese Dell in der Regel per Vorkasse bezahlen. Ebenso sind die Lieferanten des Unternehmens in der Regel von Dell abhängig und gewähren so hohe Zahlungsziele.

Die optimale Menge an Waren, Forderungen und Zahlungsmittel, also dem Umlaufvermögen, sowie der ökonomisch günstige Betrag an kurzfristigem Fremdkapital, hierzu zählen insbesondere Lieferantenkredite, bündeln sich im sogenannten Working Capital Management. Dieses in Deutschland noch zu wenig beachtete Thema kann bei richtiger Umsetzung die Kapitalbindung senken, Mittel freisetzen und die Rentabilität erhöhen.

Ersichtlich wird dies, wenn man bedenkt, dass selbst das erfolgreichste Unternehmen, wie im Kapitel 1 zur Cashflowrechnung gezeigt, durch schlechtes Working Capital Management insolvent gehen kann. Bezahlen zu viele Kunden auf Ziel, kann genau dieser Fall eintreten: Es werden hohe Umsätze erzeugt, jedoch fließt kein Geld in die Kasse, mit dem neue Waren gekauft, Mitarbeiter bezahlt und Investitionen durchgeführt werden sollten. Andererseits führen oft überzogene interne Absatzerwartungen dazu, dass Unternehmen zu viele Produkte auf Lager halten und damit Kapital binden. Kommen diese außer Mode oder veralten, sind entsprechende Abschreibungen durchzuführen.

Ein effizientes Working Capital Management beschreibt also das optimale Verhältnis zwischen Umlaufvermögen und kurzfristigen Krediten. Ist Ersteres zu hoch, wird zu viel Kapital gebunden und die Rentabilität sinkt. Verfügt ein Unternehmen über zu wenig Umlaufvermögen im Verhältnis zu den kurzfristigen Verbindlichkeiten, besteht die Gefahr einer Unterfinanzierung, da mit dem Umlaufvermögen (z. B. durch Warenverkäufe oder dem Geld aus Forderungsbegleichungen) die kurzfristigen Verbindlichkeiten beglichen werden müssen. Mit anderen Worten: Bestehen hohe Schulden bei Lieferanten, denen nicht genügend schnell liquidierbare Vermögenswerte gegenüberstehen, so besteht die Gefahr, dass kurzfristige Verbindlichkeiten nicht fristgerecht beglichen werden können. Zudem kann bei einer zu geringen Lagerhaltung das Problem von Lieferengpässen auftreten, was insbesondere im heutigen On-Demand Konsum ein kritischer Faktor ist. Im Gegensatz zu den Kennzahlen zur finanziellen Stabilität, geben die Liquiditätskennzahlen daher Informationen über die kurzfristige Finanzierung von Unternehmen.

Dieses Kapitel geht zunächst anhand der Beispiele von Wal-Mart und Delticom auf die Berechnung und Interpretation der Forderungslaufzeiten ein und stellt danach diverse Kennzahlen zur Working Capital Struktur und Lagerhaltung vor. Einen ersten Einblick in das Working Capital Management geben die Debitoren- und Kreditorenlaufzeiten, die angeben wie schnell Rechnungen und Schulden bezahlt werden.

4.1 Debitoren- und Kreditorenlaufzeit

$$\text{Debitorenlaufzeit} = \frac{\text{ØForderungen aus LuL} \times 360}{\text{Umsatzerlöse}}$$

Diese Kennzahl sagt aus, wie lange es dauert, bis die dem Unternehmen geschuldeten Rechnungen bezahlt wurden. Ein Anstieg der Debitorenlaufzeit zeigt folglich ein nachlässiges Forderungsmanagement an. Hohe und steigende Werte schmälern den operativen Cashflow, da weniger Geld tatsächlich in das Unternehmen fließt.

Die Aussagekraft der Debitorenlaufzeit erhöht sich durch den Vergleich mit ihrem Spiegelbild: der Kreditorenlaufzeit.

$$\text{Kreditorenlaufzeit} = \frac{\text{ØVerbindlichkeiten aus LuL} \times 360}{\text{Materialaufwand}}$$

Analog zur Debitorenlaufzeit gibt die Kreditorenlaufzeit an, wie lange das Unternehmen benötigt (oder sich Zeit lässt) um eigene Rechnungen mit Lieferanten zu begleichen. Als Zielverhältnis dieser beiden wichtigen Kennzahlen ergibt sich somit formal:

$$\text{Debitorenlaufzeit} < \text{Kreditorenlaufzeit}$$

Dies entspricht inhaltlich dem Postulat, Forderungen gegenüber Kunden schnell einzuholen und eigene Rechnungen so spät wie möglich zu bezahlen. Je größer die Differenz zwischen beiden Werten, desto länger steht dem Unternehmen fremdes Geld zinslos zur Verfügung. Entsprechend sinkt der Bedarf an kurzfristigen Krediten oder die Ausnutzung von Kreditlinien und teuren Kontokorrentkrediten. Grundsätzlich ist die Debitoren- und Kreditorenlaufzeit nur innerhalb einer Branche direkt vergleichbar. Unternehmen, die direkt an den Endkunden verkaufen, erhalten ihre Rechnung in der Regel sofort bezahlt, während Unternehmen in der Mitte der Wertschöpfungskette häufig auf Ziel liefern.

Betrachten wir hierzu das Working Capital Management des Onlinereifenhändlers Delticom und des amerikanischen Wal-Mart Konzerns.

Beispiel 4.1 - DEBITOREN-/KREDITORENLAUFZEIT: DELTICOM

Auszüge aus dem Konzernabschluss der Delticom AG zum 31.12.2008 und 2009:

Delticom		
(in T€)	2009	2008
Umsatz	311.259	258.979
Materialaufwand	225.790	193.723
Forderungen aus LuL	10.148	8.468
Verbindlichkeiten aus LuL	36.645	36.192

Quelle: Delticom AG (2009) [IFRS]

Aus diesen Daten berechnet sich die Debitorenlaufzeit wie folgt:

$$\text{Debitorenlaufzeit} = \frac{(0,5 \times 10.148 \text{ T€} + 0,5 \times 8.468 \text{ T€})}{311.259 \text{ T€}} \times 360 = 10{,}7 \text{ Tage}$$

Die Debitorenlaufzeit berechnet sich durch Division der durchschnittlichen Forderungen aus Lieferungen und Leistungen mit den Umsatzerlösen des Jahres 2009. Da sich die Umsatzerlöse als Stromgröße auf das gesamte Geschäftsjahr verteilen, muss hier kein Durchschnittswert verwendet werden. Die Forderungen aus Lieferungen und Leistungen sind als Bestandsgröße vom gewählten Stichtag abhängig (hier: 31.12.) und müssen daher als Durchschnittswert berechnet werden. Bei Verfügbarkeit von Quartalsberichten kann auch eine quartalsweise Berechnung angewendet werden, insbesondere bei saisonalen Unternehmen kann diese Berechnung den Informationsgehalt steigern. Für die Kreditorenlaufzeit gilt dies analog:

$$\text{Kreditorenlaufzeit} = \frac{(0,5 \times 36.645 \text{ T€} + 0,5 \times 36.192 \text{ T€})}{225.790 \text{ T€}} \times 360 = 58{,}0 \text{ Tage}$$

Delticom erhält die Zahlungen demnach sehr schnell, was nicht verwunderlich ist, da der Großteil der Umsätze direkt mit Endverbrauchern erzielt wird. Die Kreditorenlaufzeit ist mit mehr als 58 Tagen sehr hoch, wodurch das Geld möglichst lange im Unternehmen bleibt. Die Differenz zwischen beiden Laufzeiten ist mit 47,3 Tagen als sehr gut einzustufen. Das Unternehmen erhält eigene Forderungen schnell und bezahlt Rechnungen an Lieferanten relativ spät, wodurch der externe Kapitalbedarf gesenkt wird.

Beispiel 4.2 - DEBITOREN-/KREDITORENLAUFZEIT: WAL-MART

Der weltgrößte Handelskonzern Wal-Mart weist zum 31.01.2010 folgende Kennziffern auf:

Wal-Mart		
(in Mio. $)	2010	2009
Net sales	405,046	401,087
Cost of sales	304,657	304,056
Receivables, net	4,144	3,905
Accounts payable	30,451	28,849

Quelle: Wal-Mart Inc. (2010) [US-GAAP]

Es fällt auf, dass Wal-Mart keinen Materialaufwand aufweist, da der Konzern - wie alle US-Unternehmen - die Gewinn- und Verlustrechnung nach dem Umsatzkostenverfahren aufstellt. In diesem Fall ist die Position „Cost of sales“ bzw. „Cost of goods sold“ heranzuziehen, welche eine gute Näherung darstellt, aber nicht direkt mit dem Materialaufwand vergleichbar ist. Einige Unternehmen weisen die Materialkosten als Unterpunkt der Umsatzkosten im Anhang auf, sodass in diesem Fall eine präzise Berechnung möglich ist.

$$\text{Debitorenlaufzeit} = \frac{(0,5 \times 4.144 \text{ Mio. } \$ + 0,5 \times 3.905 \text{ Mio. } \$)}{405.046 \text{ Mio. } \$} \times 360 = 3{,}6 \text{ Tage}$$

$$\text{Kreditorenlaufzeit} = \frac{(0,5 \times 30.451 \text{ Mio. } \$ + 0,5 \times 28.849 \text{ Mio. } \$)}{305.056 \text{ Mio. } \$} \times 360 = 35{,}0 \text{ Tage}$$

Auch Wal-Mart erzielt eine relativ hohe Kreditorenlaufzeit, wodurch der eigene Bedarf liquider Mittel minimiert wird. Eine Erhöhung der Kreditorenlaufzeit kann allerdings auch auf Zahlungsschwierigkeiten im Unternehmen hindeuten. Es ist daher nicht per se positiv zu bewerten, wenn die Kreditorenlaufzeit im Zeitverlauf signifikant zunimmt. Daher sollte die Kennzahl in Verbindung mit den nun folgenden Liquiditätskennzahlen betrachtet werden, welche Aufschluss darüber geben, ob das Unternehmen ausreichend kurzfristig finanziert ist.

4.2 Liquidität 1. Grades

$$\text{Liquidität 1. Grades} = \frac{\text{Liquide Mittel} + \text{Wertpapiere}}{\text{Kurzfristige Verbindlichkeiten}}$$

Die Liquidität ersten Grades beschreibt das Verhältnis von Zahlungsmitteln und schnell liquidierbaren Wertpapieren (z. B. Aktien, Anleihen, Festgeld) zu den kurzfristigen Verbindlichkeiten. Diese Kennzahl (wie auch die Liquidität zweiten und dritten Grades) entspringt dem Gedanken, dass kurzfristige Schulden durch genügend schnell liquidierbare Vermögensgegenstände gedeckt sein sollten.

Da dem Unternehmen mit Vorräten und Forderungen noch weitere Vermögenswerte zur kurzfristigen Tilgung zur Verfügung stehen, genügt bei dieser Kennzahl ein Zielkorridor von 10-20 %. Ein höherer Anteil an Cash im Unternehmen senkt zwar aufgrund übermäßiger Kapitalbindung die Rentabilität, stellt aber ein Luxusproblem dar. Manche Unternehmen, die zum Beispiel saisonal sehr große Einkäufe tätigen (z. B. Reifenhändler: Sommer- und Winterreifen kurz vor der Saison), sind sogar zeitweise auf größere Cashbestände angewiesen. Eine über dem Zielkorridor liegende Liquidität ersten Grades ist also nicht zwangsläufig negativ zu bewerten.

Beispiel 4.3 - LIQUIDITÄT: ENRON / COMMERCIAL PAPER MARKT

In den USA versorgen sich viele Unternehmen über den sogenannten Commercial Paper Markt mit kurzfristiger Liquidität. Commercial Paper sind Geldmarktpapiere mit einer Laufzeit zwischen einem Tag und neun Monaten. Die Bedeutung dieser Papiere und allgemein der kurzfristigen Finanzierung verdeutlicht die Summe der 2009 ausstehenden Commercial Paper von rund 1,5 Billionen $.

Große Konzerne benötigen täglich große Mengen an Liquidität, welche in der Regel über den Commercial Paper Markt aufgenommen werden. Daher kommt der Ausschluss eines Unternehmens von diesem Markt einem finanziellen Todesstoß gleich. Als 2001 die Märkte aufgrund der Bilanzfälschungsgerüchte in Bezug auf Enron immer unruhiger wurden und die Ratingagentur Moody's mit einer Herabstufung von Enrons Kreditwürdigkeit drohte, trocknete der Commercial Paper Markt für den Konzern auf einen Schlag aus. Das Unternehmen verbrauchte zu dieser Zeit rund 70.000 $ pro Stunde, um das operative Geschäft aufrechtzuerhalten. Die Folge war kurze Zeit später die Insolvenz des damals neuntgrößten US-Konzerns.

Ähnliche reagierte der Geldmarkt auf dem Höhepunkt der Finanzkrise 2008/09. Da selbst in erstklassige Unternehmen das Vertrauen geschwunden war, drohte diesen der Ausschluss aus dem Commercial

Paper Markt. General Electric, ein Unternehmen mit über 300.000 Mitarbeitern, hätte daraufhin beinahe Notkredite beantragen müssen, da der Commercial Paper Markt nicht mehr zugänglich war und General Electric nur unzureichend kurzfristige Liquidität aufnehmen konnte.

Eine der wichtigsten Lehren aus der Krise sollte also lauten, dass Unternehmen im Zweifel nie zu viel liquide Mittel halten können, oder wie es John Maynard Keynes ausdrückte: „*The market can stay irrational longer than you can stay solvent.*" Andererseits bieten zu große Reserven an liquiden Mitteln aber auch die Gefahr, dass dieses Kapital unrentabel oder nur im Sinne des Managements eingesetzt wird.

Die Berechnung der Liquiditätskennzahlen anhand von Beispielen findet sich in der Besprechung der Liquidität III.

4.3 Liquidität 2. Grades

$$\text{Liquidität 2. Grades} = \frac{\text{Liquide Mittel} + \text{Wertpapiere} + \text{Forderungen}}{\text{Kurzfristige Verbindlichkeiten}}$$

bzw.

$$\text{Liquidität 2. Grades} = \frac{\text{Umlaufvermögen} - \text{Vorräte}}{\text{Kurzfristige Verbindlichkeiten}}$$

Da Forderungen mit einem Abschlag relativ schnell zu Geld gemacht werden können (beispielsweise durch Factoring), erweitert die Liquidität zweiten Grades die Liquidität I um die bestehenden Forderungen aus Lieferungen und Leistungen. Auch bei dieser Kennzahl gilt, dass ein zu hoher Wert unnötig Kapital bindet, ein zu niedriger Wert aber auf finanzielle Instabilität hinweist. Der Zielkorridor beträgt 90 bis 100 %.

4.4 Liquidität 3. Grades/WC-Quote

$$\text{Liquidität 3. Grades} = \frac{\text{Umlaufvermögen}}{\text{Kurzfristige Verbindlichkeiten}}$$

Die Liquidität dritten Grades, auch Working Capital-Quote genannt, setzt das komplette Umlaufvermögen (liquide Mittel, Forderungen und Vorräte) mit den kurzfristigen Verbindlichkeiten ins Verhältnis. Der Zielwert sollte im Bereich von 120 bis 170 % liegen. Weshalb dieser Wert? Das Umlaufvermögen dient dazu, das operative Geschäft auszuführen und wird in der Regel innerhalb eines Jahres verbraucht. Genau diese Fälligkeit, nämlich weniger als ein Jahr, weisen auch kurzfristige Verbindlichkeiten auf, welche deshalb durch das Umlaufvermögen gedeckt sein sollten.

Angesichts dieser Tatsache würde auch ein Zielwert im Bereich von 100 % sinnvoll erscheinen, da dieser ausreicht, um die kurzfristigen Verbindlichkeiten zu begleichen. Unternehmen benötigen jedoch einerseits eine gewisse Menge an Umlaufvermögen, um überhaupt wirtschaften zu können und andererseits ist es nie gegeben, dass das gesamte Umlaufvermögen zum bilanzierten Wert kurzfristig liquidiert werden kann.

Die genaue Betrachtung hebt den Zwitterstatus der Liquiditätskennzahlen hervor: Sie sind sowohl dem Bereich der finanziellen Stabilität als auch dem der Rentabilität zuzurechnen. Beträgt die Liquidität dritten Grades mehr als die maximal geforderten 170 %, so bindet das Unternehmen zu viel Kapital und die Rentabilität nimmt ab. Schließlich ist diese zentrale Kennzahl also ein Balanceakt zwischen Liquidität und Rentabilität.

Beispiel 4.4 - Working Capital Management: Vergleich dreier Modekonzerne

Am Beispiel von Gerry Weber, Hugo Boss und Esprit werden die Liquiditäts- oder Working Capital Kennzahlen verglichen. Basis ist jeweils das Geschäftsjahr 2008:

Kennzahl	Gerry Weber	Hugo Boss	Esprit Holdings
Liq. I	11,41%	8,16%	117,28%
Liq. II	145,68%	106,46%	214,68%
Liq. III	219,37%	232,92%	271,69%

Quelle: Konzernabschlüsse (2008) [IFRS,IFRS,IFRS]

Alle betrachteten Unternehmen weisen solide Working Capital Kennzahlen auf. Gerry Weber erreicht dabei den besten Kompromiss zwischen Sicherheit und Rendite, da sich die Werte nahe an den Zielkorridoren befinden. Hugo Boss verfügt dagegen über zu wenige liquide Mittel, gleicht dies aber durch ein Polster an Forderungen und Vorräten aus. Hier wäre konkret zu prüfen, ob das Unternehmen eventuell Schwierigkeiten hat, Forderungen und/oder Vorräte in Liquidität umzuwandeln, d. h. Geld einzufordern oder Waren zu verkaufen. Esprit schießt bei allen Kennzahlen über den Zielkorridor hinaus. Ein Effekt, der zulasten der Rentabilität geht. Dabei sind die zu hohen Werte in diesem Fall allein dem hohen Cash-Bestand geschuldet. Könnte das Unternehmen die liquiden Mittel in den nächsten Monaten sinnvoll einsetzen, so stellt der überhöhte Liq. 1 Wert kein Problem dar. Insgesamt verfügen die drei Modeunternehmen über genügend Mittel, um die kurzfristigen Verbindlichkeiten decken zu können.

Die genaue Berechnung anhand amerikanischer Konzernabschlüsse wird am Beispiel von Kraft Foods Inc. verdeutlicht.

Beispiel 4.5 - Liquiditätskennzahlen: Kraft Foods

Kraft Foods weist unter der Position „Current Assets" (kurzfristige Vermögenswerte / Umlaufvermögen) die in der Tabelle aufgelisteten Werte auf. Des Weiteren bestehen „Current liabilities" (kurzfristige Verbindlichkeiten) in Höhe von 11.491 Mio. $.

Kraft Foods	
in Mio. $	2009
Cash and cash equivalents	2,101
Receivables	5,197
Inventories	3,775
Deferred Income Tax	730
Other current assets	651
Current Assets	12,454

Quelle: Kraft Foods Inc. (2009) [US-GAAP]

Die Liquidität ersten Grades berechnet sich durch Division der Cash-Bestände (Cash and cash equivalents) und der kurzfristigen Verbindlichkeiten, die sich auf 11,49 Mrd. \$ belaufen:

$$\text{Liquidität 1. Grades} = \frac{2.101 \text{ Mio. \$}}{11.491 \text{ Mio. \$}} = 18{,}2\%$$

Durch Division von Cash-Bestand und Forderungen mit den kurzfristigen Verbindlichkeiten ergibt sich die Liquidität zweiten Grades:

$$\text{Liquidität 2. Grades} = \frac{2.101 \text{ Mio. \$} + 5.197 \text{ Mio. \$}}{11.491 \text{ Mio. \$}} = 63{,}5\%$$

Zur Berechnung der Liquidität 3. Grades kann entweder das gesamte Umlaufvermögen (Current Assets) oder die Summe liquider Mittel, Forderungen und Vorräten herangezogen werden. In diesem Fall wird das gesamte Umlaufvermögen verwendet:

$$\text{Liquidität 3. Grades} = \frac{12.454 \text{ Mio. \$}}{11.491 \text{ Mio. \$}} = 108{,}3\%$$

Kraft Foods weist nach diesen Berechnungen eine gute Liquidität 1. Grades auf, verfügt jedoch über zu wenig Vorräte und Forderungen, um eine ideale Deckung der kurzfristigen Verbindlichkeiten zu erreichen. Angesichts des relativ hohen Anteils der liquiden Mittel ist das Risiko einer Unterfinanzierung jedoch überschaubar. Zudem weist Kraft ein gutes Kreditrating auf, wodurch im Zweifelsfall kurzfristig Geld aufgenommen werden kann. Im Fall von Kraft Inc. zeigt die Analyse ein Working Capital Management, das eher auf Rentabilität als auf Stabilität ausgerichtet ist.

4.5 Vorratsintensität

$$\text{Vorratsintensität}_{RHB} = \frac{\text{Roh-, Hilfs- und Betriebsstoffe}}{\text{Bilanzsumme}}$$

bzw.

$$\text{Vorratsintensität}_{HuF} = \frac{\text{Halb- und Fertigfabrikate}}{\text{Bilanzsumme}}$$

Diese Kennzahlen geben Aufschluss über den Anteil der Betriebsstoffe bzw. Waren an der Bilanzsumme und sind damit ein Maß für die Kapitalbindung. Je höher der Anteil der Vorräte, desto höher die Kapitalbindung im Umlaufvermögen, worunter in der Regel die Rentabilität leidet. Zudem deutet eine Erhöhung dieser Kennzahl gegenüber den Vorjahren auf Absatzprobleme bei den betreffenden Vorräten hin. Die Vorratsintensität ist somit im Zeitverlauf interessant und sollte vor allem in schnelllebigen Branchen Anwendung finden.

Da absolute Erhöhungen der Vorräte in der Regel mit Umsatz- und Bilanzwachstum einhergehen, beeinflusst ein gesundes Wachstum diese Kennzahl nicht. Ein plötzliches Ansteigen sollte jedoch genau verfolgt werden.

Beispiel 4.6 - VORRATSINTENSITÄT: LOEWE

Die Loewe AG weist zum 31.12.2009 folgende stark verkürzte Bilanz auf:

Loewe		
in T€	2009	2008
Roh-, Hilfs-, Betriebsstoffe	14.176	15.375
Halb- und Fertigfabrikate	36.288	35.731
Bilanzsumme	234.032	242.795

Quelle: Loewe AG (2009) [IFRS]

Anhand dieser Daten ergibt sich eine Vorratsintensität (bezogen auf die Halb- und Fertigwaren) von 14,7 % per 2008 und 15,5 % im Jahr 2009. Dieser prozentuale Anstieg von 5,4 % ist als gefährlich einzustufen, da zum einen die Vorräte mitten in der Finanzkrise zugenommen haben und zum anderen die Roh-, Hilfs- und Betriebsstoffe absolut gesehen abgenommen haben. Das Unternehmen rechnet offenbar damit, in naher Zukunft weniger Fernseher herzustellen. Kurze Zeit nach der Veröffentlichung der Jahreszahlen wurden erste Absatzprobleme bei hochwertigen Fernsehern des Unternehmens bekannt. Die Vorratsintensität in Kombination mit der Marktlage deutete diese Entwicklung bereits an.

4.6 Umschlagshäufigkeit der Vorräte

$$\text{Umschlagshäufigkeit der Vorräte} = \frac{\text{Materialaufwand}}{\text{ØVorräte}}$$

Eine rückläufige Umschlagshäufigkeit der Vorräte ist in der Regel negativ zu bewerten, da dies auf eine höhere Kapitalbindung schließen lässt. Durch Division von 360 mit dem Lagerumschlag ergibt sich die durchschnittliche Lagerdauer:

$$\text{Lagerdauer in Tagen} = \frac{360}{\text{Umschlagshäufigkeit der Vorräte}}$$

Die Lagerdauer sollte aus Effizienzgründen stets so gering wie möglich sein, ohne dabei die Lieferfähigkeit zu beeinträchtigen. Es besteht kein materieller Unterschied zwischen der Umschlagshäufigkeit und der Lagerdauer, gleichwohl ist die Lagerdauer (in Tagen) besser greifbar als die abstrakte Umschlagshäufigkeit.

Beispiel 4.7 - UMSCHLAGSHÄUFIGKEIT DER VORRÄTE: DELTICOM

Auf Basis des Geschäftsjahres 2008 (2007) weist der Delticom Konzern Vorräte von 37.134 T€ (35.581 T€) sowie einen Materialaufwand von 193.723 T€ auf. Die Umschlagshäufigkeit der Vorräte berechnet sich durch Einsetzen:

$$\text{Umschlagshäufigkeit der Vorräte} = \frac{193.723 \text{ T€}}{0,5 \times 37.134 \text{ T€} + 0,5 \times 35.581 \text{ T€}} = 5{,}32$$

Daraus ergibt sich eine mittlere Lagerdauer von:

$$\text{Lagerdauer in Tagen} = \frac{360}{5{,}32} = 67{,}54 \text{ Tage}$$

Insbesondere im Langfristvergleich werden wesentliche Trends in der Lagerpolitik sichtbar. Bei kaum einer anderen Kennzahl ist die Symbiose aus Kennzahlenanalyse und unternehmerischer Realität so wichtig wie bei der Lagerdauer. Beispielsweise kann die Lagerdauer ansteigen, da das Unternehmen „auf Halde" produziert hat und diese Produkte nun veräußern möchte. Ein anderer Grund kann eine bestimmte Saisonalität sein (beispielsweise bei Produzenten von Wintersportartikeln). Zudem sollte immer geprüft werden, wie schnell die Produkte aus der Mode kommen und welche Belastungen daraus für das Unternehmen entstehen können.

4.7 Geldumschlag

Durch Hinzuziehen der bereits kennengelernten Kennzahlen Debitorenlaufzeit, Kreditorenlaufzeit und Lagerdauer kann nun der Cash-Conversion-Cycle (Geldumschlag) berechnet werden. Dieser gibt an, wie lange das Kapital tatsächlich in Vorräten und Forderungen abzüglich der ausstehenden Rechnungen gebunden ist.

	Debitorenlaufzeit (in Tagen)
+	Lagerdauer (in Tagen)
−	Kreditorenlaufzeit (in Tagen)
	Geldumschlag (in Tagen)

Im Ergebnis ergibt sich die durchschnittliche Geldbindung in Tagen. Es ist wichtig zu verinnerlichen, dass diese Kennzahl sowohl eine Rentabilitätsfunktion (wie schnell fließen die Mittel wieder zurück?) als auch eine Liquiditätsfunktion (müssen kurzfristig Kredite aufgenommen werden, da das Kapital zulange gebunden ist?) einnimmt. Letztendlich gibt diese Kennzahl die Konzernleistung im Bereich des Working Capital Managements an. Analog zu den bereits vorgestellten Kennzahlen des Umlaufvermögens, ist die Interpretation des Geldumschlags vor dem Hintergrund der historischen Entwicklung zu treffen.

Beispiel 4.8 - GELDUMSCHLAG: GEBERIT

Geberit		
in Mio. CHF	2007	2006
Vorräte	226,3	199,8
Forderungen aus LuL	127,2	115,8
Verbindlichkeiten aus LuL	93,3	102,4
Umsatzerlöse	2.103,9	1.848,7
Materialaufwand	782,9	634,5

Quelle: Geberit AG (2007) [IFRS]

$$\text{Debitorenlaufzeit} = \frac{0,5 \times (\text{127,2 Mio. CHF} + \text{115,8 Mio. CHF})}{\text{2.103,9 Mio. CHF}} \times 360 = \text{20,78 Tage}$$

$$\text{Kreditorenlaufzeit} = \frac{0,5 \times (\text{93,3 Mio. CHF} + \text{102,4 Mio. CHF})}{\text{782,9 Mio. CHF}} \times 360 = \text{44,99 Tage}$$

$$\text{Lagerdauer in Tagen} = \frac{360}{3{,}67} = \text{97,96 Tage}$$

Der gesamte Geldumschlag ergibt sich damit durch Verrechnung der Kennzahlen:

$$\text{Geldumschlag} = 20{,}78 \text{ Tage} + 97{,}96 \text{ Tage} - 44{,}99 \text{ Tage} = 73{,}75 \text{ Tage}$$

Diese Kennzahl ist von großer Bedeutung, da das Working Capital Management letztendlich einen erheblichen Einfluss auf die Cashflows und damit den Wert eines Unternehmens hat. Die Interpretation des Geldumschlags ist aufgrund der Abhängigkeit vom Geschäftsmodell auf einzelne Unternehmen oder Branchen begrenzt. Branchenübergreifend kommt dieser Kennzahl nur eine geringe Bedeutung zu.

Die in diesem Kapitel dargestellten Kennzahlen zum Working Capital Management dienen der abschließenden Kennzahlenanalyse. Maßgeblich sind in der Regel die im zweiten und dritten Kapitel vorgestellten Kennzahlen zur Rentabilität und finanziellen Stabilität. Jedoch können die hier vorgestellten Kennzahlen nützlich sein, um Trends innerhalb des Unternehmens zu quantifizieren. Mehr noch als die zuvor vorgestellten Kennzahlen ist das Working Capital Management in der Regel sehr stark vom Geschäftsmodell abhängig und sollte daher stets vor dem Hintergrund der eigentlichen betrieblichen Tätigkeit und Entwicklung interpretiert werden.

4.8 Kennzahlen zum Auftragseingang und -bestand

Unternehmen mit Auftragsbeständen sind bei Analysten oft beliebt, da die ausgewiesenen Aufträge bei der Einschätzung der kurz- und mittelfristigen Umsatzentwicklung hilfreich sind. Insbesondere Unternehmen aus der Maschinenbau- und Baubranche weisen den Auftragseingang und -bestand oft direkt im Geschäftsbericht aus und erleichtern so die Prognose.

Der Auftragsbestand gibt die aktuell vorhandenen Aufträge an. Davon zu unterscheiden ist der Auftragseingang, welcher die in einer bestimmten Periode, z. B. des letzten Quartals, eingegangenen

Aufträge abbildet. Ein hoher Auftragsbestand gewährt einem Unternehmen in unsicheren Phasen eine gewisse Planungssicherheit, da die benötigten und auslastbaren Kapazitäten bestimmbar sind. Besonders im Maschinenbau gestaltet sich die Anpassung der Kapazitäten in Abschwungphasen oft als problematisch, da ein Großteil der Aufwendungen durch (kurzfristig) fixe Kosten in Folge einer hohen Anlagenintensität entstehen. Daher ist eine genaue Einschätzung über die Auftragslage eines Unternehmens aus diesen Branchen sehr wichtig. Allgemein gesprochen sind Unternehmen mit einer hohen Anlagenintensität, einer hohen Personalaufwandsquote und rückläufigen Aufträgen anfällig in relativ kurzer Zeit Verluste zu erleiden, da die Kostenbasis kurzfristig nicht oder nur unzureichend angepasst werden kann. Um diese Gefahr einschätzen zu können, wird die Kennzahl der Auftragsreichweite in Tagen verwendet:

$$\text{Auftragsreichweite} = \frac{\text{Auftragsbestand}}{\text{Umsatz letzte 12 Monate}} \times 360$$

Diese Kennzahl gibt die Laufzeit des Auftragsbestands in Tagen an. Ergibt sich beispielsweise eine Auftragsbestandszeit von 360 Tagen, so können selbst bei einem kompletten Versiegen der weiteren Aufträge die Kapazitäten für ein volles Jahr ausgelastet werden. Je höher diese Kennzahl, desto besser lassen sich die zukünftigen Umsätze und Auslastungen einschätzen. Weist ein Unternehmen einen Auftragsbestand von 200 Mio. € auf und erzielte im letzten Geschäftsjahr einen Umsatz von 100 Mio. € so ergibt sich eine Auftragsbestandszeit von etwa zwei Jahren:

$$\text{Auftragsreichweite} = \frac{200 \text{ Mio. €}}{100 \text{ Mio. €}} \times 360 = 730 \text{ Tage}$$

Die Qualität der Aufträge ist von besonderer Wichtigkeit. Ist ein Hersteller von wenigen Kunden abhängig, die in Abschwungphasen bereits erteilte Aufträge kündigen oder verschieben, so ist die Auftragsbestandszeit mit Vorsicht zu genießen. Die Zyklik der Kunden sollte daher mit in die Analyse einbezogen werden. Eine breit diversifizierte Kundenbasis erhöht die Qualität der Auftragsbestandszeit erheblich und sorgt für zusätzliche Sicherheit.

Eine weitere wichtige Kennzahl aus dem Bereich der Auftragseingänge ist die Book-to-Bill-Ratio (BB-Ratio).

$$\text{Book-to-Bill-Ratio} = \frac{\text{Auftragseingang}}{\text{Umsatzerlöse}}$$

Die Book-to-Bill-Ratio vergleicht den aktuellen Auftragseingang mit dem zuletzt erzielten Umsatz. Ein Wert von größer als 1 gilt dabei als Indikator für zunehmende Umsätze, da die eingehenden Aufträge den gegenwärtigen Umsatz übersteigen. Ein Faktor von 2 entspricht beispielsweise einer möglichen Verdoppelung des Umsatzes, sofern das Unternehmen über die entsprechenden Kapazitäten und Mittel verfügt, die Aufträge zeitnah durchzuführen. Gefährlich ist dagegen eine BB-Ratio < 1. Dies lässt auf fallende Umsätze schließen, welche in Kombination mit einer hohen Anlagenintensität (Fixkosten) die Margen schnell erodieren lassen kann. Bei der Book-to-Bill-Ratio ist darauf achtzugeben, gleiche Zeiteinheiten zu verwenden. Wird beispielsweise der Auftragseingang des letzten Quartals im Zähler angesetzt, so muss diesem Wert entsprechend der Umsatz des letzten Quartals entgegengesetzt werden.

Weist ein Unternehmen einen Auftragseingang von 120 Mio. € in den letzten 6 Monaten bei einem Halbjahresumsatz von 85 Mio. € aus, so ergibt sich eine BB-Ratio von 1,41. Dieser Wert deutet auf deutlich steigende Umsätze hin. Generell bietet es sich an, bei Unternehmen, die auf Großaufträge angewiesen sind, die BB-Ratio auf Jahresbasis zu berechnen, während bei Unternehmen mit kleinen, aber regelmäßigen Aufträgen die BB-Ratio auf Quartalsbasis berechnet werden kann. Bei der Analyse der Auftragseingänge ist immer darauf zu achten, aus welchen Geschäftsbereichen der Auftragseingang stammt. Nehmen die Auftragseingänge beispielsweise in einem niedrigmargigen Segment zu, so wird sich zwar der Umsatz erhöhen, der Gewinn jedoch nur unterproportional zunehmen.

5 Analyse des Geschäftsmodells

> Quantitativ data are useful only to the extend that they are supported by a qualitative survey of the enterprise.
>
> *(Benjamin Graham)*

Das Geschäftsmodell beschreibt die Erfolgsfaktoren eines Unternehmens. Es ist somit als Kehrseite des bisher vorgestellten zahlenbasierten Abschnitts der Unternehmensanalyse zu verstehen und bündelt die qualitativen Merkmale einer Unternehmung. Herausragende Kennzahlen sind stets die Folge eines herausragenden Geschäftsmodells. Während Kennzahlen lediglich den vergangenen wirtschaftlichen Erfolg oder Misserfolg eines Unternehmens dokumentieren, lässt das Geschäftsmodell Rückschlüsse auf die zukünftige Wettbewerbsfähigkeit zu. Die in diesem Kapitel vorgestellte Analyse von Geschäftsmodell und Marktposition eines Unternehmens zielt darauf ab, Alleinstellungsmerkmale und Wettbewerbsvorteile identifizieren und einordnen zu können. Der Investor Warren Buffett fasste seine Anlageprinzipien einmal wie folgt zusammen: „*Wir investieren nur in ein Unternehmen, wenn wir (1) die Geschäfte verstehen, (2) die langfristigen Aussichten des Unternehmens gut sind, d. h. bewiesene Ertragskraft, gute Erträge auf das investierte Kapital, keine oder nur geringe Verschuldung, attraktives Geschäft, (3) das Unternehmen von kompetenten und ehrlichen Managern geleitet wird und (4) sehr attraktiv bewertet ist.*“

Ziel dieses Kapitels ist die Herausarbeitung klarer Prinzipien zur Klärung der Punkte (1), (2) und (3). Selbstverständlich lassen sich diese Merkmale im Gegensatz zu den bisher vorgestellten Kennzahlen nicht eindeutig bestimmen und quantifizieren. Vielmehr liegt in der Analyse des Geschäftsmodells die wahre Kunst der Unternehmensbewertung. Langfristig ist ein nachhaltig profitables Geschäftsmodell mit einem Alleinstellungsmerkmal neben soliden Cashflows und einer angemessenen Verschuldung der wichtigste Einflussfaktor für den Erfolg eines Unternehmens. Eine besondere Rolle kommt dabei der Rentabilität zu, die gewissermaßen als Katalysator dient: je höher die Rentabilität, desto stärker wirkt der Zinseszinseffekt im Unternehmen. Erst wenn ein Geschäftsmodell profitabel und rentabel funktioniert, kann nachhaltig Wert geschaffen werden. Die Rentabilität wird dabei maßgeblich von der Marktposition und dem Kostenmanagement des Unternehmens bestimmt. Als Extremform einer ausgeprägten Marktposition ist das Monopol zu nennen, welches in der Realität aber aus Wettbewerbs- und Regulierungsgründen selten in Reinform vorzufinden ist. Es gilt daher nach abgeschwächten Formen von Monopolen zu suchen - Unternehmen mit einem Alleinstellungsmerkmal. Bildlich gesprochen: einem Burggraben.

Der Burggraben eines Unternehmens bemisst sich beispielsweise an der Fähigkeit, der Anbieter des günstigsten, einzigen oder qualitativ hochwertigsten Gutes im Markt zu sein. Die Coca-Cola Company hat über Jahrzehnte ein einzigartiges Alleinstellungsmerkmal entwickelt und ist in weiten Teilen der Welt der bekannteste Markenname. Kaum ein Restaurant oder Supermarkt kann darauf verzichten die Produkte des Konzerns anzubieten, ohne Ertragseinbußen zu riskieren. Das Management der Coca-Cola Company hat es über die Jahre erreicht, die Brause von einem simplen Getränk zu einem Life-Style Produkt mit eigener Botschaft zu entwickeln. So wird das Produkt rund um den Globus als köstlich und erfrischend wahrgenommen. Aus diesem Grund verfügt das Unternehmen über eine Marktmacht, die es ihr erlaubt, Kostensteigerungen an die Kunden weiterzugeben und so nachhaltig hohe Renditen zu erzielen.

Die Swatch Group ist als weiteres Beispiel einer ausgeprägten Marktstellung zu nennen. Der Konzern produziert und vertreibt qualitativ hochwertige Uhren mit weltweit exzellentem Ruf und weist inzwischen einen Weltmarktanteil von mehr als einem Drittel auf. Was ist das Geheimnis des Konzerns? Das Unternehmen beteiligt sich nicht am ruinösen Preiskampf im unteren Preissegment, sondern konzentriert sich mit Marken wie Omega, Breguet und Longines auf das gehobene Preissegment. In diesem Markt wird der Wettbewerb weniger über den Preis als vielmehr über Markenbewusstsein, Qualität und Prestige ausgetragen. Ein weiterer Vorteil der Swatch Group ist der First-Mover-Vorteil in Asien. Der Konzern begann wesentlich früher als die meisten Konkurrenten seine Produkte beispielsweise in China zu vertreiben und generiert inzwischen einen Großteil seiner Umsätze in Fernost. Hat sich eine Marke eine herausragende Marktposition aufgebaut, ist dies jedoch keine Garantie für langfristigen Erfolg. Die Geschichte ist voll von sogenannten „Fallen Angels“, großen Marken, die durch Managementfehler oder äußere Einflüsse an Ansehen verloren. Befindet sich ein Unternehmen jedoch erst einmal in einer führenden Marktposition, kann der Burggraben und damit das Alleinstellungsmerkmal durch Investitionen in Marketing, Vertriebsnetz, Forschung und Ähnliches ausgebaut werden. Hat ein Unternehmen beispielsweise die Möglichkeit die Preise seiner Produkte, zumindest bis zu einem gewissen Grad, unabhängig von der Konkurrenz zu erhöhen, so erwirtschaftet die Unternehmung mehr Gewinn pro Euro Umsatz als die Wettbewerber. Das Resultat sind hohe Umsatz- und Eigenkapitalrenditen. Daher eignen sich diese Kennzahlen besonders, um Alleinstellungsmerkmale ausfindig zu machen.

Die Schlussfolgerung von einer starken Marktposition auf sehr gute Kennzahlen trifft aber nicht immer zu. Insbesondere Staatskonzerne wie die Deutsche Post und Telekom wirtschafteten selbst zu Zeiten, als das staatliche Monopol garantiert war, weniger rentabel, als viele Unternehmen in von Konkurrenz geprägten Märkten. Gründe dafür sind hohe Kosten und geringe Anreize zu profitabler Unternehmensführung. Ein kompetentes und ehrliches Management ist daher ebenso wichtig, wie ein solides Geschäftsmodell. Auch großartige Unternehmen wie die genannten Coca-Cola Company und Swatch Group hatten Krisenjahre, in denen Managementfehler die Alleinstellungsmerkmale bedrohten und die Burggräben erodierten.

Nach welcher Art von Unternehmen wird also gesucht?

5.1 Kompetenzbereich

Grundvoraussetzung jeder Unternehmensanalyse ist die Kenntnis über den eigenen Kompetenzbereich. Nur wenn das Geschäftsmodell und die Produkte des zu bewertenden Unternehmens verständlich und nachvollziehbar sind, ist eine genaue Analyse durchführbar. Die Bewertung von Unternehmen, bei denen keine grobe Aussage getroffen werden kann, wo diese in zehn Jahren stehen, ist mitunter gar nicht möglich. Schnell wandelnde Märkte und exorbitante Wachstumsraten sind daher bei der Erstellung einer aussagekräftigen Analyse nicht förderlich. Dieses Vorgehen schließt zwar eine Vielzahl von Unternehmen zur Bewertung und in Folge auch als Investition aus, jedoch ist die Bedeutung dieser Restriktion, die in der Literatur zu selten getroffen wird, schwerlich zu überschätzen. Ein aktuelles Buch zur Unternehmensbewertung wirbt beispielsweise mit dem Untertitel „How to Value any Asset". Dem kann man nur die Aussage von Thomas J. Watson, seines Zeichens CEO von IBM in den 40er Jahren, entgegenhalten, der den weltweiten Bedarf an Computern auf „vielleicht fünf" Stück bezifferte. Wenn also selbst Industrieinsider dynamische Branchen nur unzureichend einschätzen können, ist eine Bewertung für außenstehende kaum möglich. Es ist daher wichtig, seinen persönlichen Kompetenzbereich für den Bewertungs- und Investitionsprozess genau abzustecken. „Invest in what you know" - kein Grundsatz wird öfter gebrochen!

5.2 Charakteristika

Von besonderem Interesse sind sechs Arten von Unternehmen beziehungsweise deren Geschäftsmodell:

- Hersteller kurzlebiger Produkte mit bekannten Markennamen [Wrigleys, Coca-Cola, Gillette]
- Anbieter von Produkten, die immer gekauft werden (müssen) [Bayer, Versorger]
- Unternehmen, deren Produkte aufgrund von Markenname, Image, Technik oder Qualität mit einem deutlichen Aufschlag verkauft werden [Swatch, LVMH, Audi, Tiffany & Co.]
- Anbieter von Produkten, die aufgrund von externen Einflüssen und Regulierungen nachgefragt werden [Rosenbauer, GEICO]
- Unternehmen, die über eine hohe Skalierbarkeit verfügen, d. h. deren Grenzkosten gegen null streben [SAP, Oracle, Pfizer]

- Anbieter des günstigsten Produktes in einem Markt [Wal-Mart, Aldi, Delticom]

Kurzlebige Produkte mit bekannten Markennamen
Unternehmen, die dieser Gruppe zuzuordnen sind, stellen Produkte mit relativ kurzen Lebenszyklen her. Verkauft Gillette einen Rasierer, so wird der Kunde immer wieder neue, passende Rasierklingen kaufen müssen. Das Unternehmen sichert sich mit dem Verkauf eines Rasierers daher zusätzliche, stets wiederkehrende Verkäufe von Klingen. Analog dazu gibt es Maschinenbauer, die neben ihren Umsatzerlösen aus Maschinenverkäufen jährliche Wartungs- und Serviceverträge abschließen und so von einer stetig steigenden Maschinenbasis profitieren. Die Maschinen an sich sind also langlebige Produkte, durch den Verschleiß und die Wartungsanfälligkeit weisen diese jedoch auch eine kurzlebige Komponente auf.

In der Regel sind Produzenten von kurzlebigen Produkten attraktive Investitionen. Betrachten wir als Gegenbeispiel den Markt für sehr langlebige Güter. Hier werden zwar mitunter hohe Umsätze (beispielsweise mit Häusern, Waschmaschinen, Autos, usw.) erzielt, jedoch benötigt der Konsument selten mehr als eine Einheit dieser Produkte. Die Wiederkaufszyklen sind entsprechend weit gestreckt und größere Investitionen werden von Konsumenten in Abschwungphasen eher aufgeschoben.

Besonders im Bereich der Konsumgüter finden sich Unternehmen, die der Forderung nach kurzlebigen Produkten mit bekannten Markennamen gerecht werden. Konsumgüterkonzerne wie Procter & Gamble, Energizer Corp., Unilever, Kraft oder Nestle nutzen diese Eigenschaften und erzielen hohe Renditen auf ihr eingesetztes Kapital. Nestle hat durch die Einführung ihrer Nespresso Sparte in den letzten Jahren genau dieses Phänomen ausgenutzt: Die Kaffeemaschine wurde relativ preiswert verkauft, die passenden Kapseln können aber nur über Nespresso gekauft werden. Jede verkaufte Kaffeemaschine garantiert dem Unternehmen also weitere Kapselverkäufe. Die Überschneidungen mit dem Gillette Beispiel sind frappierend - in den letzten 10 Jahren konnte Nestle so mehr als 20 Milliarden Kaffeekapseln verkaufen.

Produkte, die immer gekauft werden (müssen)
Bei der Diskussion um defensive Aktien für Abschwungphasen und unsichere Zeiten wird oft das Schweizer Ausnahmeunternehmen Nestle genannt. Gleichwohl Nestle ohne Frage ein Unternehmen mit überaus starken Marken und sehr guten Bilanzkennzahlen ist, eignet es sich nicht zwingend als Wert für die oben genannten Marktphasen. Das Argument „gegessen wird immer“ stimmt zwar zweifellos, die Frage ist aber, ob die Kunden Lebensmittel von Nestle kaufen. Ein geeigneteres Unternehmen für diese Fragestellung ist beispielsweise die ebenfalls aus der Schweiz stammende Vetropack Gruppe. Vetropack stellt Glasverpackungen für die Getränke- und Lebensmittelindustrie her. Während es also nicht gesichert ist, dass Kunden auch in wirtschaftlichen Abschwüngen zu Nestle Produkten greifen, so ist es doch sehr wahrscheinlich, dass auch in der tiefsten Rezession die Getränke und Lebensmittel entsprechend verpackt werden müssen. Egal ob die Kunden also Marken- oder Discountprodukte kaufen, Vetropack verdient als Verpackungslieferant mit. Eine Besonderheit in der Glasindustrie ist das Phänomen der regionalen Monopole. Da Glas nur über relativ kurze Strecken transportiert werden kann, unterliegt der Glasmarkt nicht dem Druck ausländischer Billigproduzenten. Die Umsatz- und Eigenkapitalrenditen der Vetropack Gruppe verdeutlichen diese herausragende Stellung des Unternehmens im mittel- und osteuropäischen Raum. Insbesondere für Kunden wie PepsiCo und große Weinhersteller ist ein großer und verlässlicher Partner im Verpackungsmarkt wichtig. Hersteller von Produkten, die in jeder wirtschaftlichen Phase gekauft werden müssen, sind daher ebenfalls potenziell interessante Investitionen und Bewertungsobjekte. Ein weiteres Beispiel ist der Online-Reifenhändler Delticom. Das Unternehmen hat mit einem Marktanteil zwischen 60 und 70 % im europäischen Onlinereifenmarkt bedeutende Kostenvorteile gegenüber kleineren Konkurrenten. Besonders in wirtschaftlich kritischen Zeiten werden Konsumenten nach günstigen Alternativen zum stationären Reifenhandel suchen und dabei unweigerlich auf Delticom stoßen. Das Unternehmen verbindet damit das Postulat von konjunkturunabhängigen Produkten mit der Forderung nach kurzlebigen Produkten aus dem vorigen Abschnitt, da Reifen nach einigen Jahren und regelmäßig im Sommer/Winter Rhythmus gewechselt werden müssen.

Unternehmen, deren Produkte aufgrund von Markenname, Image, Technik oder Qualität mit einem deutlichen Aufschlag verkauft werden

Diese Kategorie zielt hauptsächlich auf Unternehmen aus dem Luxussektor ab. Luxusproduzenten wie die Swatch Group (Omega, Longines, Rado, uvm.) oder das amerikanische Schmuckunternehmen Tiffany & Co. können dank ihres Image und der Produktqualität hohe Preise durchsetzen. In geringerem Umfang nutzen aber auch Coca-Cola, McDonalds und ähnliche Unternehmen ihren Bekanntheitsgrad, um höhere Preise durchzusetzen. Wer in einer fremden Stadt unterwegs ist und eine schnelle Essensmöglichkeit sucht, kann entweder in ein beliebiges Restaurant oder zu McDonalds gehen. Der Vorteil des Systemgastronomen ist dabei, dass, ganz gleich auf welchem Kontinent man sich befindet, Geschmack, Geschwindigkeit und Auswahl stets standardisiert und vergleichbar sind.

Produkte, die aufgrund von externen Einflüssen und Regulierungen nachgefragt werden

Ideales Beispiel in dieser Kategorie ist der österreichische Löschfahrzeughersteller Rosenbauer. Keine Kommune, Stadt oder Flughafen kommt ohne eine moderne Flotte an Löschfahrzeugen aus. Das Unternehmen wirtschaftet in einem Oligopol aus einigen wenigen Anbietern weltweit. Aufgrund verschiedener Auflagen in den einzelnen Ländern ist es teuer für kleine Anbieter, international zu expandieren oder große Aufträge der öffentlichen Hand zu bedienen. Rosenbauer hat sich inzwischen europaweit eine einzigartige Wettbewerbsposition mit einem breiten Produktportfolio aufgebaut. Ein weiteres Beispiel ist der amerikanische Autoversicherer GEICO. Laut Gesetz ist jeder Autofahrer in den USA dazu verpflichtet, zumindest eine Autoversicherung abzuschließen. GEICO entwickelte sich schnell zu einem sehr profitablen Autoversicherer, indem es in seinen Anfängen, rein telefonisch und ohne zwischengeschaltete Vertreter, Verträge ausschließlich mit Offizieren des Militärs, also Kunden die statistisch gesehen eine geringe Unfallrate aufweisen, abschloss.

Produkte, die über eine hohe Skalierbarkeit verfügen, d.h. deren Grenzkosten gegen null streben

Insbesondere Softwareunternehmen wie SAP verfügen über eine hohe

Skalierbarkeit ihrer Produkte. Einmal entwickelt lässt sich das Produkt quasi ohne weitere Kosten vervielfältigen. Ähnlich hohe Renditen weist auch Microsoft mit seinen Betriebssystemen und Office-Anwendungen auf. Problematisch dabei ist allerdings, dass diese Branchen oft schwer zu analysieren sind und der Unternehmenserfolg häufig an wenigen Produkten und Innovationen hängt. Ebenfalls in diese Kategorie zählen Hersteller von Pharmazeutika. Hier fallen zu Beginn hohe Kosten für Forschung und Entwicklung an, welche sich jedoch bei erfolgreicher Markteinführung durch sehr geringe Stückkosten pro Pille amortisieren.

Das günstigste Produkt in einem Markt
Neben Qualität, Image oder externen Einflüssen besteht ein Alleinstellungsmerkmal auch darin, der günstigste Anbieter in einem Markt zu sein. Oft geht reiner Preiswettbewerb jedoch mit sinkenden Margen einher. Die Kunst besteht demnach in günstigen Preisen bei gleichzeitig akzeptabler Qualität. Eine solche Ausnahme ist beispielsweise Amazon. Der Onlinehändler hat durch ein ausgeklügeltes Logistiknetz, einem vergleichsweise guten Kundenservice und seiner schieren Größe einen Kostenvorteil gegenüber Mitbewerbern. Ein weiteres Beispiel ist Wal-Mart. Durch das gigantische Umsatzvolumen von mehr als 400 Mrd. $ erreicht Wal-Mart das mit Abstand höchste Einkaufsvolumen weltweit und sichert sich so Vorteile im Einkauf.

5.3 Rahmenbedingungen

Nachdem geprüft wurde, ob sich das Unternehmen innerhalb des eigenen Kompetenzbereichs befindet und über Ansätze von Alleinstellungsmerkmalen oder sonstige Besonderheiten verfügt, sollten die Rahmenbedingungen analysiert werden.

Zunächst sollte man sich mit dem Markt- und Branchenumfeld vertraut machen. Selbst sehr profitable Unternehmen sind kein geeignetes Bewertungsobjekt, wenn diese einer höheren Macht, wie beispielsweise politischen Risiken oder unkalkulierbaren Umwelteinflüssen unterliegen. Insbesondere Unternehmen aus der Immobilienbranche sind oft auf bestimmte gesetzliche Bestimmungen angewiesen, welche sich je nach Gesetzgebung schnell ändern können, ähnliches gilt für die Glückspielbranche in weiten Teilen Europas. Branchen, die von Subventionen profitieren oder in anderer Art und Weise bezuschusst werden, haben ein ähnliches Problem. Fällt diese Unterstützung weg, verlieren oft ganze Branchen ihre Geschäftsgrundlage. Ein geeignetes Umfeld stellen also möglichst ruhige, nur langsam wandelnde Branchen und Märkte dar. Ein Beispiel für ein denkbar ungeeignetes Geschäftsfeld ist die Solarbranche in Deutschland. Zum einen wird durch Subventionen und andere Zuschüsse eine hohe Nachfrage erzeugt, welche zu einem großen Teil ausschließlich auf manipulierten Kaufanreizen beruht (z. B. Einspeisevergütungen) und zum anderen wird die deutsche Solarindustrie bisher durch Anti-Dumping-Zölle vor Konkurrenz aus Niedriglohnländern geschützt. Beide externen Einflüsse liegen außerhalb der Macht einzelner Solarunternehmen. Ein Wandel in der Politik, geringere Subventionen oder bessere Alternativen als Solarstrom können in kurzer Zeit sowohl den Nachfrage- als auch den Kostenvorteil dieser Unternehmen aufheben. Ein geeignetes Bewertungsobjekt sollte daher stets an der Entwicklung im „Worst-Case“-Szenario gemessen werden. Selbst die bis dahin schwerwiegendste Ölkatastrophe der Exxon Valdez führte zwar zu einem kurzfristigen Rückgang des Aktienkurses von ExxonMobil, langfristig ändert der Untergang des Tankers allerdings wenig am Alleinstellungsmerkmal des inzwischen größten Unternehmens der Welt. Intelligente Investoren kaufen in solchen Zeiten zu. Es ist ein durchaus praktikabler Ansatz gezielt nach Unternehmen zu suchen, gegen die Wettbewerbsverfahren geführt werden. In der Regel werden diese durch eine Einmalzahlung und Zugeständnisse beigelegt, während sich an der herausragenden Position des Unternehmens selten etwas ändert. Es wundert daher nicht, dass erfolgreiche Konzerne wie die Swatch Group, Microsoft, Accell Group, Rosenbauer, Intel, Geberit und weitere „Industry Leader“ in regelmäßigen Abständen mit solchen Verfahren konfrontiert sind.

5.4 Informationsbeschaffung

Um einen umfassenden Einblick in das Markt- und Wettbewerbsumfeld eines Unternehmens zu erhalten, bieten sich zahlreiche Quellen an. Eine erste Anlaufstelle sollte immer der entsprechende Branchenverband sein. Diese Informationen sind in der Regel aus erster Hand und bilden die Basis für weitere Nachforschungen. Für makroökonomische Daten bieten sich die Datenbanken der Bundesbank, Destatis und weiter spezialisierte Anbieter an. Des Weiteren bieten viele Unternehmen auf ihren „Investor Relations"-Webseiten selbst Präsentation über die Branche und ihre Marktstellung. Die Selbstdarstellung eines Unternehmens sollte dabei stets kritisch überprüft werden. Eine weitere wichtige Informationsquelle sind Studien von Researchanbietern. Oft stehen diese jedoch in keinem Verhältnis zu den Kosten. Das Internet hat aber in der Regel zu nahezu jedem Thema kostenlose Studien oder umfassende Informationen zu bieten.

Insbesondere zu Konsumgütern finden sich im Internet diverse Informationsquellen, wie beispielsweise Foren. In bekannten Bereichen wie Uhren, Automobile, Gartengeräte, diversen Sportarten und deren Produkten herrscht förmlich ein Überangebot an Information. Ein wichtiger Schritt besteht zudem im Kontakt mit Kunden, Konkurrenten, Mitarbeitern und Zulieferern des Unternehmens. Diese gewähren einen direkten Einblick in die Branche und sind dadurch besonders wertvoll. Des Weiteren sollte vor jeder Analyse die Geschäftsberichte des Unternehmens und seiner Konkurrenten auf der „Investor Relations"-Seite heruntergeladen werden. Die meisten Unternehmen versenden ihre Geschäftsberichte auch kostenlos per Post. Im Wettbewerbsvergleich sollten vor allem die verschiedenen qualitativen und quantitativen Eigenschaften verglichen werden, um zu evaluieren, weshalb beispielsweise Unternehmen X eine höhere Materialaufwandsquote und Unternehmen Y eine hohe Mitarbeiterproduktivität hat. Nachdem alle Informationen eingeholt und ausgewertet wurden, sollte die Informationsbasis ausreichen, um folgende Fragen beantworten zu können:

- Gibt es besondere externe Einflüsse, die dem Unternehmen ernsthaft schaden könnten?
- Lässt sich die Branche verlässlich einschätzen oder unterliegt sie einem schnellen Wandel?
- Wie ist die Stellung des Unternehmens im Markt?

- Wie stark wächst der Markt und in welcher Phase (Einführung, Wachstum, Sättigung oder Degeneration) befindet er sich?

Bei der Kommunikation mit Unternehmen und Verbänden sollte das Telefon stets dem E-Mail Kontakt vorgezogen werden. Die Erfahrung zeigt, dass in einer E-Mail (für das Unternehmen an einen Unbekannten) nie mehr als das Nötigste mitgeteilt wird. Ein direkter Kontakt zum Unternehmen hat dagegen zahlreiche Vorteile. Neben den „Investor Relations"- Abteilungen ist es auch möglich, einen telefonischen Termin mit dem Vorstand auszumachen. Aktionäre sollten sich bewusst sein, dass der Vorstand ihr Angestellter ist und nicht umgekehrt. Schließlich ist auch ein Besuch bei den Unternehmen vor Ort in der Regel sehr aufschlussreich und sollte, sofern sich diese Möglichkeit ergibt, wahrgenommen werden.

5.5 Branchenstrukturanalyse

In einer SWOT-Analyse werden die internen Stärken und Schwächen, sowie die externen Chancen und Risiken eines Unternehmens bzw. der Branche betrachtet. Mithilfe einer Branchenstrukturanalyse nach dem 5-Kräfte-Modell von Porter lassen sich die externen Einflussfaktoren genauer eingrenzen. Porters 5-Kräfte-Modell nennt die folgenden wesentlichen Einflussfaktoren für die Marktposition eines Unternehmens:

- Rivalität unter den bestehenden Wettbewerbern
- Bedrohung durch neue Anbieter
- Verhandlungsstärke der Lieferanten
- Verhandlungsstärke der Abnehmer
- Bedrohung durch Ersatzprodukte

Die *Rivalität unter den bestehenden Wettbewerbern* wird als zentrale Triebkraft in der Branchenstrukturanalyse angesehen. Je höher und vollkommener der Wettbewerb innerhalb einer Branche ist, desto unattraktiver wird diese. Maßgebliche Faktoren zur Bestimmung dieses Faktors bestehen in der Menge der Wettbewerber, dem Grad der

Produktdifferenzierung, sowie dem Wachstum der Branche. Quantifizieren lässt sich die Wettbewerbsintensität mithilfe der operativen Marge, Umsatzrendite sowie der Gesamtkapitalrendite einer Branche. In der Automobilbranche ist beispielsweise ein hoher Konkurrenzdruck vorzufinden, was sich auch in den Zahlen widerspiegelt. Lediglich Spezialanbieter wie Porsche heben sich von diesem weitestgehend unattraktiven Gesamtbild ab.

Wie das Licht nachts die Motten anzieht, so wirken hohe Renditen geradezu magisch auf neue Anbieter. Die *Bedrohung durch neue Anbieter* wird maßgeblich durch das Vorhandensein von Markteintrittsbarrieren determiniert. Die Ausprägung der Markteintrittsbarrieren unterliegt einer Vielzahl von Einflussfaktoren, wie dem notwendigen Know-How (Technologie), Skalenerträgen, einem etablierten Markennamen, Kundenbeziehungen, aber auch den schieren Kapitalbedürfnissen um in einen Markt einzusteigen. Die Kontrolle über Vertriebswege stellt einen ebenso bedeutenden Faktor dar. Angenommen Sie wollen in das Erfrischungsgetränke Geschäft einsteigen, weshalb sollte ein Restaurant ihre neue XY-Cola anbieten und nicht etablierte Marken wie Coca-Cola oder Pepsi? In einigen Märkten haben Unternehmen über Jahrzehnte gewaltige Markteintrittsbarrieren aufgebaut. Man stelle sich vor, wie viel Kapital von Nöten wäre, um die Marktposition von Coca-Cola, Wrigley's, Omega, Gillette oder McDonalds nachhaltig zu beeinträchtigen - es ist kaum möglich. Canadian National Railway, Kanadas größter Eisenbahnbetreiber, besitzt einen besonderen Wettbewerbsvorteil: Dem Unternehmen gehören weite Teile des kanadischen Schienennetzes. Während die US-amerikanischen Mitbewerber in einem Oligopol wirtschaften, verfügt die Canadian National Railway über eine nahezu monopolartige Position und damit eine zu vernachlässigende Bedrohung durch neue Anbieter.

Die *Verhandlungsstärke der Abnehmer und Lieferanten* stellt eine latente Gefahr für jedes Unternehmen dar. Es ist daher von Vorteil eine unverzichtbare Position innerhalb einer Industrie aufzubauen. Die zur Swatch Group gehörende ETA S.A. beliefert einen großen Teil der Uhrenindustrie mit Rohwerken. Da sich die Produktion dieser Werke erst ab einer gewissen Stückzahl lohnt, viele Luxusanbieter allerdings nur kleine Auflagen produzieren, haben diese ihre eigene Produktion von Rohwerken teilweise eingestellt und sind so von der ETA S.A. abhängig. In diesem Fall arbeitet also der Lieferant in einem Monopol. Es ist daher von Vorteil, wenn der abnehmenden Branche eine große Anzahl an Lieferanten zur Verfügung steht und diese wiederum ausschließlich an die abnehmende Branche liefern. Analoges gilt für die Verhandlungsstärke der Abnehmer, also der Kunden. Je kleiner und konzentrierter die Kundengruppe ist, desto einfacher sind Forderungen nach Preissenkungen oder Qualitätserhöhungen von der Kundenseite durchzusetzen. Ebenso stellt eine geringe Produktdifferenzierung Gefahren dar, da in diesem Fall Kunden ohne Qualitätseinbußen zu einem anderen Anbieter wechseln können.

Als fünfte Kraft nennt Porter die *Bedrohung durch Ersatzprodukte*. Preiserhöhungen lassen sich entsprechend schwerer durchsetzten, wenn Produkte mit ähnlichen Leistungen existieren. Neben diesen direkten Gefahren durch Ersatzprodukte existieren zudem indirekte Substitute. Der Markt für E-Bikes steht zum einen in Konkurrenz zu klassischen Fahrrädern, aber auch Preissenkungen bei Rollern wirken sich negativ auf den E-Bike Absatz aus. Zudem beeinflussen externe Faktoren wie die Entwicklung der Benzin- und Strompreise die Nachfrage. Um diese fünfte Kraft richtig einzuordnen, eigenen sich Mindmaps. Darin werden die direkten und indirekten Verbindungen der verschiedenen Produkte hergestellt und ausgewertet. Im Idealfall lässt sich durch die Kreuzpreiselastizität die Auswirkung von Preisänderungen bei Substituten quantifizieren. Da diese Daten aber nur selten vorliegen, bleibt dies ein eher theoretisches Konstrukt.

5.6 SWOT-Analyse

Anhand der Erkenntnisse aus Unternehmens- und Umweltanalyse kann nun eine SWOT-Analyse erstellt werden. Dabei wird versucht, die idealen Kombinationen aus den Bestandteilen interne Stärken / Schwächen und externe Möglichkeiten / Risiken darzustellen. Das Vorgehen soll anhand der Deutschen Telekom verdeutlicht werden.

Es werden dabei vier Fragestellungen diskutiert:

- **Stärken-Möglichkeiten:** Wie können interne Stärken genutzt werden, um externe Chancen optimal zu nutzen?

- **Stärken-Gefahren:** Wie können interne Stärken genutzt werden, um externen Gefahren zu begegnen oder diese zu verhindern?
- **Schwächen-Möglichkeiten:** Wie können aus internen Schwächen neue Chancen entstehen, d. h. diese in Stärken umgewandelt werden?
- **Schwächen-Gefahren:** Welches sind die Schwächen des Unternehmens? Wie kann man sich gegen externe Gefahren wappnen?

Beispiel 5.1 - SWOT: DEUTSCHE TELEKOM

Stärken/Möglichkeiten
Hier werden die internen Stärken eines Unternehmens den externen Chancen und Möglichkeiten zugeordnet. Für die Deutsche Telekom könnte dies beispielsweise die breite Kundenbasis als interne Stärke in Kombination mit der externen Nachfrage der Kunden nach weiteren Smartphones sein.

Stärken/Gefahren
Seit dem Smartphone-Boom besteht die Gefahr einer Netzüberlastung durch zu hohe Datenvolumina. Hier könnte die Telekom ihr Netz durch die Finanzstärke aufrüsten und so diese Gefahr verhindern und das eigene Netz attraktiver machen.

Schwächen/Möglichkeiten
Die Telekom kann als ehemaliger Staatskonzern noch veraltete Organisationsstrukturen aufweisen. Durch Beseitigung dieser Schwäche könnten sich neue Möglichkeiten ergeben.

Schwächen/Gefahren
Eine Schwäche könnte beispielsweise das negative Markenimage der Telekom im Vergleich zu Marken wie O^2 oder Vodafone sein. Hier könnte durch Werbekampagnen oder virales Marketing ein Wandel angestrebt werden.

5.7 BCG-Analyse

Sofern das Unternehmen (1) innerhalb des eigenen Kompetenzbereichs liegt, (2) geeignete Grundcharakteristika aufweist und (3) die Rahmenbedingungen stimmen, kann eine umfangreiche Analyse erstellt werden.

Ein erster Schritt besteht in der Aufteilung des Unternehmens nach Sparten, Produktgruppen, Marken oder anderen logischen Bereichen. Die von der Boston Consulting Group entwickelte BCG-Matrix bietet einen aufschlussreichen Überblick über die einzelnen Geschäftsbereiche. Dabei wird auf der X-Achse der Marktanteil und auf der Y-Achse das Wachstum des jeweiligen Segments abgetragen. Die jeweiligen Quadranten haben verschiedene Bezeichnungen und bedingen unterschiedliche Normstrategien.

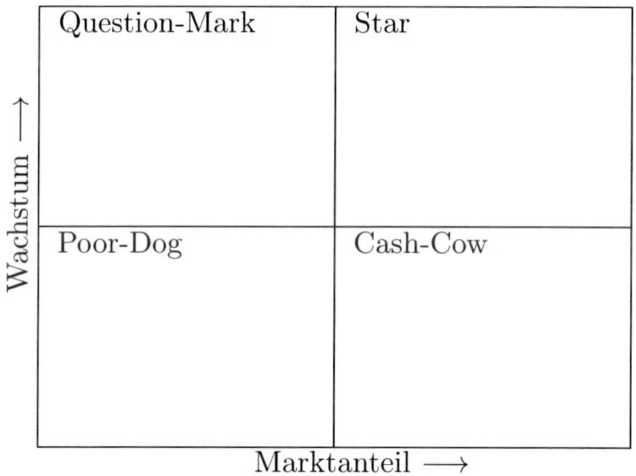

Stars
In den Quadrant „Stars“ fallen Sparten mit hohen Wachstumsraten und einem hohen Marktanteil. Stars benötigten in der Regel hohe Investitionen, um das Wachstum aufrechtzuerhalten. Die strategische Empfehlung lautet, weitere Investitionen durchzuführen. (Hohes Wachstum, Großer Marktanteil)

Cash-Cows
Segmente mit einem hohen Marktanteil, aber nur noch geringem Wachstum, werden als „Cash-Cow" eingeordnet. Diese Segmente befinden sich in der Regel schon lange im Markt und verfügen über eine sehr gute Positionierung. Sie benötigen daher nur geringe Investitionen und versorgen die anderen Bereiche mit Geldzuflüssen. Dieses Vorgehen wird als Abschöpfungsstrategie bezeichnet. (Geringes Wachstum, Großer Marktanteil)

Poor-Dogs
In diesem Bereich befinden sich Segmente mit geringem Marktanteil und stagnierendem oder rückläufigem Wachstum, zudem weisen diese Unternehmensbereiche meist unbefriedigende Ergebnisse auf. Bei „Poor-Dogs" empfiehlt sich daher eine Desinvestitionsstrategie. In einigen Fällen kann jedoch auch eine Restrukturierung sinnvoll sein. Die notwendigen Investitionen können bei den Stars und Question-Marks in der Regel aber rentabler angelegt werden. (Geringes Wachstum, Geringer Marktanteil)

Question-Marks
Unternehmensbereiche mit hohem Wachstum und geringen Marktanteilen, werden im Bereich „Question-Marks" eingeordnet. Häufig befinden sich Produktneueinführungen oder „Relaunches" in diesem Quadranten. Diese Segmente zeichnen sich durch die Eigenschaft aus, sich sowohl in einen Star als auch Poor-Dog entwickeln zu können. Je nach Geschäftsaussicht bietet sich also eine Investitions- oder Desinvestitionsstrategie an. (Hohes Wachstum, Geringer Marktanteil)
Ein klassischer Autobauer könnte beispielsweise die folgende BCG-Matrix aufweisen:

- Etabliertes Pkw-Geschäft mit hohem Marktanteil und wenig Wachstum (Cash-Cow)
- Eine Marke im Sportwagengeschäft mit hohem Wachstum und Marktanteil (Star)
- Elektroautomobilsparte mit hohem Wachstum, aber noch geringem Marktanteil (Question-Mark)

- Traktorenherstellung mit sinkendem Umsatz und wenig Marktanteil (Poor-Dog)

Diese elementare Einteilung von Geschäftseinheiten soll an zwei Beispielen verdeutlicht werden. Neben der idealen Aufteilung der Geschäftseinheiten und den Schlussfolgerungen wird auch gezeigt, dass stures Eintragen der Werte auch in diesem Modell nicht sinnvoll ist. Um in der BCG-Analyse verwertbare Ergebnisse zu erzielen, muss mit viel Fingerspitzengefühl gearbeitet werden.

Beispiel 5.2 - BCG-ANALYSE: ACCELL GROUP

Anhand der niederländischen Accell Group wird das Erstellen und die Interpretation einer BCG-Matrix erläutert. Es eignet sich den Geschäftsbericht des Unternehmens parallel zu diesem Fallbeispiel zu lesen, um die Ergebnisse nachvollziehen zu können. Hilfreich sind dabei insbesondere der deskriptive Teil zu Beginn des Geschäftsberichtes und die Segmentberichterstattung im Konzernanhang.

Als größter europäischer Fahrradhersteller im Premium Bereich verfügt die Accell Group über ein breites Produktportfolio, Absatzkanäle in vielen Ländern und diverse Geschäftsbereiche. Da sich die Produkte weder nach Preis noch nach Ländern sinnvoll aufteilen lassen, bietet sich die vom Unternehmen genutzte Einteilung nach den Segmenten „klassisches Fahrrad“, „E-Bike“, „Parts & Accessoires“ und „Fitness“ an. Nach eingehender Studie der Konzern- und Segmententwicklung stellt sich die BCG-Matrix wie folgt dar:

Das *klassische Fahrradsegment* mit bekannten Marken wie Koga-Miyata, Ghost, Hercules und Winora erreicht einen sehr hohen Marktanteil im Premiumsegment. Durch das bereits gut ausgebaute Händlernetz und nur geringe Aufwendungen für Forschung und Entwicklung (die Fahrradhersteller sind nur in der Assemblierung wertschöpfend tätig, die Komponenten werden von Zulieferern wie Shimano oder SRAM bezogen), stellt dieser Bereich eine klassische Cash-Cow dar. Durch die mehr oder weniger gesättigten europäischen Märkte ist in diesem Segment kein übermäßiges Wachstum zu erwarten. Die hohen freien Cashflows werden gemäß der hier passenden Normstrategie abgeschöpft und in die anderen Bereiche, hauptsächlich den der E-Bikes, investiert.

Hohes Wachstum und (bedingt durch einen frühen Markteintritt) ein sehr hoher Marktanteil machen das *E-Bike-Segment* zu einem eindeutigen Star. Durch die relativ neue Technologie und den schnell wachsenden Markt sind Investitionen notwendig, die durch die Cash-Cow im Konzern finanziert werden. Die beiden Bereiche klassisches Fahrrad und E-Bike ergänzen sich demnach ideal, da sowohl die Finanzierung, als auch das Wachstum aus dem Konzern heraus bereitgestellt und erwirtschaftet wird.

Das *Parts & Accessoires-Segment* weist in den letzten Jahren ein moderates Wachstum bei mittlerem Marktanteil auf. Eine Einordnung als Cash-Cow mit Tendenz zu einem niedrigen Star ist also passend.

Sorgenkind des Konzerns ist der *Fitness-Bereich*, der ein rückläufiges Wachstum und defizitäre Ergebnisse aufweist. Entsprechend muss dieser Bereich von den anderen finanziert werden. Eine genaue Analyse sollte klären, ob entweder ein Rückzug aus diesem Markt sinnvoll ist oder weiteres Geld investiert werden sollte. Die Logik des Managements, dass Fahrräder hauptsächlich im Sommer gekauft werden und daher In-Door Fitnessgeräte ein ideales Komplement dazu darstellen, ist zwar in der Theorie richtig, jedoch zeigt die Praxis, dass der Markt für Fitnessgeräte von deutlich mehr Konkurrenz und Wettbewerb geprägt ist als der Fahrradmarkt.

Zusammenfassend ist das Unternehmen mit zwei Cash-Cows solide finanziert, wodurch der aufstrebende E-Bike-Bereich ideal wachsen kann. Allein der Fitness-Bereich sollte restrukturiert oder verkauft werden. Da auf diesen Bereich allerdings relativ wenig Umsatz entfällt, ist das Unternehmen insgesamt sehr gut positioniert. Um eine ausgewogene Balance der Segmente nach der BCG-Matrix zu erhalten, müsste der Fitness-Bereich nachhaltig in die Gewinnzone zurückkehren und würde somit als Question-Mark zählen.

Beispiel 5.3 - BCG-Analyse: Gerry Weber

Eine ähnlich gute Positionierung weist der Gerry Weber-Konzern auf. Als Hersteller von Damenoberbekleidung lässt sich das Unternehmen in die Bereiche „Wholesale“ und „Retail“ unterteilen. Der Wholesale-Bereich beinhaltet die Lieferungen an Dritte (Kaufhäuser) sowie die Warensendungen an Franchisenehmer. Der Retail-Bereich umfasst dagegen die selbst betriebenen Filialen. Daneben verfügt das Unternehmen über zwei Tochtermarken, die auf spezielle Kundengruppen abzielen und einen E-Commerce Bereich. Zwar überschneiden sich die zuletzt genannten Bereiche teilweise mit den beiden Oberbegriffen Wholesale und Retail, jedoch lässt diese Unterteilung eine genauere Analyse zu. Betrachten wir hierzu einen kurzen Auszug aus der Segmentberichterstattung des Jahres 2008/09 und des Vorjahres.

Gerry Weber		
in T€ (2008/09)	Wholesale	Retail
Umsatz (mit externen Dritten)	444.383	143.797
EBT	61.243	3.232
Abschreibungen	3.561	3.716
Investitionen	1.481	8.195

Quelle: Gerry Weber AG (2009) [IFRS]

Gerry Weber		
in T€ (2007/08)	Wholesale	Retail
Umsatz (mit externen Dritten)	455.195	112.524
EBT	48.031	2.476
Abschreibungen	4.002	2.883
Investitionen	3.776	9.832

Quelle: Gerry Weber AG (2008) [IFRS]

Das etablierte Wholesale-Segment bildet die Cash-Cow des Unternehmens, laut Segmentberichterstattung benötigt dieser Bereich nur geringe Investitionen, wächst allerdings auch nicht mehr stark und war im Krisenjahr 2008/09 sogar rückläufig. Analog zur Cash-Cow im ersten Fallbeispiel versorgt der Wholesale-Bereich die anderen Segmente mit finanziellen Mitteln. Neben der Umsatzentwicklung deutet auch die Annäherung von Investitionen und Abschreibungen im Wholesale-Segment auf ein nachlassendes Wachstum hin. Der sprichwörtliche Star der Gerry Weber Gruppe ist der Retail-Bereich mit den in Eigenregie betriebenen Läden. Der Ausbau des Filialnetzwerks und die Finanzierung des Wachstums benötigen allerdings hohe Investitionen, welche durch die Cash-Cow bereitgestellt werden müssen. Als klares Question-Mark ist der neu lancierte E-Commerce-Bereich einzustufen. Da dieser Bereich, wie die Einzelmarken, dem

Wholesale-Segment untergeordnet ist, bestehen dazu nur wenig verfügbare Daten. Das niedrige Investitionsvolumen und bisher hohe Wachstum unterstreicht eine Einordnung als Question-Mark. Bei weiterem stabilen Wachstum kann sich dieser Bereich in einen Star verwandeln. Dazu müssen allerdings noch deutliche Marktanteile hinzugewonnen werden. Die beiden Tochtermarken „Taifun" und „Samoon" verzeichneten in den letzten Jahren stagnierende bis rückläufige Umsatzerlöse. Zwar arbeiten beide Segmente weiterhin profitabel, jedoch sollte das Management überlegen, ob ein Fortführen dieser Marken angemessene Renditen abwirft. Insgesamt ist der Gerry Weber Konzern sehr gut positioniert mit großen, etablierten Bereichen und jungen, aufstrebenden Segmenten. Schnell wachsende Unternehmen ohne Cash-Cow haben oft das Problem, bei der Finanzierung ihres Wachstums auf Kredite und Kapitalerhöhungen angewiesen zu sein. Die beiden hier vorgestellten Unternehmen können aus dem internen Cashflow wachsen, was insbesondere in Krisenzeiten die nötige Stabilität und Flexibilität garantiert.

5.8 Wettbewerbsstrategie

Neben dem Fünf-Kräfte-Modell geht auch das Konzept der Wettbewerbsstrategie auf den Harvardprofessor Michael E. Porter zurück. In diesem Modell werden Strategien entwickelt, mit denen Unternehmen ihre Marktposition festigen können. Porter nennt dazu die folgenden Strategien:

- Strategie der Qualitätsführerschaft
- Strategie der aggressiven Kostenführerschaft
- Strategie der selektiven Qualitätsführerschaft
- Strategie der selektiven Kostenführerschaft

Die ersten beiden Strategien verfolgen eine Gesamtmarktabdeckung. Große Discounterketten zielen etwa auf eine Gesamtmarktabdeckung im Bereich der aggressiven Kostenführerschaft ab. Ein Luxusgüterkonzern wie die Swatch Group verfolgt dagegen die Strategie der Qualitätsführerschaft über den Gesamtmarkt. Wirtschaftet das Unternehmen in einem Teilbereich, bietet sich wieder ein Trade-Off zwischen Kosten- und Qualitätsführerschaft. In bestimmten Nischen können somit auch kleinere Unternehmen oder Teilbereiche von Konzernen eine Führerschaft übernehmen. Problematisch ist das sogenannte „Stuck in the Middle"-Problem. Dies tritt auf, wenn ein Unternehmen weder Qualitäts-, noch Kostenführer ist und somit zwischen diesen Bereichen steht. In der Regel leidet in diesem Fall die Rentabilität, da relativ niedrige Kosten mit relativ hoher Qualität in Einklang gebracht werden müssen.

Es ist essenziell eine der Kategorien abzudecken, um einen Wettbewerbsvorteil langfristig nutzen und ausbauen zu können. Bei der Analyse sollte daher geprüft werden, ob ein Unternehmen ein Kriterium erfüllt oder es möglich ist, eine solche Position zu erreichen.

5.9 Management

Die Beurteilung des Managements kann selbstverständlich nur mit Bauchgefühl und unter Unsicherheit erfolgen. Anhand einiger typischer Verhaltensmuster, wie dem „Empire Building" oder zu hoch angesetzten Prognosen kann aber, neben der subjektiven Einschätzung, ein gutes Bild über das Management gewonnen werden.

Zu Beginn bietet sich die Analyse früherer Interviews, Zeitungsartikel und der Lageberichte in den Geschäftsberichten an. Ein Vergleich der früher getroffenen Prognosen mit den tatsächlich eingetretenen Ergebnissen erlaubt oft Rückschlüsse über die Glaubwürdigkeit des Managements. Der Umfang an Aktienoptionsprogrammen für das Management sollte ebenfalls geprüft werden. In den meisten Fällen geben gerade Aktienoptionen Anreize zur kurzfristigen Profitmaximierung, die nicht zwingend langfristig sinnvoll sind. Auch die im nächsten Kapitel angesprochene Ausschüttungspolitik gibt Aufschluss über die eigentlichen Ziele des Managements. Hoch rentable Unternehmen sollten überschüssiges Kapital nach Möglichkeit einbehalten, während Unternehmen ohne sinnvolle Projekte überschüssige Mittel durch Dividenden oder Aktienrückkäufe an ihre Anteilseigner zurückgeben sollten. Die Vergangenheit hat gezeigt, dass viele Unternehmenslenker überschüssige Mittel jedoch einbehalten, um in Prestigeprojekte zu investieren oder unnötige Übernahmen durchzuführen. Es gibt rückblickend nur sehr wenige Unternehmen und Manager, denen eine konsequente „Buy-and-Build“ Strategie gelungen ist. Wie wir in den ersten Kapiteln gesehen haben, deutet eine hohe Goodwillposition auf teure Übernahmen hin. Die meisten Übernahmen geschehen zudem im falschen Umfeld: Befindet sich die Wirtschaft im Aufschwung (Kurse stehen hoch), so werden erfahrungsgemäß viele Übernahmen bekannt gegeben. Befindet sich die Wirtschaft allerdings in einer Abschwungphase (Kurse stehen niedrig), fehlen den meisten Unternehmen Mittel und Mut um sinnvolle Übernahmen durchzuführen. Große Unternehmenszusammenschlüsse in den vergangenen Jahren haben zudem verdeutlicht, wie schwierig die Zusammenführung und Hebung von Synergien in der Praxis ist. Es zeigte sich allzu oft, dass 1+1 nicht zwingend 2 ergibt.

Eine hohe Beteiligung des Managements am Unternehmen ist in der Regel positiv zu bewerten. Die Einschätzung der Managementbezahlung gestaltet sich dagegen schwieriger. Hohe Anteile von fixer oder variabler Vergütung haben Vor- und Nachteile, welche kein objektives Urteil zugunsten einer bestimmen Bezahlung zulassen. Grundsätzlich ist es jedoch vorzuziehen, wenn sich die Anreize auf den Cashflow und nicht auf den Gewinn beziehen, da Letzterer durch Bilanzpolitik beeinflusst werden kann.

Abschließend folgt die Beurteilung und Schlussfolgerung der verschiedenen Analysen. Verfügt das Unternehmen über einen Wettbewerbsvorteil? Sind Produkt und Geschäftsmodell verständlich? Kann die Branche verlässlich eingeschätzt werden? Setzt das Management einbehaltenes Kapital sinnvoll ein? Wenn diese Fragen umfassend geklärt und bejaht wurden, kann das Unternehmen zum einen bewertet werden und ist zum anderen potenziell eine interessante Investition. Bevor wir uns der Bewertung des Unternehmens zuwenden, lohnt sich ein Blick auf die Ausschüttungspolitik. Gerade bei Unternehmen mit Ausnahmestellungen ist eine adäquate Verwendung des überschüssigen Kapitals von zentraler Bedeutung.

6 Ausschüttungspolitik

> Do you know the only thing that gives me pleasure? It's to see my dividends coming in.
>
> *(John D. Rockefeller)*

Herausragende Unternehmen verdienen in der Regel mehr als sie jährlich investieren müssen, um wettbewerbsfähig zu bleiben. Im Idealfall stehen Unternehmen zusätzliche Investitionen zur Verfügung, bei denen das Kapital reinvestiert werden kann. Ist dies nicht der Fall, kann dieses überschüssige Kapital, der Free-Cashflow, dafür verwendet werden, um Kredite zu tilgen, Übernahmen durchzuführen, aber auch als Dividende oder Aktienrückkauf an die Anteilseigner ausgeschüttet werden. Eine weitere Option besteht im Einbehalten der Gewinne, um ein Cash-Polster aufzubauen oder das Kapital später rentabel zu reinvestieren. Insbesondere die Wahl der Kapitalrückführung zwischen Dividendenausschüttungen und Aktienrückkäufen ist dabei von Bedeutung.

6.1 Dividende

Die Dividende stellt eine Möglichkeit zur Gewinnausschüttung dar. In der Regel bemisst sich die Dividende an der Höhe des Gewinns und wird in regelmäßigen Abständen ausgeschüttet. In Deutschland ist es üblich, die Dividende einmal jährlich am Tag nach der Hauptversammlung auszuzahlen, eine halbjährliche oder quartalsweise Ausschüttung ist jedoch ebenfalls möglich und besonders in den Vereinigten Staaten verbreitet.

Je nach Branche und Unternehmenstyp unterscheiden sich die beobachteten Ausschüttungsquoten deutlich. Wachstumsunternehmen benötigen ihre erwirtschafteten Überschüsse zur Finanzierung des weiteren Wachstums und verzichten daher oft auf Dividendenzahlungen. Etablierte und langsam wachsende Unternehmen (vgl. Cash-Cows aus Kapitel 5) schütten dagegen in der Regel einen Großteil der Gewinne aus, da nur wenige rentable Investitionen durchgeführt werden können. Unternehmen in gesättigten Märkten wie der Telekommunikation weisen weltweit die höchsten Ausschüttungsquoten auf, welche teilweise über dem jeweiligen Jahresüberschuss liegen. Üblicherweise wird die Ausschüttungsquote anhand des Anteils der Dividendensumme am Jahresüberschuss berechnet. Da Dividenden Auszahlungen darstellen - der Jahresüberschuss allerdings nicht zwingend den tatsächlich zugeflossenen Mitteln entspricht - sollte die Ausschüttungsquote besser anhand des operativen Cashflows bestimmt werden:

$$\text{Ausschüttungsquote} = \frac{\text{Dividende je Aktie}}{\text{operativer Cashflow je Aktie}}$$

In der Wirtschaftspresse wird die Ausschüttungsquote in der Regel mit dem Gewinn je Aktie im Nenner verwendet. Diese Praxis entspricht, wie oben gezeigt wurde, nicht der Natur einer Dividendenzahlung und ist deshalb falsch. Im Extremfall weisen stark wachsende Unternehmen zwar Gewinne auf, verfügen aber wegen hoher Investitionen in das Umlaufvermögen nicht über einen positiven Cashflow. Würde auf diese Gewinne eine Dividende gefordert, müssten diese mit Krediten finanziert werden.

Die optimale Ausschüttungsquote hängt von mehreren Faktoren ab. Prinzipiell sollten Dividenden nur ausgeschüttet werden, wenn das Kapital im Unternehmen nicht angemessen eingesetzt werden kann. Grund hierfür ist die auf Dividenden abzuführende Abgeltungssteuer sowie das Wiederanlageproblem des Aktionärs mit den erhaltenen Dividendenzahlungen. Die Attraktivität einer Aktie hinsichtlich der Dividendenausschüttungen wird durch die Dividendenrendite gemessen:

$$\text{Dividendenrendite} = \frac{\text{Dividende je Aktie}}{\text{Aktienkurs}}$$

Diese Kennzahl ergibt sich aus dem Verhältnis der Dividendenausschüttung zum aktuellen Kurs. Eine Dividendenrendite von 5 % bedeutet beispielsweise eine Ausschüttung von 5 € je Aktie bei einem Kurs von 100 €. Da am Tag der Ausschüttung dieser Betrag aus dem Unternehmen abfließt, verringert sich der Kurs entsprechend um den

Ausschüttungsbetrag. Durch einen Kauf von Aktien einen Tag vor der Ausschüttung kann daher kein risikofreier Gewinn erzielt werden.

Beispiel 6.1 - DIVIDENDENPOLITIK: DEUTSCHE TELEKOM

Die ehemalige Volksaktie der Deutschen Telekom bietet neben einem historisch schwachen Kursverlauf regelmäßig eine der höchsten Dividendenrenditen im europäischen Markt. Betrachten wir die gewählten Ausschüttungen vor dem Hintergrund fundamentaler Zahlen der Jahre 2007, 2008 und 2009.

Deutsche Telekom			
in Mio. €	2007	2008	2009
Jahresüberschuss	1.080	2.024	873
Operativer Cashflow	13.714	15.368	15.759
Free-Cashflow	5.699	6.661	6.593
Dividendenausschüttung	3.762	3.963	4.287
Ausschüttungsquote (JÜ)	348,30%	195,80%	491,00%
Ausschüttungsquote (oCF)	27,40%	25,70%	27,20%

Quelle: Deutsche Telekom AG (2007-2009) [IFRS]

Die Tabelle zeigt, dass die Deutsche Telekom in Spitzenzeiten fast den fünffachen Jahresüberschuss ausschüttet. Die hohe Diskrepanz zwischen operativem Cashflow und Gewinn bestätigt jedoch auch die geringe Aussagekraft des Jahresüberschusses bei der Deutschen Telekom. Grund hierfür sind zahlreiche Sondereffekte und hohe Abschreibungen, die keine tatsächlichen Mittelabflüsse nach sich ziehen. Die Analyse der Ausschüttungsquote nach der in (6.1) definierten Formel zeigt dagegen versöhnliche Werte. Die Deutsche Telekom schüttet demnach nur knapp ein Viertel der zugeflossenen Mittel an die Anteilseigner aus. Da der operative Cashflow neben der Bedingung der Eigenkapitalgeber jedoch auch für notwendige Investitionen ins Anlagevermögen (Sachinvestitionen) und die Rückzahlung von Krediten verwendet werden muss, bietet sich ein Vergleich mit dem Free-Cashflow an. Im Schnitt schüttet die Deutsche Telekom rund 60 % des Free-Cashflows aus, was einer nachhaltigen Dividendenpolitik entspricht, da ausreichend Mittel zur Schuldenreduktion zur Verfügung bleiben. Schüttet ein Unternehmen mehr als 100 % des Free-Cashflows aus, müssten die Dividenden teilweise durch

Kredite finanziert oder Liquiditätsreserven genutzt werden. Die Beurteilung der Dividendenpolitik sollte zudem in jedem Fall mit Blick auf die Verschuldung durchgeführt werden. Die Deutsche Telekom weist Schulden in Höhe von 50 Mrd. € auf, die zu einer jährlichen Zinsbelastung von mehr als 2 Mrd. € führen. Es wäre daher empfehlenswert, einen größeren Teil der freien Mittel zur Schuldentilgung einzusetzen. Dies würde zum einen zukünftige Gewinne steigern (weniger Zinszahlungen) und zum anderen die finanzielle Stabilität und Unabhängigkeit des Konzerns festigen. Insgesamt ist die Ausschüttungspolitik der Telekom, entgegen der öffentlich oft negativen Meinung, als vertretbar einzustufen. Der Fall der Deutschen Telekom macht den fundamentalen Unterschied zwischen Jahresüberschuss und Cashflow bei der Beurteilung der Ausschüttungsquote besonders deutlich.

6.2 Aktienrückkäufe

Eine in Deutschland weniger populäre Form der Ausschüttung stellen Aktienrückkäufe dar. Dabei erwirbt das Unternehmen seine eigenen Aktien und vernichtet diese oder hält die Anteile als Übernahmewährung. Die Verringerung der ausstehenden Aktien erhöht den Anteil jedes bestehenden Aktionärs am Unternehmen. Folgendes kurzes Beispiel veranschaulicht die Wirkung von Aktienrückkäufen.

Beispiel 6.2 - AKTIENRÜCKKÄUFE

Ein Unternehmen hat 10 Aktien ausstehen, der Aktienkurs beträgt 20 €. Sie selbst halten eine Aktie des Unternehmens und besitzen somit 10 % am Unternehmen. Erwirbt das Unternehmen nun eine Aktie am Markt und vernichtet diese, so stehen nur noch 9 Aktien aus. Ihr Anteil steigt folglich auf 1/9 oder 11,1 %. Der Aktienkurs wird dadurch nicht berührt, da der Rückkauf der Aktie einen Mittelabfluss bewirkt. Es fließt also Geld ab (Unternehmen verliert an Wert), gleichzeitig steigt jedoch der Anteil am gesamten Aktienkapital, da weniger Anteile ausstehen. Aktienrückkäufe vergrößern demnach das Stück jedes einzelnen Aktionärs am Kuchen. Folgendes Beispiel verdeutlicht die Vorgehensweise:

$$100 \text{ €} \text{ Cash} \leftrightarrow 100 \text{ €} \text{ EK} \stackrel{10 Aktien}{\longrightarrow} 10 \text{ €} \text{ je Aktie}$$

Das abgebildete Unternehmen verfügt über 100 € an Cash und Eigenkapital von 100 €. Bei 10 ausstehenden Aktien und einem Kurs-Buchwert-Verhältnis von eins, ergibt dies einen Wert je Aktie von 10 €. Wird nun eine Aktie für 10 € zurückgekauft, verringert sich der Cash-Bestand und das Eigenkapital im Unternehmen auf jeweils 90 €.

$$90 \text{ €} \text{ Cash} \leftrightarrow 90 \text{ €} \text{ EK} \stackrel{9 Aktien}{\longrightarrow} 10 \text{ €} \text{ je Aktie}$$

Die nun ausstehenden 9 Aktien weisen wiederum einen Wert von 10 € je Aktie auf.

Aktienrückkäufe sind aus mehreren Gründen eine effiziente Form der Ausschüttung. Zum einen muss auf diese Form der (indirekten) Ausschüttung keine Steuer entrichtet werden, zum anderen kann das Management durch kluge Rückkäufe realen Wert schaffen. Besteht beispielsweise eine signifikante Unterbewertung der Aktien, so sollte das Management überschüssiges Kapital für Rückkäufe verwenden. Angenommen die Aktie notiert zu 5 €, ist jedoch nach eingehender Analyse 10 € wert. Damit kann im Rahmen eines Aktienrückkaufes sprichwörtlich 1 Euro für 50 Cent erworben werden. Im Gegensatz zu Dividenden entfällt bei Aktienrückkäufen auch die Wiederanlageproblematik der Aktionäre. Aktienrückkäufe dienen also dazu, den Anteil der Aktionäre am Unternehmen zu vergrößern. Deutsche Unternehmen dürfen gemäß § 71 Abs. 1 Nr. 8 Satz 1 AktG maximal 10 % der ausstehenden Aktien in ihrem Bestand halten. Die alten, noch im Bestand befindlichen Aktien müssen daher vor einem weiteren Rückkauf vernichtet und die Zustimmung der Hauptversammlung für die Schaffung neuer Kapazitäten eingeholt werden.

Da viele Unternehmen das Management mit Aktienoptionen bezahlen, weisen Aktienrückkäufe auch negative Anreize auf. Insbesondere im angelsächsischen Raum ist die exzessive Nutzung von Rückkaufprogrammen mit der Absicht zur kurzfristigen Kurssteigerung zu beobachten. Angenommen ein Unternehmen wird am Markt zu einem konstanten Kurs-Gewinn-Verhältnis von 15 bewertet und das Management beschließt, über die nächsten 5 Jahre die Hälfte der ausstehenden Aktien zurückzukaufen und einzuziehen. Nehmen wir des Weiteren eine Stagnation der Gewinne an, so hat sich der Aktienkurs des Unternehmens allein durch Rückkäufe binnen 5 Jahren verdoppelt.

Dieser Effekt ist jedoch für Aktionäre nicht immer wünschenswert, da Rückkäufe stets aus Sicht der Rentabilität durchgeführt werden sollten. Ein Aktienrückkauf ohne Rücksicht auf Preis und Menge ist nicht im Sinne einer nachhaltigen Finanzpolitik, da das Kapital eventuell an anderer Stelle besser hätte eingesetzt werden können. Ein weiterer oft beobachteter Fehler bei Rückkaufprogrammen sind fremdfinanzierte Aktienrückkäufe. Insbesondere bei US-Unternehmen hat der Rückkauf auf Kredit in den Jahren vor der Finanzkrise 2008/09 wichtige Bilanzkennzahlen erodieren lassen. Ein vernünftiger und rein auf der Unterbewertung der Aktie basierter Rückkauf stellt hingegen die ideale Form der Ausschüttung dar. Die folgenden Fallbeispiele veranschaulichen die Vor- und Nachteile von durchgeführten Aktienrückkäufen.

Beispiel 6.3 - Aktienrückkäufe: Yum! Brands

Yum! Brands ist einer der größten Fast-Food Anbieter der Welt mit Marken wie Taco Bell und Pizza Hut. Neben einer aggressiven Expansionspolitik fällt Yum! Brands durch unterdurchschnittliche Bilanzkennzahlen bei einer sehr guten operativen Entwicklung auf. Bei einem freien Cashflow von durchschnittlich rund 700 Mio. $ wendete Yum! Brands rund 1,8 Mrd. $ pro Jahr für Ausschüttung auf. Einen großen Teil davon stellen Aktienrückkäufe dar. Diese Rückkäufe fanden zu Kurs-Gewinn-Verhältnissen zwischen 17 und 20 statt. Von günstigen Käufen kann hier vermutlich nicht ausgegangen werden. Da zurückgekaufte Aktien mit dem Eigenkapital verrechnet werden, wies das Unternehmen zum 31.12.2008 trotz jährlicher Gewinne ein negatives Eigenkapital aus. Das Unternehmen handelt in diesem Fall nicht unbedingt im Interesse der Aktionäre. Aktienrückkäufe bei zu hohen Preisen durchzuführen, ist zum einen kostspielig und zum anderen Gewinn mindernd, solange die Rückkäufe mit Krediten finanziert werden. Weitere Investitionen in das Filialnetz oder neue Marken könnten gegebenenfalls mehr Wert schaffen. Immerhin: Seit 2009 hat das Unternehmen seine Rückkäufe ausgesetzt und begonnen, Gewinne einzubehalten, um wichtige Bilanzrelationen wiederherzustellen. Gleichwohl stellt dieses Ausschüttungsverhalten kein existenzielles Problem für den Konzern dar, da das Geschäftsmodell und die Cashflows als sehr nachhaltig anzusehen sind. Im Sinne der Unternehmenswertmaximierung würde eine höhere Reinvestitionsrate der Gewinne vermutlich dennoch Marktwert generieren.

Beispiel 6.4 - AKTIENRÜCKKÄUFE: DAIMLER

Im Gegensatz zu Yum! Brands haben manche Unternehmen gar keine Möglichkeit, Aktien (zumindest teilweise) aus dem Free-Cashflow zurückzukaufen, da dieser nicht oder nur in geringem Umfang existent ist. In der jüngeren Vergangenheit war bei einigen Unternehmen eine sehr kostspielige Kapitalmarkttätigkeit zu beobachten: In Boom-Phasen, wenn die Aktienkurse tendenziell teuer sind, erwarben Unternehmen auf der Basis guter Ertragslagen eigene Aktien; In schlechten Phasen, wenn Aktienkurse tendenziell günstig sind, mussten dann, aufgrund von Kapitalknappheiten und Liquiditätsengpässen, Kapitalerhöhungen durchgeführt. Diese *zyklischen Aktienrückkäufe* haben insbesondere durch Kapitalerhöhungen zu niedrigen Preisen negative Folgen für die bestehenden Aktionäre. Kapitalerhöhungen stellen das Spiegelbild zu Aktienrückkäufen dar. Das Unternehmen gibt neue Aktien aus und verwässert somit unter Umständen den Anteil der bestehenden Aktionäre, da ihr Anteil am Unternehmen sinkt. Im Fall einer Kapitalerhöhung, also der Emission neuer Aktien, ist es von Vorteil, wenn die Aktie des Unternehmens hoch bewertet ist, da die Aktionäre effektiv einen Teil ihres Unternehmens an neue Aktionäre verkaufen. Neben einer der unglücklichsten Übernahmen der jüngeren Wirtschaftsgeschichte sticht der Daimler Konzern auch bei der Ausschüttungspolitik als Negativbeispiel heraus.

Zwischen 2007 und 2009 wurden eigene Aktien im Wert von 7,7 Mrd. € durch den Konzern zurückgekauft. Der Großteil der Anteilsscheine wurde zum Höhepunkt der Börsenhausse 2007 und 2008 erworben, was tendenziell gegen eine günstige Bewertung der zurückgekauften Aktien spricht.

Als das Unternehmen im Zuge der Finanzkrise in Not geriet, wurde eine Kapitalerhöhung zu deutlich tieferen Kursen durchgeführt. Durch die Ausgabe neuer Aktien flossen dem Konzern 3,7 Mrd. € zu. Die zum Hochpunkt des Bullenmarktes 2007 gekauften Aktien und die zum Tiefpunkt durchgeführte Kapitalerhöhung zeigen den betriebswirtschaftlichen Unsinn dieser Herangehensweise. Zuerst kauft das Unternehmen teuer eigene Aktien und vernichtet diese, nur um kurze Zeit später zu tiefen Kursen neue Aktien auszugeben.

Die folgende Tabelle führt die Entwicklung der ausstehenden Aktien der Daimler AG auf:

Daimler	
Jahr	Aktienanzahl
2007	1.047 Mio.
2008	927 Mio.
2009	1.024 Mio.

Quelle: Daimler AG (2007-2009) [IFRS]

Das Unternehmen konnte demnach die Anzahl der ausstehenden Aktien zwischen 2007 und 2009 um 2,2 % reduzieren und wendete dafür 7,7 Mrd. € auf. Zum Jahresende 2009 war der Daimler Konzern mit 38 Mrd. € bewertet. Mit dem Rückkaufvolumen aus dem Jahre 2007/08 hätte das Unternehmen nun anstatt 2 % satte 20 % der ausstehenden Aktien zurückkaufen können. Es ist zumindest eine Überlegung wert, ob die weltweite Finanzkrise 2008/09 oder das Modigliani-Miller-Theorem über die Jahre mehr Geld gekostet hat. In einer populären Abwandlung dieses Modells wird oft propagiert, dass die Kapitalkosten durch Steigerung der Fremdkapitalquote, beispielsweise durch fremdfinanzierte Rückkäufe, gesenkt werden können. Dieses Beispiel zeigt deutlich, wie teuer und wertvernichtend dieses Vorgehen sein kann.

Beispiel 6.5 - AKTIENRÜCKKÄUFE: GERRY WEBER

Das in Halle ansässige Modeunternehmen Gerry Weber International stellt ein Musterbeispiel für sinnvolle Rückkäufe dar. Zum Hochpunkt der Finanzkrise im September 2008 nutzte der Konzern seine Liquiditätsreserven, um eigene Aktien im Gegenwert von 34,1 Mio. € zurückzukaufen. Der durchschnittliche Kurs belief sich dabei auf 18 €. Der Gewinn je Aktie stieg allein durch den durchgeführten Rückkauf um 9 %. Bemerkenswerter ist allerdings das Kursniveau der Rückkäufe, die zu einem durchschnittlichen KGV von 8,9 durchgeführt wurden. In Anbetracht der Qualität des Unternehmens wurden in diesem Fall eigene Anteile unter ihrem inneren Wert zurückgekauft und somit aktiv Wert geschaffen. Das antizyklische Handeln des Managements hinsichtlich der Ausschüttungspolitik bringt dadurch direkten Mehrwert für die Aktionäre. Gegen Ende 2010 veräußerte das Unternehmen die zurückgekauften, aber nicht eingezogenen Aktien zu Kursen zwischen 35 und 37 €, was einer Rendite von rund 100 % entspricht. Mit diesen Mitteln wird nun, nach überstandener Rezession, unter anderem die weitere Expansion finanziert.

6.3 Schlussfolgerung

In Anbetracht der vielfältigen Ausschüttungsmöglichkeiten stellt sich die Frage, welche Form der Ausschüttungspolitik fallabhängig optimal ist. Kurz gefasst lauten die Grundregeln wie folgt:

- Unternehmen sollten Gewinne einbehalten, solange Kapital rentabel eingesetzt oder die Verschuldung auf ein adäquates Niveau gesenkt werden kann.

- Bei attraktiven Kursen sollte der Aktienrückkauf einer Dividendenausschüttung vorgezogen werden. Neben den steuerlichen Vorteilen können zurückgekaufte Aktien als Übernahmewährung oder zum Wiederverkauf benutzt werden.

- Dividendenausschüttungen sind insbesondere in Boom-Phasen sinnvoll, da Aktien in dieser Zeit oft relativ teuer sind. Dividenden haben für Aktionäre in Deutschland jedoch steuerliche Nachteile.
- Gewinne können auch ohne konkrete Investitionsprojekte einbehalten werden. Ein Polster an Zahlungsmitteln macht ein Unternehmen flexibler und wichtige Entscheidungen können intern und somit effizient finanziert werden.

Ein konkreter Ratschlag kann mithilfe der weiter oben vorgestellten BCG-Matrix formuliert werden. Je mehr sinnvolle Investitionen ein Unternehmen tätigen kann (Stars und Fragezeichen), desto eher sollte ein Unternehmen Gewinne einbehalten, um weiteres Wachstum zu finanzieren und die Abhängigkeit von Fremdkapitalgebern zu reduzieren. Besteht ein Unternehmen im Wesentlichen aus einer Cash-Cow, wäre das Horten von Zahlungsmitteln im Konzern ökonomisch abwegig. Es ist daher nicht verwunderlich, dass Wachstumsunternehmen wenig, bis gar keine Ausschüttungen vornehmen, etablierte Konzerne dagegen einen großen Teil der Gewinne an die Anteilseigner ausschütten.

Neben diesen Gründen bestehen, in Abhängigkeit von der Aktionärsstruktur, weitere Anreize eine Dividende auszuschütten. Beispielsweise fordern Beteiligungsgesellschaften eine regelmäßige Dividende, da diese ihre Anteile oft mit Hilfe von Krediten erworben haben und auf regelmäßige Cashflows angewiesen sind. Auch fordern Anteilseigner mit großen Aktienpositionen, beispielsweise die Gründerfamilie, oft eine jährliche Dividende, da diese eine maßgebliche Einkommensquelle darstellt.

Neben diesen ökonomischen Kriterien hat die Dividende auch eine Signalfunktion. Unternehmen mit langfristig steigenden und nachhaltigen Dividenden gelten als sicher und solide aufgestellt. Zudem spricht eine lange Dividendenhistorie für eine ausreichende Cashflow-Generierung. In der Regel werden Dividenden um Schwankungen im Gewinn geglättet. Weist ein Unternehmen eine konstante Ausschüttungsquote von 50 % auf und erleidet einen temporären Gewinneinbruch, so kann das Management gewillt sein, dennoch eine Dividende auf Vorjahresniveau auszuschütten. Zuletzt haben Dividendenzahlungen den Vorteil, dass überschüssiges Kapital aus dem

Unternehmen herausfließt und somit nicht für unrentable Projekte eingesetzt werden kann. Dieses sogenannte Free-Cashflow-Problem, also die Durchführung unrentabler Investitionen aufgrund von zu vieler flüssiger Mittel im Konzern, wird durch hohe Ausschüttungen vermieden.

Zu hoch verschuldete Unternehmen sollten ihre freien Cashflows vorrangig in den Abbau von Finanzverbindlichkeiten investieren. Dies steigert den Gewinn (weniger Zinszahlungen) erhöht die Stabilität (höhere Eigenkapitalquote) und leitet nachhaltig höhere Cashflows ein (höhere Gewinnbasis). Das operativ hervorragend aufgestellte Konsumgüterunternehmen Procter & Gamble bezahlt beispielsweise pro Tag mehr als 3,7 Mio. $ an Zinsen - und dies, obwohl P&G das Tagesgeschäft ohne Probleme aus dem Cashflow finanzieren könnte. Die Aktionäre überweisen damit jährlich rund 1,3 Mrd. $ an die Gläubiger, die im Grunde überflüssig sind. Zurückzuführen ist dieses Vorgehen auf Ergebnisse der modernen Unternehmensfinanzierung. Diese besagen unter anderem, dass es aus Rentabilitätsgründen sinnvoll sei, Schulden aufzunehmen. Eine ihrer merkwürdigsten Blüten, das Modigliani-Miller-Theorem, propagiert die Irrelevanz der Kapitalstruktur, also des Verhältnisses von Eigen- zu Fremdkapital. Diese Theorie besagt, dass die Verschuldung keinen Einfluss auf den Unternehmenswert hat. Zahlreiche Insolvenzen und Liquiditätsengpässe in den letzten Jahren haben gezeigt, dass diese Theorie keine geeignete Entscheidungsgrundlage ist und sich in der Praxis als ungeeignet erweist. Da die Ausschüttungspolitik einen maßgeblichen Einfluss auf die Kapitalstruktur hat, muss stets genau geprüft werden, nach welchen Prinzipien das Management handelt.

Es zeigt sich, dass gerade in Zeiten von Kapitalknappheit wie in der jüngsten Finanzkrise 2008/09, ein Polster an liquiden Mitteln sogar einen Wettbewerbsvorteil darstellen kann. Während der Maschinenbauer Gildemeister (Eigenkapitalquote: 33,0 %) im Zuge der Finanzkrise mehr als 1.000 Stellen abbauen musste, konnte der direkte Konkurrent Maschinenfabrik Hermle (Eigenkapitalquote: 75,7 %) im Krisenjahr 2009 sogar noch weitere Mitarbeiter einstellen und weiterhin in Forschung und Entwicklung investieren. Hohe Mitarbeiterfluktuationen stellen nicht nur große Einmalkosten, sondern oft auch einen nachhaltigen Schaden für das betroffene Unternehmen dar. Während unzureichend kapitalisierte Konzerne in Krisenzeiten den Fokus von der operativen auf die finanzielle Tätigkeit richten müssen, können solide aufgestellte Unternehmen Krisen nutzen, um aktiv an etwaigen Konsolidierungen teilzunehmen. Der Aufbau eines Cash-Polsters kann folglich langfristig eine sinnvolle Gewinnverwendung sein.

7 Bewertungskennzahlen

Einen Zyniker erkennt man daran,
daß er von jedem Ding den Preis,
aber von keinem den Wert kennt.

(Oscar Wilde)

Da der Aktienkurs als absolute Größe keine Aussagekraft über die Bewertung eines Unternehmens hat, werden Bewertungskennzahlen verwendet, um Kurse verschiedener Unternehmen vergleichbar zu machen oder das aktuelle Bewertungsniveau von Einzelwerten zu bestimmen. Dieses Kapitel geht auf die Berechnung und Interpretation klassischer Multiplikatoren und verwandter Kennzahlen ein. Multiplikatoren bezeichnen dabei Bewertungskennziffern, die absolute Erfolgsgrößen wie Gewinn oder Umsatz mit der aktuellen Börsenbewertung vergleichen. Ein Unternehmen notiert beispielsweise zum 12-fachen seines Gewinns oder zum 2-fachen der Umsatzerlöse eines Jahres. Bewertungskennzahlen sind daher als ökonomische Wasserstandsmeldungen zu verstehen. Darauf aufbauend geht Kapitel 8 auf die tatsächliche Berechnung des fairen Unternehmenswertes ein, wodurch diese beiden Abschnitte verknüpft sind. Dieses Kapitel kann daher als deskriptive Unternehmensbewertung „Wie ist die aktuelle Bewertung?“, das folgende Kapitel dagegen als normative Unternehmensbewertung „Wie sollte die Bewertung sein?“ angesehen werden. Durch zahlreiche Fallbeispiele anhand von deutsch- und englischsprachigen Abschlüssen soll die konkrete Anwendung und insbesondere die Interpretation der Kennzahlen dargestellt werden. Die Einschätzung gegebener Bewertungsniveaus wird durch Häufigkeitstabellen der aktuellen Bewertungen erleichtert.

Das Spektrum der klassischen Bewertungsmultiplikatoren teilt sich in Equity- und Entitymultiplikatoren. Equitymultiplikatoren vergleichen die Marktkapitalisierung des Unternehmens mit Ergebnisgrößen, die den Eigenkapitalgebern zustehenden. Dies sind beispielsweise der Jahresüberschuss, der Free-Cashflow oder das Eigenkapital. Entitymultiplikatoren beziehen zusätzlich noch den Wert des Fremdkapitals mit in die Berechnung ein. Diese Bezugsgröße, der sogenannte Enterprise Value (Marktkapitalisierung + Nettoverbindlichkeiten), wird mit Ergebnisgrößen verglichen, die beiden Kapitalgebern zustehen. Hier sind beispielsweise das Ergebnis vor Zinsen und Steuern (EBIT) oder der Free-Cashflow vor Zinsen zu nennen. In diesem Kapitel werden zunächst die Equitymultiplikatoren und darauf aufbauend die komplexeren Entitymultiplikatoren erläutert.

Equitymultiplikatoren

Equitymultiplikatoren, wie das populäre Kurs-Gewinn-Verhältnis, setzen den Marktwert eines Unternehmens mit Erfolgsgrößen ins Verhältnis, die den Eigenkapitalgebern zustehen. Der Marktwert des Eigenkapitals, also die aktuelle Marktkapitalisierung, ist die alleinige Bezugsgröße im Bereich der Equitymultiplikatoren. Daher wäre beispielsweise ein Marktwert-EBIT-Verhältnis keine zulässige Kennzahl, da das EBIT nicht ausschließlich den Eigenkapitalgebern, sondern auch der Befriedigung der Fremdkapitalansprüche dient. Sowohl bei Equity- als auch bei Entitymultiplikatoren sollte darauf geachtet werden, die zukünftigen erwarteten Erfolgsgrößen zur Berechnung zu verwenden, da die Marktteilnehmer stets zukunftsorientiert handeln und vergangene Gewinne nur eine begrenzte Aussagekraft haben. Hohe Gewinne in der Vergangenheit sind daher ein positiver Indikator. Letztendlich zählen jedoch die zukünftigen Ergebnisse. In diesem Abschnitt werden die folgenden Equitymultiplikatoren behandelt:

- Kurs-Gewinn-Verhältnis
- Kurs-Buchwert-Verhältnis
- Kurs-Cashflow-Verhältnis
- Kurs-Umsatz-Verhältnis

Um eine Einschätzung über die Bewertung eines Unternehmens zu erhalten, sollte im Analyseprozess auf einen passenden Mix an Bewertungsmultiplikatoren zurückgegriffen werden. Die Verwendung von nur einer Kennzahl wäre dagegen zu fehleranfällig. Das Kurs-Buchwert- und Kurs-Umsatz-Verhältnis sind beispielsweise relativ robuste Kennzahlen mit einer geringen Schwankungsbreite, wohingegen das Kurs-Gewinn-Verhältnis in der kurzen Frist oft starken Abweichungen unterliegt, mitunter aber auch früher auf Trends reagiert.

7.1 Kurs-Gewinn-Verhältnis

Das Kurs-Gewinn-Verhältnis - kurz KGV - gibt an, zum Wievielfachen des aktuellen oder erwarteten Gewinns ein Unternehmen an der Börse bewertet ist. Würde das Unternehmen komplett erworben werden, zeigt das Kurs-Gewinn-Verhältnis die Anzahl der Jahre an, bis sich die Investition bei konstantem Gewinn amortisiert hat.

$$\text{KGV} = \frac{\text{Marktkapitalisierung}}{\text{Jahresüberschuss}} = \frac{\text{Aktienkurs}}{\text{Gewinn je Aktie}}$$

Zur Berechnung sollte, sofern plausibel prognostizierbar, der erwartete Gewinn je Aktie des nächsten Geschäftsjahres herangezogen werden, da die Börse stets die zukünftigen Erwartungen einpreist. Sofern dem Schätzwert keine ausführliche Analyse zugrunde liegt sind die aktuellen Daten, also der Gewinn des vergangenen Geschäftsjahres oder unterjährig der Gewinn der letzten vier Quartale, heranzuziehen.

Beispiel 7.1 - KGV-BERECHNUNG

Ein Unternehmen weist einen Jahresüberschuss nach Anteilen Dritter von 250 Mio. € und eine verwässerte Anzahl an Aktien von 100 Mio. Stück im Geschäftsbericht aus. Darüber hinaus ist bekannt, dass der aktuelle Kurs bei 40 € notiert. Der Gewinn je Aktie ergibt sich durch Division von Jahresüberschuss und Aktienanzahl mit 2,50 €. Daraus errechnet sich ein KGV von 16 (40 € / 2,5 €). Wird ein Gewinnanstieg von 20 % erwartet, erhöht sich das Ergebnis je Aktie auf 3 € und das KGV sinkt von 16 auf 13,3.

Ein niedriges KGV spricht tendenziell für eine günstige Bewertung, hohe Kurs-Gewinn-Verhältnisse deuten dagegen auf eine eher teure Bewertung hin. Maßgebliche Determinante des KGV ist das Unternehmenswachstum. Steigert Unternehmen A seinen Gewinn jährlich um 20 %, Unternehmen B jedoch nur um 10 %, so würde sich eine Investition in Unternehmen A entsprechend schneller amortisieren. A verdient daher einen Aufschlag in Form einer höheren Bewertung. Ein stark wachsendes Unternehmen ist demnach auf Sicht seiner heutigen Gewinne teuer bewertet, bietet aber steigende Gewinne in der Zukunft. Ein langsam wachsendes Unternehmen wird dagegen bezogen auf die heutigen Gewinne optisch günstiger bewertet, bietet aber auch in Zukunft nur einen geringen Anstieg der Gewinne. Langsam wachsende Unternehmen weisen daher eine hohe Einstandsrendite auf, Wachstumsunternehmen dagegen eine niedrige Einstandsrendite, welche aber durch den erwarteten Gewinnanstieg über die Zeit kompensiert wird.

Die Einstandsrendite berechnet sich als Kehrwert des Kurs-Gewinn-Verhältnisses und beschreibt damit die Verzinsung der Investition im ersten Jahr:

$$\text{Einstandsrendite} = \frac{\text{Gewinn je Aktie}}{\text{Aktienkurs}} = \frac{1}{\text{KGV}}$$

Notiert die Aktie bei 20 € und der ausgewiesene Gewinn je Aktie beläuft sich auf 1 €, so ergibt dies ein KGV von 20 und eine entsprechende Einstandsrendite von 5 %. Dies wird auch daraus klar, dass der Anteil am Unternehmen bei einem Kaufpreis von 20 € einen Gewinn je Aktie von 1 € erwirtschaftet hat. Die Rendite beträgt somit 5 % (1€ / 20€).

Um einen ersten Überblick zu bekommen, welche Einstandsrenditen und Kurs-Gewinn-Verhältnisse für durchschnittliche Unternehmen üblich sind, betrachten wir den US-Index S&P 500, der die nach Marktkapitalisierung 500 größten US-Unternehmen umfasst. Der breit aufgestellte Index erzielte zwischen 1901 und 2000 eine jährliche Rendite von 5,4 %. Bereinigt um Dividendenzahlungen, die nicht im Index erfasst werden, kann demnach eine durchschnittliche Marktrendite von 6-7 % angesetzt werden. Setzt man diese Rendite als geforderte Einstandsrendite an, so ergibt sich ein korrespondierendes KGV von 15-16. Das durchschnittliche KGV seit Einführung des Index liegt bei 16,4 und stützt diese Beobachtung. Wir können also festhalten, dass im langfristigen Mittel ein durchschnittliches Unternehmen eine Einstandsrendite von 6-7 % beziehungsweise ein KGV von 15-16 aufweisen sollte. Dieser Wert ist als erste Indikation zu verstehen, um festzumachen ob ein Wert tendenziell günstig oder teuer bewertet ist. Ohne Bezug auf Details einzelner Unternehmen sind Bewertungen im einstelligen KGV-Bereich als attraktiv und Werte über 20 als teuer anzusehen. Wir werden jedoch auch sehen, dass insbesondere für nachhaltige Wachstumswerte ein KGV von 20 unter Umständen als günstig angesehen werden kann, sofern diese ein entsprechendes Wachstum aufweisen.

Neben dem Gewinnwachstum haben weitere Faktoren mittelbar Einfluss auf das Kurs-Gewinn-Verhältnis. Zu nennen sind unter anderem:

- Marktposition
- Finanzielle Stabilität
- Risiko
- Management
- Gewinnqualität

Marktposition
Unternehmen mit starken Marktpositionen erwirtschaften in der Regel stabilere und damit verlässlicher einschätzbare Gewinne. Diese Sicherheit würdigt der Aktienmarkt mit einem Aufschlag in Form einer höheren Bewertung. Zusätzlich sind Unternehmen mit Alleinstellungsmerkmalen von Natur aus weniger anfällig für Abschwungphasen, da sie über Preismacht verfügen. Hohe Marktanteile haben daher einen positiven Einfluss auf die Bewertung.

Finanzielle Stabilität
Analog zur Marktposition bewirkt auch eine erhöhte finanzielle Stabilität ein höheres Maß an Sicherheit. Im Vergleich zwischen zwei ansonsten identischen Unternehmen sollte ein rationaler Markt dem geringer verschuldeten von beiden den Vorzug geben. Eine hohe Verschuldung zieht neben einem höheren Maß an Instabilität auch Kosten in Form von Zinszahlungen nach sich, die den Gewinn schmälern. Der ideale Verschulungsgrad variiert je nach Geschäftsmodell

und Volatilität der Cashflows, sodass besonders stabile Geschäftsmodelle jedoch auch eine hohe Verschuldung ohne negative Folgen für die Bewertung aufweisen können. Gerade zur Steueroptimierung kann Fremdkapital ein probates Mittel sein.

Risiko
Das Risiko ergibt sich aus der Marktposition, der Volatilität der Cashflows und der finanziellen Stabilität eines Unternehmens. Weist ein Unternehmen eine gefestigte Monopolstellung und vernachlässigbare Finanzschulden auf, so kann das Risiko als niedrig eingestuft werden. Entsprechend sind die Gewinne und das Wachstum eines Unternehmens sehr hoch zu bewerten, wenn diese mit einem möglichst geringen Risiko einhergehen. Start-Ups aus jungen Industrien weisen mitunter sehr hohe Wachstumsraten auf, welche jedoch auch von großen Unsicherheiten geprägt sind. Der Wert des Wachstums ist daher stets vor Risikogesichtspunkten einzustufen. Neben einer qualitativen Herleitung kann das KGV auch abstrakt hergeleitet werden. Es zeigt sich, dass die maßgeblichen Einflussfaktoren im Risiko abzüglich des Gewinnwachstums zu finden sind.

Management
Der Einfluss des Managements variiert je nach Geschäftsmodell und Organisationstyp. Besonders bei kleinen, aufstrebenden Unternehmen ist die Entscheidungsmacht von Managern, beispielsweise in Fragen der strategischen Ausrichtung, weitreichend und sollte entsprechend berücksichtigt werden. Dies birgt sowohl Chancen als auch Risiken für die Aktionäre, welche zwar *de jure* die Kontrolle über das Unternehmen haben, *de facto* jedoch oft nur über begrenztes Mitspracherecht verfügen. Das Risiko einer operativen Beeinträchtigung durch den Abgang einer Führungsperson zeigt das Beispiel Starbucks deutlich. Nachdem Starbucks Gründer Howard Schultz seinen Rücktritt verkündete, verschlechterte sich sowohl die Situation des Unternehmens als auch der Aktienkurs deutlich. Seine Rückkehr Mitte 2008 und die drastischen Einschnitte brachten das Unternehmen wieder zurück in die Erfolgsspur. Selbst größere, weltweit operierende Unternehmen können von dem Schicksal einiger weniger abhängig sein. Dieses Risiko sollte einen entsprechenden Einfluss auf die Bewertung haben.

Gewinnqualität
Gewinne schaffen nur dann Wert, wenn tatsächlich und ausreichend schnell Geld in das Unternehmen fließt. Die Gewinnqualität ist daher von großer Bedeutung und wird maßgeblich von zwei Faktoren beeinflusst:

1. Cashflow

2. Sondereffekten

Bei der Bewertung des KGV sollte stets der Cashflow als Kontrollinstanz beachtet werden. Nur wenn tatsächlich Geld in das Unternehmen fließt und nicht große Teile der Gewinne reinvestiert oder im Umlaufvermögen gebunden werden, kann der Gewinn auch tatsächlich als solcher aufgefasst werden. Zur Überprüfung dieses Kriteriums eignen sich die Sachinvestitionsquote und die Umsatzverdienstrate. Gerade Unternehmen mit hohen Wachstumsraten weisen oft nur eine geringe Cashgenerierung auf und sind so, trotz profitablem Wachstum, auf externe Kapitalgeber angewiesen.

Der zweite Einflussfaktor besteht aus Sondereffekten in der Gewinn- und Verlustrechnung. Diese sollten in jedem Fall bereinigt werden, um ein klares Bild der Gewinnsituation des Unternehmens zu erhalten. Zudem sind verwässernde Effekte aus Aktienoptionen oder Wandelanleihen bei der Bestimmung des Gewinns je Aktie (Earnings per Share, EPS) zu berücksichtigen. Eine Verwässerung entsteht immer dann, wenn neue Aktien ausgegeben werden. Der Gewinn verteilt sich dadurch auf mehr Anteilsscheine und sinkt pro Aktie. Die meisten Unternehmen weisen das Ergebnis je Aktie sowohl unverwässert als auch verwässert aus. Für die Unternehmensbewertung ist stets Letzteres relevant.

Die folgende Tabelle listet Unternehmen und deren Kurs-Gewinn-Verhältnis aus verschiedenen Branchen auf. Die Analyse dieser Daten soll auf branchenspezifische Besonderheiten und individuelle Einflussfaktoren eingehen.

Beispiel 7.2 - KGV: Vergleich ausgewählter Trios

Unternehmen	KGV 2010	KGV 2011E
E.ON	5,1	8,7
RWE	7,9	7,7
Endesa Chile	13,8	13,0
Praktiker	n/m	10,4
Hornbach	7,5	7,5
Einhell Germany	11,8	10,5
Google	23,6	17,3
Microsoft	11,7	9,3
Apple	20,3	14,0
BASF	15,3	10,3
Brenntag	n/m	11,8
Linde Group	21,0	14,9

Quelle: Bloomberg, eigene Schätzungen; Stand: Oktober 2010

Das erste Trio besteht aus den Versorgern E.ON, RWE und der chilenischen Endesa Chile. Die Bewertung der deutschen Versorger liegt deutlich unter der des chilenischen Konkurrenten. Ohne Zweifel verfügen alle drei Unternehmen über eine sehr gute Position in ihren Heimatmärkten und befinden sich teilweise in dominierenden Positionen. Dennoch notieren RWE und E.ON mit einem Abschlag zum Gesamtmarkt. Dieser Fall zeigt den Einfluss der Wachstumskomponente auf das KGV besonders deutlich. Gerade im stagnierenden deutschen Markt bestehen unter Umständen nur geringe Wachstumsmöglichkeiten. Zudem bergen Themen wie der deutsche Atomausstieg und der energiepolitische Wechsel zu regenerativen Energien signifikante Gefahren für die künftigen Cashflows beider Konzerne. Der südamerikanische Versorger Endesa Chile befindet sich dagegen auf Wachstumskurs. Chile und die angrenzenden Nachbarländer in Südamerika zeigen ein hohes Wirtschaftswachstum, von dem auch die Stromversorger profitieren. Das im Gegensatz zur Branche hohe KGV spiegelt dieses Wachstum entsprechend wider.

Die Baumarktketten Hornbach und Praktiker sowie deren Zulieferer Einhell Germany bilden den zweiten Abschnitt der Tabelle. Die Unternehmen notieren jeweils auffällig deutlich unter dem Marktdurchschnitt von 15-16. Dies ist hauptsächlich auf ihren Status als Händler und den hohen Konkurrenzdruck im deutschen Markt zurückzuführen, der die Margen erodieren lässt. Im Inland bieten sich für die Baumärkte kaum noch Wachstumsmöglichkeiten und wichtige Expansionsmärkte in Süd- und Osteuropa wurden von der Finanzkrise 2008/09 stark getroffen. Als Zulieferer für das mittlere und untere Preissegment kann sich Einhell Germany dieser Entwicklung noch am ehesten entziehen. Durch eine geschickte Expansionsstrategie ist das Unternehmen inzwischen auf vier Kontinenten vertreten und wird so unabhängiger von der Entwicklung einzelner Regionen und Abnehmer. Dieser Vorteil in Kombination mit den sehr guten Bilanzkennzahlen verschafft Einhell gegenüber den Baumarktketten Hornbach und Praktiker einen Bewertungsaufschlag. Nichtsdestotrotz entspricht die aktuelle Bewertung des Marktes nicht zwingend der fairen Bewertung. So gab der Kurs der Einhell Aktie während der Finanzkrise von 60 auf bis zu 10 € nach, während der Gewinn je Aktie unterproportional um 24 % zurückging.

Mit den Technologiekonzernen Google, Microsoft und Apple befinden sich in der dritten Gruppe Unternehmen mit herausragenden Marktstellungen, aber den unterschiedlichsten Wachstumsaussichten. Die schiere Marktmacht und Rentabilität garantiert diesen Werten ein gewisses „Mindest-KGV". Den Unterschied macht jedoch das Umsatz- und Gewinnwachstum. Mit einem Anteil von über 80 % am Suchmaschinenmarkt ist das Wachstum Googles zumindest in diesem Segment begrenzt und nur durch weiteres Marktwachstum zu steigern. Die Möglichkeit Preiserhöhungen relativ unbeschwert durchzuführen und durch die weltweit führende Technologie in der Erfassung von Daten in nahezu alle Bereiche des Internets einzusteigen, sprechen dagegen für eine überdurchschnittliche Bewertung des Unternehmens. Microsoft ist dagegen ein „ausgewachsenes" Unternehmen. In der Kernkompetenz, der Softwareentwicklung, weist das Unternehmen hohes Know-How und einen ausgeprägten Bekanntheitsgrad auf, jedoch ist dieser Markt, besonders was die Entwicklung von Betriebssystemen angeht, nur bedingt wachstumsstark. In den letzten Jahren konnte mit dem Bereich der Spielekonsolen bereits erfolgreich ein zweites Standbein aufgebaut werden. Die Erfolgswahrscheinlichkeiten im Suchmaschinenmarkt durch die Einführung von „Bing" sind zum Zeitpunkt dagegen noch nicht abzusehen. Dennoch scheint das Unternehmen mehr und mehr auf bestehende Trends zu reagieren als selbst Innovationen hervorzubringen. Sowohl bei mobilen Betriebssystemen als auch bei MP3-Playern und im Suchmaschinenbereich ist Microsoft bestenfalls die Nummer zwei. Daher notiert Microsoft mit einem relativ hohen Abschlag zum Marktschnitt. Ob dieser in diesem Umfang gerechtfertigt ist, müsste in einer umfassenderen Analyse geklärt werden. Apple ist mit seinen Trendprodukten iPod, iPhone und iPad das klassische Beispiel einer Trend-Aktie. Dies bedeutet nicht zwingend eine Überbewertung, jedoch muss sehr genau zwischen verdienten Vorschusslorbeeren und überzogenen Erwartungen differenziert werden. Bisher basiert das Wachstum des Konzerns auf Produktinnovationen. Es ist unwahrscheinlich, dass diese Innovationskraft auf lange Sicht aufrechterhalten kann. Steve Jobs hat aber insbesondere mit iTunes und den Apple-Stores eine Quelle nachhaltiger Cashflows geschaffen, die nicht von jährlichen Innovationen abhängig sind. Das aktuelle KGV von 20 lässt auf den ersten Blick eine angemessene Bewertung vermuten. Die Chemie stimmt im letzten Trio nur bei zweien der drei aufgeführten Werte. Brenntag, zu Ostern 2010 neu an die Börse gekommen, weist eine hohe Verschuldung und relativ geringe Nachsteuerrenditen auf. Dies hat Auswirkungen auf das Kurs-Gewinn-Verhältnis: Bei einem Nullgewinn oder Jahresfehlbetrag existiert *per definition* kein KGV. Liegt der Gewinn je Aktie jedoch im sehr niedrigen Bereich, beispielsweise bei 0,01 €, so erscheint das KGV utopisch hoch. Folgendes Zahlenbeispiel verdeutlicht diese optische Problematik:

EPS	2,00 €	1,00 €	0,50 €	0,10 €	0,01 €	0,00 €
KGV	10	20	40	200	2.000	n/a

Annahme: Kurs konstant bei 20 €; Gewinn je Aktie variiert

Unternehmen, die knapp den Break-Even erreichen, weisen demnach hohe Kurs-Gewinn-Verhältnisse aus, die jedoch keinerlei Aussagekraft haben. Mehr noch als bei der isolierten Interpretation ist diese Problematik bei der Berechnung von durchschnittlichen KGVs zu beachten. Hier sollten die entsprechenden Kennzahlen bereinigt werden oder der Median anstelle des arithmetischen Mittels verwendet werden. In der Praxis ist anzuraten, in Fällen von unsinnig hohen oder niedrigen Kennzahlen auf alternative Bewertungen auszuweichen, die in den folgenden Abschnitten besprochen werden.

Aus dem Wertpapierprospekt des Chemiedistributors Brenntag ergibt sich ein Jahresüberschuss in Höhe von 500.000 € bei 51,5 Mio.

ausstehenden Aktien für das Geschäftsjahr 2009. Der Gewinn je Aktie beläuft sich somit auf 0,0097 €. Zum Emissionspreis von 50 € wies die Aktie damit ein KGV von 5.154 auf. Dieser Wert ist offensichtlich nicht aussagekräftig. Die Multiplikatoren der beiden verbleibenden Unternehmen, BASF und Linde Group, lassen sich hingegen eindeutig interpretieren. Während BASF bisher nur eine durchschnittliche Entwicklung nach Verlassen der Krise aufweist, konnte Linde den aufkeimenden Aufschwung voll nutzen und die Renditen weiter steigern. Dementsprechend fallen auch die Bewertungsmultiplikatoren aus.

KGV-Verteilung im S&P 500

Die untenstehende Tabelle zeigt die Verteilung des Kurs-Gewinn-Verhältnisses der S&P 500 Werte. 50,2 % aller im Index enthaltenen Werte weisen ein KGV zwischen 12 und 20 auf und mehr als 79 % der Werte notieren unter einem KGV von 22. Aktien außerhalb dieser KGV-Spanne sind in der Regel Ausreiser oder Unternehmen mit besonderen Qualitäten. Der Median liegt bei einem KGV von 17.

KGV	0 bis 8	8 bis 10	10 bis 12	12 bis 14	14 bis 16	16 bis 18
Anteil	2,9%	7,8%	9,6%	10,7%	11,3%	14,9%
KGV	18 bis 20	20 bis 22	22 bis 24	24 bis 26	26 bis 28	28 bis 30
Anteil	13,3%	8,7%	5,8%	2,4%	2,2%	1,8%
KGV	30 bis 32	32 bis 34	34 bis 36	36 bis 38	38 bis 40	40+
Anteil	1,3%	2,0%	1,1%	0,7%	0,2%	3,3%

Quelle: Bloomberg; Stand April 2011

Price-Earnings-to-Growth-Ratio

$$\text{PEG} = \frac{\text{KGV}}{\text{Gewinnwachstum}}$$

Gerade bei jungen aufstrebenden Unternehmen stellt die Einschätzung von fairen KGVs ein immenses Problem dar. Daher wird bei diesen Unternehmen oft auf die Price-Earnings-to-Growth-Ratio (PEG) zurückgegriffen. Das PEG dient der Abschätzung einer Unter- bzw. Überbewertung von Wachstumswerten. Dabei wird das aktuelle KGV mit dem erwarteten, zukünftigen Gewinnwachstum in Relation gesetzt. Bei der Berechnung dieser Kennzahl ist auf eine konservative Schätzung des Gewinnwachstums zu achten. Ein Wert von kleiner als eins gilt dabei als günstig, Werte von genau eins als fair und größer als eins deuten auf eine Überbewertung hin. Diese Art der Bewertung ist beispielsweise bei jungen Unternehmen wie Facebook anwendbar. Als Goldman Sachs im Frühjahr 2011 bei Facebook einstieg, wurde dessen Wert auf rund 50 Mrd. $ taxiert. Basierend auf einem geschätzten Gewinn von 500 Mio. $ notiert Facebook damit zu einem KGV von 100. Dieser Wert wirkt auf den ersten Blick sehr teuer, kann sich jedoch relativieren, wenn das Unternehmen ein Gewinnwachstum von 100 % über die nächsten Jahre realisieren kann. Im Fall von Facebook ist dies durchaus möglich, da die Gewinnschwelle erst vor einigen Jahren durchbrochen wurde. Basierend auf Schätzungen erzielte das junge Unternehmen bereits von 2009 auf 2010 (200 Mio. $ auf 500 Mio. $) ein Wachstum von mehr als 100 % und will dies, zumindest beim Umsatz, auch im Geschäftsjahr 2011 erreichen. Somit wäre das PEG von Facebook bei einem ausgeglichenen Wert von etwa 1. Dies kann, mangels genauerer Daten, nur eine grobe Indikation sein, verdeutlicht jedoch, wie die isolierte Betrachtung des KGV zu falschen Ergebnissen führen kann.

7.2 Kurs-Buchwert-Verhältnis

Während das Kurs-Gewinn-Verhältnis eine Gewinngröße mit der aktuellen Marktbewertung vergleicht, erweitern wir unsere Perspektive und betrachten mit dem Kurs-Buchwert-Verhältnis einen statischen, auf einer Bilanzgröße basierenden, Bewertungsmultiplikator. Diese Kennzahl sagt aus, welchen Aufschlag der Markt auf das Reinvermögen, also den Buchwert eines Unternehmens bezahlt. Auf den ersten Blick erscheint es irrational, mehr für ein Unternehmen zu bezahlen, als die Vermögenswerte abzüglich Schulden wert sind. Da die Börse jedoch in der Regel nicht von einer Zerschlagung des Unternehmens, sondern von einer Fortführung ausgeht, wird je nach Zukunftsaussichten einigen Unternehmen ein Aufschlag auf ihren Buchwert gewährt, während andere einen Abschlag hinnehmen müssen.

Das Kurs-Buchwert-Verhältnis berechnet sich analog zum Kurs-Gewinn-Verhältnis:

$$\text{KBV} = \frac{\text{Marktkapitalisierung}}{\text{Eigenkapital}} = \frac{\text{Aktienkurs}}{\text{Buchwert je Aktie}}$$

Notiert ein Unternehmen unter seinem Buchwert (KBV < 1), so könnte zumindest in der Theorie das gesamte Unternehmen gekauft und zum Buchwert liquidiert werden. Der Käufer würde somit einen risikofreien Gewinn erzielen. In der Realität notiert jedoch nur ein Bruchteil der Unternehmen unter ihrem Buchwert. Als Gründe können andauernde Verluste, d. h. der Markt preist bereits die Reduktion des Eigenkapitals ein, aber auch zweifelhafte Vermögenswerte in der Bilanz oder schlicht eine zu geringe Rentabilität genannt werden.

Beispiel 7.3 - KBV-Berechnung

Ein Unternehmen weist Eigenkapital nach Anteilen Dritter von 500 Mio. € bei 50 Mio. ausstehende Aktien auf. Durch Division ergibt sich ein Eigenkapital je Aktie von 10 €. Bei einem Aktienkurs von 15 € entspricht dies einem Kurs-Buchwert-Verhältnis von 1,5 (15 € / 10 €). Wird das erwartete Kurs-Buchwert-Verhältnis berechnet, so muss das aktuelle Eigenkapital um den erwarteten Gewinn nach Anteilen Dritter erhöht und um die anstehende Gewinnausschüttung gemindert werden. Wird beispielsweise ein Gewinn von 50 Mio. € erwartet und 70 % des Gewinns ausgeschüttet, so beträgt der erwartete Buchwert 515 Mio. € (500 Mio. € + 50 Mio. € - 35 Mio. €). Der Buchwert je Aktie beläuft sich in diesem Fall auf 10,30 € und das KBV auf 1,45 (15 € / 10,30 €).

Wonach richtet sich der auf den Buchwert bezahlte Aufschlag (KBV > 1)? Stellen wir uns hierzu zwei identische, vollständig eigenkapitalfinanzierte Unternehmen vor die Quizshows im Fernsehen anbieten. Der einzige Unterschied zwischen den Quiz-Shows besteht im Moderator der Show. Während Quizshow A Günter Jauch als Moderator verpflichten konnte, hat Quizshow Z nur einen weniger bekannten Moderator zu bieten. Offensichtlich weisen die Unternehmen den gleichen Buchwert auf, da beide über den gleichen Senderaum, Ausstattung und vergleichbare Sender verfügen. Gleichzeitig werden die Werbepartner einen deutlich höheren Betrag für die Quizshow mit Günther Jauch bezahlen, da die Einschaltquoten vermutlich höher ausfallen werden. Mit einem Wort: Quizshow A erzielt einen höheren Gewinn auf das eingesetzte Kapital. Aus diesem Grund muss

Unternehmen A höher als Unternehmen Z notierten. Es liegt die Vermutung nahe, dass der Aufschlag auf das Eigenkapital mit der Rentabilität, in diesem Fall der Eigenkapitalrentabilität, zusammenhängt. Verinnerlichen wir nochmals die Berechnung der Eigenkapitalrendite:

$$\text{Eigenkapitalrendite} = \frac{\text{Jahresüberschuss}}{\text{ØEigenkapital}}$$

Diese Kennzahl gibt die Steigerung des Eigenkapitals an. Das KBV muss also mit der Fähigkeit eines Unternehmens, sein Eigenkapital zu verzinsen, korreliert sein. Effiziente Märkte weisen einem rentablen Unternehmen demnach eine höhere Bewertung als einem unrentablen Unternehmen zu. Es ist also durchaus vertretbar, wenn ein Unternehmen zu einem Vielfachen seines Buchwerts notiert, solange dieser mit einer entsprechenden Rate gesteigert werden kann.

Angenommen, Unternehmen A und Z aus dem vorherigen Beispiel starten mit einem Buchwert von 100 Mio. € und steigern diesen mit jährlich 20 % bzw. 5 % (die Eigenkapitalrenditen betragen also 20 % bzw. 5 %) so wird A den Buchwert in 4 Jahren verdoppelt haben, Z jedoch erst in 15 Jahren. Intelligente Investoren und effiziente Märkte preisen diesen Sachverhalt entsprechend ein und Bewerten A höher als Z.

Der Bewertungsaufschlag auf den Buchwert eines Unternehmens kann in diesem Sinne auch als ökonomischer Goodwill interpretiert werden. Stellen Sie sich zu diesem Zweck den Coca-Cola Konzern vor. Um die Aktiva des Unternehmens abzubilden, werden zum Ende des Geschäftsjahres 2010 etwa 72,9 Mrd. $ benötigt. Mit diesem Betrag könnten dieselben Fabriken, Infrastruktur und Vorräte hergestellt beziehungsweise beschafft werden. Zumindest in der Theorie lässt sich somit der gleiche Umsatz erzielen. Jedoch hat sich der Coca-Cola Konzern seit über 100 Jahren mit einer einzigartigen Marketingstrategie in den Köpfen der Konsumenten als lebensfrohes Konsumgut festgesetzt. Dieser Marketingerfolg ist nahezu für den gesamten Premium des Coca-Cola Konzerns verantwortlich. Wir könnten den Konzern, wie ihn die Bilanz darstellt, eins zu eins kopieren, jedoch würde dabei der ökonomischen Goodwill, nämlich die weltweit bekannte und mit positiven Eigenschaften assoziierte Marke unbeachtet bleiben. Während wir mit unserem No-Name Produkt also im besten Fall durchschnittliche Renditen erzielen, erwirtschaftet der Coca-Cola Konzern eine Rendite auf das eingesetzte Kapital von über 30 %. Kein Kiosk, kein Restaurant und kein Supermarkt der Welt kann auf Coca-Cola verzichten, ohne Umsatzeinbußen hinnehmen zu müssen. Gleichzeitig kann Coca-Cola die Preise an die Inflation anpassen, ohne dabei Kunden zu verlieren. Dies erklärt, weshalb der Coca-Cola Konzern zu einem Vielfachen seines Buchwerts notiert. Die Eigenkapitalrendite ist die Manifestation dieser Stärke.

Es ist jedoch auch möglich, dass Unternehmen mittelfristig unter ihrem Buchwert notieren. Gelingt es einer Unternehmung nicht seine Eigenkapitalkosten zu verdienen, so sollte die Aktie bei gleichbleibenden Geschäftsaussichten unter dem Buchwert notieren. Dieser Sachverhalt lässt sich anschaulich mit einem Blick auf den Anleihemarkt darstellen. Eine risikofreie Anleihe, deren Kupon niedriger als der aktuelle Marktzins ist, notiert unter dem Nennwert. Liegt der Kupon dagegen über dem Marktzins, so sind die Marktteilnehmer bereit einen Aufschlag auf den Nennwert zu bezahlen. Bei einem aktuellen Marktzins von 5 % würde somit die Anleihe mit einem Kupon von 10 % einen Kurs von mehr als 100, eine vergleichbare Anleihe mit 2 % Kupon dagegen von weniger als 100 aufweisen. Übertragen auf den Aktienmarkt notieren also gerade die Unternehmen über ihrem Buchwert (vgl. Nennwert), deren Eigenkapitalrendite (vgl. Kupon) größer als die Eigenkapitalkosten (vgl. Marktzins) sind. Unternehmen, die ihre Eigenkapitalkosten nicht verdienen, notieren folglich unter ihrem bilanziellen Eigenkapital. Dieser Zusammenhang zwischen geforderter und realisierter Rendite lässt sich somit sowohl am Anleihen- als auch am Aktienmarkt beobachten. Aus diesen Überlegungen folgt, dass Unternehmen dann zum Buchwert notieren, wenn sie genau ihre Eigenkapitalkosten verdienen. Analog dazu notieren Anleihen nur dann genau zum Nennwert, wenn der Kupon dem Marktzins entspricht.

Hochrentable Unternehmen verdienen ein Premium, da diese ihren Buchwert schneller steigern können als unrentable Unternehmen. Liegt die Eigenkapitalrendite deutlich über (unter) den Eigenkapitalkosten, so notiert das Unternehmen über (unter) dem Buchwert. Dieser Zusammenhang eignet das KBV zur Bewertung von Unternehmen. Auf dieser Beobachtung aufbauend wird das angemessene Kurs-Buchwert-Verhältnis eines Unternehmens in Kapitel 8 als

Funktion der Eigenkapitalrendite und der Eigenkapitalkosten näher erörtert. Dabei greifen wir auf das hier Gesagte zurück. Um vorab ein Gefühl für die Größenordnung der vom Markt bezahlten Kurs-Buchwert-Verhältnisse bei entsprechenden Eigenkapitalrenditen zu erhalten, betrachten wir einige zufällig ausgewählte Unternehmen aus dem Dow Jones- und DAX-Index. Die Eigenkapitalrendite bezieht sich auf den Durchschnitt der letzten 5 Jahre, um aus der Finanzkrise resultierenden Abweichungen zu glätten.

Beispiel 7.4 - KBV: ÜBERBLICK

Unternehmen	EKR (%)	KBV
IBM	45,0	7,9
Caterpillar	37,3	5,0
3M	33,1	4,6
Coca-Cola	29,8	5,1
Johnson&Johnson	27,8	3,3
American Express	27,6	2,9
Du Pont	26,5	4,9
Chevron	23,7	1,7
Procter&Gamble	19,3	3,0
Home Depot	18,5	2,7
Intel	15,6	2,3
Linde	13,8	1,7
Deutsche Lufthansa	12,8	0,9
Walt Disney Co.	12,0	1,7
Kraft Foods	10,5	1,6
Volkswagen	9,3	1,1
Bank of America	9,1	0,5
Deutsche Telekom	5,1	1,1

Quelle: Bloomberg; Stand: Dezember 2010

Wie zu erkennen ist, besteht eine hohe Korrelation zwischen der Eigenkapitalrendite und dem Kurs-Buchwert-Verhältnis. Betrachten wir zuerst die beiden Extreme dieser Aufzählung: IBM und die Deutsche Telekom. IBM erwirtschaftet eine Eigenkapitalrendite von 45,0 %, während die Deutsche Telekom auf 5,1 % kommt. Entsprechend unterscheiden sich die Kurs-Buchwert-Verhältnisse mit 7,9 für IBM gegenüber 1,1 bei der Telekom deutlich. Auffällig ist, dass die Bank of America bei einer höheren Eigenkapitalrendite von 9,1 % auf ein KBV von 0,5 kommt. Hier gilt es sich zu vergegenwärtigen, dass aktuelle Bewertungen stets zukünftige Renditeerwartungen beinhalten. Im konkreten Fall der Bank of America zeigt der Bewertungsabschlag vermutlich das höhere Risiko der Bank an. Das Institut verdient zum Zeitpunkt seine Eigenkapitalkosten nicht, da Investoren aufgrund der Erfahrungen der Finanzkrise bei Investmentbanken höhere Verzinsungen fordern als bei den meisten Industrieunternehmen. Ein Vergleich der in der Mitte positionierten 3M, Johnson & Johnson und Coca-Cola zeigt dagegen eine höhere Konsistenz der Bewertung. Die Unternehmen weisen KBV-Werte von 4,6, 3,3 und 5,1 bei Eigenkapitalrenditen von 33,1 %, 27,8 % und 29,8 % auf. Auffällig ist die höhere Bewertung Coca-Colas, weist der Konzern doch eine geringe Eigenkapitalrendite als 3M auf. Diese scheinbare Fehlbewertung kann zwei Gründe haben: Zum einen könnten die Marktteilnehmer davon ausgehen, dass der Coca-Cola Konzern sich besser als die 3M Gruppe entwickeln wird. Die jüngsten Ergebnisse des Softdrink Herstellers im Jahr 2011 untermauern diese Vermutung. Zum anderen könnten die Eigenkapitalkosten des Coca-Cola Konzern aufgrund des sehr stabilen Geschäftsmodells niedriger als 3Ms sein, wodurch Coca-Cola eine höhere Überrendite erzielt. Gerade Unternehmen mit Industrieprodukten weisen dagegen oft höhere Eigenkapitalkosten aufgrund ihrer Zyklik auf. Die Bewertung des Mineralölkonzerns Chevron weicht ebenfalls von der Norm ab. Bei einer Eigenkapitalrendite von 23,7 % erscheint eine Bewertung zu einem KBV von 1,7, verglichen mit beispielsweise Walt Disney, sehr günstig. Ohne nähere Analyse kann der Grund beispielsweise in der Entwicklung des Öl- und Gaspreises zu finden sein. Während zwischen 2005 und 2010 die Energiepreise zu historisch überdurchschnittlichen Werten notierten, preist der Markt in diesem Fall gegebenenfalls eine höhere Volatilität der zukünftigen Energiepreise ein. Die hohen Eigenkapitalrenditen der letzten 5 Jahre können in Zukunft ggf. nicht mehr erwirtschaftet werden oder hängen zumindest massiv mit der Entwicklung der Ölpreise zusammen, was ein bedeutendes Risiko darstellt und höhere Eigenkapitalkosten bedingt.

KBV-Verteilung im S&P 500

Die Tabelle zeigt die Verteilung der Kurs-Buchwert-Verhältnisse der S&P 500 Werte zum Frühjahr 2011. Während der Bereich zwischen

1,5 und 2 die meisten Unternehmen umfasst, fällt auf, dass der Großteil der Werte (70 %) ein KBV zwischen 0,5 und 3,5 aufweist. Der Median liegt bei 2,6. In diesem Zusammenhang ist auch eine Betrachtung der Verteilung der Eigenkapitalrendite interessant, die bereits in Kapitel 2 besprochen wurde.

KBV	0 bis 0,5	0,5 bis 1	1 bis 1,5	1,5 bis 2	2 bis 2,5	2,5 bis 3
Anteil	0,2%	6,2%	14,8%	16,6%	10,2%	12,1%
KBV	3 bis 3,5	3,5 bis 4	4 bis 4,5	4,5 bis 5	5 bis 5,5	5,5 bis 6
Anteil	9,6%	6,4%	4,8%	2,5%	3,1%	2,7%
KBV	6 bis 6,5	6,5 bis 7	7 bis 7,5	7,5 bis 8	8 bis 8,5	8,5+
Anteil	1,7%	1,5%	1,2%	1,5%	0,8%	4,1%

Quelle: Bloomberg; Stand April 2011

Beispiel 7.5 - KBV CASE STUDY: COCA-COLA

Datum	**KBV**	**EKR**	**Kurs**	Q2 '05	6,1x	31,0%	41,8$
Q2 '00	15,5x	17,6%	57,4$	Q4 '05	5,8x	30,2%	40,3$
Q4 '00	16,3x	23,1%	60,9$	Q2 '06	5,9x	30,4%	43,0$
Q2 '01	10,8x	33,6%	45,0$	Q4 '06	6,6x	30,5%	48,3$
Q4 '01	10,3x	38,4%	47,2$	Q2 '07	6,4x	29,1%	52,3$
Q2 '02	12,2x	28,3%	56,0$	Q4 '07	6,5x	30,9%	61,4$
Q4 '02	9,2x	27,5%	43,8$	Q2 '08	5,2x	27,5%	52,0$
Q2 '03	8,4x	34,5%	46,4$	Q4 '08	5,1x	27,5%	45,3$
Q4 '03	8,8x	33,6%	50,8$	Q2 '09	4,8x	27,1%	48,0$
Q2 '04	8,2x	34,1%	50,5$	Q4 '09	5,3x	30,1%	57,0$
Q4 '04	6,3x	32,3%	41,6$	Q2 '10	4,5x	30,5%	50,1$

Quelle: Bloomberg

Die in der Tabelle aufgeführte Entwicklung des Coca-Cola Konzerns weist besonders interessante Werte auf. Während die Eigenkapitalrendite in den letzten 10 Jahren relativ stabil im Bereich zwischen 25 und 35 % pendelte, nahm das Kurs-Buchwert-Verhältnis kontinuierlich ab. Wie passen diese Entwicklungen zusammen? Der Konzern war zum Hochpunkt der New Economy Blase relativ teuer bewertet. Im Jahr 2000 stand einer Eigenkapitalrendite von weniger als 20 % eine KBV von mehr als 15 gegenüber. Zum Vergleich: IBM weist zum Ende 2010 ein Kurs-Buchwert-Verhältnis von 7,9 bei einer Eigenkapitalrendite von 45 % auf. Während eine hohe Bewertung bei jungen Unternehmen durch hohe Wachstumsraten und Catch-Up-Effekte zu erklären ist, deutet die Bewertung der Coca-Cola Aktie im Jahr 2000 auf überzogene Wachstumserwartungen hin. Investoren, die zu diesem Zeitpunkt bei rund 60 $ je Aktie gekauft hatten, konnte über die folgenden zehn Jahre nur eine geringe Rendite verbuchen. Es ist wichtig zu verinnerlichen, dass qualitativ hochwertige Unternehmen oft zu vergleichsweise hohen Bewertungen notieren und der Erfolg einer Aktieninvestition in erster Linie durch den Kaufpreis bestimmt wird. Die Jahre nach dem Platzen der Blase zeigen eine konträre Entwicklung. Während die Eigenkapitalrendite konstant über 30 % gehoben werden konnte, nahm das Kurs-Buchwert-Verhältnis weiter ab. Eine mangelnde Korrelation zwischen Kurs-Buchwert-Verhältnis und Eigenkapitalrendite lässt daher auf eine Fehlbewertung (nicht zwingend Unterbewertung) der Aktie schließen. Die Korrelation liegt im Falle von Coca-Cola zwischen 1999 und 2010 bei -0,38, welches ein besonders merkwürdiger, da negativer Wert ist. Je rentabler das Unternehmen wurde, desto günstiger wurde die Bewertung. Ab welchem Wert ist Coca-Cola also kaufenswert? Die Auswertung der Daten zeigt zumindest, dass Coca-Cola zum Ende 2010 auf einem historisch niedrigen Wert von 5,1 notiert. Ob dieser Wert nun als günstig oder teuer einzustufen ist, wird Gegenstand von Kapitel 8 sein. Dort kommen wir auch auf das hier angesprochene Beispiel zurück.

7.3 Kurs-Cashflow-Verhältnis

Die bisherigen Kapitel wurden von der Philosophie geprägt, die herausragende Bedeutung des Cashflows zu betonen und gegenüber anderen Erfolgsgrößen abzuheben. Bei der Verwendung von Bewertungsmultiplikatoren steht jedoch die Komplexität des Cashflows dem trivialen Aufbau der Multiplikatoren entgegen. Sowohl der operative Cashflow (Working Capital Veränderungen) als auch der Free-Cashflow (Schwankungen der Investitionen) sind deutlichen Fluktuationen unterlegen und müssten so Jahr für Jahr bereinigt werden. Dies ist zwar grundsätzlich möglich, birgt aber die Gefahr die Zahlen zu sehr in eine bestimmte Richtung anzupassen. Im Rahmen der Bewertung ist eine Verwendung des Cashflows daher eher bei den im nächsten Kapitel vorgestellten Discounted-Cashflow-Verfahren anzuwenden.

Da der Cashflow bei besonders beständigen Unternehmen wie großen Konsumgüterherstellern oder Versorgern erfahrungsgemäß weniger stark schwankt, sollte zumindest hier das KCV berechnet werden, bei allen anderen Unternehmen ist wenigstens die Beachtung der Kennzahl im Kontext zu weiteren Kennziffern ratsam. Die Berechnung des Kurs-Cashflow-Verhältnis folgt den bereits vorgestellten Multiplikatoren:

$$\text{KCV} = \frac{\text{Marktkapitalisierung}}{\text{operativer Cashflow}} = \frac{\text{Aktienkurs}}{\text{operativer Cashflow je Aktie}}$$

Da der operative Cashflow durch die Bereinigung um nicht zahlungswirksame Effekte in der Regel höher als der Jahresüberschuss liegt, notiert das KCV in den meisten Fällen unter dem KGV. Ein angemessenes KCV ist daher in der Regel unter Berücksichtigung des KGV und Cashflow relevanter Kennzahlen wie der Sachinvestitionsquote zu bestimmen.

Der operative Cashflow weist in der Regel eine höhere Volatilität als der Jahresüberschuss auf, da die Veränderungen des Working Capitals je nach Branchenzyklus den Cashflow deutlich verändern können. Zur Beseitigung dieser Störfaktoren kann der operative Cashflow vor Working Capital herangezogen werden. Diese auch als „Cash Earnings“ bekannte Kenngröße berechnet sich durch Bereinigung des Jahresüberschusses um nicht zahlungswirksame Aufwendungen und Sondereffekte:

$$\text{Cash Earnings} = \text{Jahresüberschuss} + \text{Abschreibungen} + / - \text{Sondereffekte}$$

Eine weitere Abwandlung des KCV stellt die Berechnung der Kennzahl mithilfe des Free-Cashflows dar. Das Kurs-FCF-Verhältnis gibt an, zu welchem Vielfachen des Free-Cashflows ein Unternehmen bewertet ist. Auch bei dieser Kennzahl sollte beachtet werden, dass durch größere Investitionsprojekte diese Kennzahl verfälscht werden kann, da diese den Free-Cashflow verzerren. Inhaltlich ist das Kurs-Free-Cashflow-Verhältnis jedoch die aussagekräftigste Bewertungskennzahl, da den Aktionären letztendlich nur dieser Betrag zur Verfügung steht.

7.4 Kurs-Umsatz-Verhältnis

Nachdem das aktuelle Kursniveau bereits mit Hilfe von Jahresüberschuss (KGV), Buchwert (KBV) und Cashflow (KCV) bestimmt wurde, erfolgt nun die Abschätzung der Bewertung anhand der Umsatzerlöse. Das Kurs-Umsatz-Verhältnis misst die Bewertung des Unternehmens relativ zu seinem Umsatz. Dieser Ansatz wirkt auf den ersten Blick widersinnig, da das absolute Umsatzniveau keine Aussage über die Rentabilität eines Unternehmens hat. General Motors erwirtschaftete im Jahr vor der Insolvenz beispielsweise nahezu 150 Mrd. $ Umsatz, fuhr jedoch Verluste ein. Weshalb also diese Kennzahl?

Das KUV eignet sich aus mehreren Gründen als Bewertungskennzahl. Zum einen weist der Umsatz die geringste Manipulationsanfälligkeit auf. Eigenkapital und Gewinn unterliegen zahlreichen bilanzpolitischen Wahlmöglichkeiten, der Umsatz ist dagegen weitestgehend unabhängig von anderen Größen. Zum anderen dient das KUV auch der Bewertung von Unternehmen mit einem negativen Jahresergebnis. Hierbei gilt es zu beachten, dass verlustreiche Unternehmen nur dann bewertbar sind, wenn zukünftig Gewinne zu erwarten sind.

$$\text{KCV} = \frac{\text{Marktkapitalisierung}}{\text{Umsatzerlöse}} = \frac{\text{Aktienkurs}}{\text{Umsatz je Aktie}}$$

Vergleichbar mit dem KBV zur Eigenkapitalrendite, weist das KUV eine Korrelation zur Umsatzrentabilität auf. Diese Beziehung besteht, da die Umsatzrentabilität als Grenznutzen des Umsatzes interpretiert werden kann. Dies bedeutet: Wie viel Gewinn bringt jeder weitere Euro an Umsatzerlösen, wenn die Profitabilität zumindest konstant bleibt?

Beispiel 7.6 - KUV-BERECHNUNG

Die Aktie eines Unternehmen notiert aktuell zu 30 €. Der erwartete Umsatz für das nächste Geschäftsjahr beträgt 150 Mio. € bei 10 Mio. ausstehenden Aktien. Aus diesen Daten ergibt sich ein Umsatz je Aktie von 15 € (150 Mio. € / 10 Mio. Stück) und ein Kurs-Umsatz-Verhältnis von 2 (30 € / 15 €).

Beispiel 7.7 - KUV: Überblick

(in Mio. €)	Umsatz	Marktkap.	UR (in%)	KUV
SAP	10.672	45.380	18,20	4,25
Beiersdorf	5.748	11.379	10,10	1,97
Linde	11.211	16.659	9,39	1,48
Bayer	31.168	44.638	8,52	1,43
Fresenius Med.	11.247	13.533	7,10	1,20
RWE	46.191	27.429	6,94	0,59
E.ON	81.817	43.241	6,60	0,52
BASF	50.693	44.720	5,93	0,87
Adidas	10.381	9.871	5,36	0,95
Deutsche Post	46.201	15.989	0,67	0,34

Quelle: Bloomberg; Stand: Oktober 2010

Die Auswertung der Daten verdeutlicht den fundamentalen Zusammenhang zwischen Umsatzrendite und Kurs-Umsatz-Verhältnis. Während SAP die mit Abstand höchste Umsatzrendite in der Gruppe aufweist, notiert die relativ unrentable Deutsche Post zum niedrigsten KUV der Auswahl. Werten mit Umsatzrenditen von mehr als 6 % weist der Markt in diesem Fall gar KUVs von mehr als 1,0 zu, wohingegen RWE und E.ON bei vergleichbaren Umsatzrenditen nur ein KUV zwischen 0,5 und 0,6 aufweisen. Wie das KGV und KBV bemisst sich auch das KUV nach der zukünftig erwarteten Rentabilität. Aus den vergleichsweise geringen KUVs der deutschen Energieversorger könnten vom Markt antizipierte Profitabilitäts- oder Umsatzrückgänge interpretiert werden.

Die Beziehung zwischen KUV und Umsatzrentabilität ist sowohl theoretisch als auch praktisch nachvollziehbar. Die genaue Bestimmung eines „fairen Kurs-Umsatz-Verhältnis“ wird im nächsten Kapitel genauer besprochen. Sind steigende Margen, z. B. durch Skaleneffekte zu erwarten, so wird das faire KUV nach oben angepasst. Bei aufkommendem Margendruck sollte das KUV dagegen mit einem Abschlag bewertet werden. Gerade in zyklischen Branchen zeigen sich in Boom-Phasen exorbitant hohe Margen, in Abschwungphasen aber auch oft negative Jahresergebnisse. In diesem Fall muss auf vernünftige Mittelwerte über einen kompletten Geschäftszyklus zurückgegriffen werden. Analog zum KGV erscheint es zudem sinnvoll, besonders stabile Margen mit einem Premium zu versehen. Dieses Premium kann beispielsweise durch eine ausgeprägte Marktposition gerechtfertigt sein.

KUV-Verteilung im S&P 500
Die folgende Tabelle zeigt die Verteilung des KUV im S&P 500:

KUV	0 bis 0,4	0,4 bis 0,8	0,8 bis 1,2	1,2 bis 1,6	1,6 bis 2,0
Anteil	4,9%	13,6%	14,1%	15,5%	11,0%
KUV	2,0 bis 2,4	2,4 bis 2,8	2,8 bis 3,2	3,2 bis 3,6	3,6 bis 4,0
Anteil	9,0%	8,6%	2,9%	3,5%	2,2%
KUV	4,0 bis 4,4	4,4 bis 4,8	4,8 bis 5,2	5,2 bis 5,6	5,6+
Anteil	2,6%	2,4%	2,0%	1,2%	6,5%

Quelle: Bloomberg; Stand April 2011

Im Gegensatz zu KGV und KBV weist das KUV keine auffällige Spitze bei bestimmten Werten auf, sondern verteilt sich relativ gleichmäßig in einem Wertebereich zwischen 0,4 und 2,0. Der Median liegt bei 1,65. Wie eingangs dieses Kapitels bereits beschrieben, muss bei der Bewertung mit Multiplikatoren die Erfolgsgröße logisch mit der Bezugsgröße verknüpft sein. Da der Umsatz jedoch nicht ausschließlich den Eigenkapitalgebern zuzurechnen ist, sondern auch das Fremdkapital damit bedient wird, sollte das KUV konsequenterweise durch eine Kennzahl aus dem Entitybereich, dem EV/Sales-Multiplikator, ersetzt werden. Wir werden diese Kennzahl im nächsten Abschnitt näher kennenlernen. Trotz dieser Schwäche sollte das KUV nicht komplett ausgeblendet werden, da diese Feinheit vielen Marktteilnehmern nicht bekannt ist und somit am Markt das KUV gegebenenfalls dennoch beachtet wird. Zudem passt sich das KUV mit abnehmender Verschuldung dem EV/Sales an, wodurch gerade bei gering verschuldeten Unternehmen kein materieller Unterschied besteht, die Berechnung des Kurs-Umsatz-Verhältnisses dagegen aber deutlich einfacher ausfällt.

Entitymultiplikatoren

Entitymultiplikatoren vergleichen Erfolgsgrößen, die allen Kapitalgebern zustehen, mit dem Gesamtwert des Unternehmens. Dieser Gesamtwert setzt sich in diesem Fall aus dem Marktwert von Eigen- und Fremdkapital zusammen. Die Grundfrage der Entity-Methodik lässt sich somit durch den Satz „Was kostet der Erwerb des gesamten Unternehmens?“ ausdrücken. Es wird dabei unterstellt, dass bei einer Komplettübernahme auch die Fremdkapitalgeber abgelöst werden müssen, um die alleinige Kontrolle ausüben zu können. Im Gegenzug erhöhen sich die Gewinne, da die Zinsbelastung durch den Erwerb des Fremdkapitals wegfällt. Verglichen mit den Equitymultiplikatoren weisen somit sowohl Zähler als auch Nenner in der Regel höhere Werte auf. Entitymultiplikatoren weisen typischerweise die folgende Struktur auf:

$$\frac{\text{Enterprise Value}}{\text{Erfolgsgröße (vor Zinsen)}}$$

Der grundlegend neue Bestandteil in diesem Ansatz ist der Enterprise Value. Bevor mit der Berechnung der relevanten Entitymultiplikatoren begonnen wird, soll die Berechnung und Intention des Enterprise Values veranschaulicht werden.

7.5 Enterprise Value Ansatz

Die vorangegangenen Bewertungskennzahlen setzen eigenkapitalbezogene Erfolgsgrößen mit der Marktkapitalisierung ins Verhältnis. Der Enterprise Value-Ansatz betrachtet neben dem Marktwert des Eigenkapitals (Marktkapitalisierung) auch den Marktwert des Fremdkapitals. Dieses Vorgehen entspringt dem Grundgedanken, dass ein potenzieller Erwerber sowohl die Eigen- als auch die Fremdkapitalgeber auszahlen müsste, um Zugriff auf sämtliche Cashflows zu erhalten.

Beispiel 7.8 - ENTERPRISE VALUE

Unternehmen A und B verfügen jeweils über eine Immobilie im Wert von 500.000 € als einzigen Vermögenswert. A ist komplett eigenkapitalfinanziert, B weist hingegen eine Eigenkapitalquote von nur 20 % auf. Nimmt man nun weiter an, dass beide Unternehmen zum Buchwert notieren, so würde Unternehmen A zu einem Kaufpreis von 500.000 € den Besitzer wechseln, B hingegen schon zum Eigenkapitalwert von 100.000 €. Um jedoch alleinigen Zugriff auf die Immobilie zu erhalten, würde der Käufer von B zudem die Fremdkapitalgeber zu 400.000 € auszahlen müssen. Die klassische Marktwertmethode würde in diesem konstruierten Beispiel somit zu keinem sinnvollen Ergebnis führen. Wird das verzinsliche Fremdkapital jedoch zur Marktkapitalisierung addiert, ergibt sich eine korrekte Bewertung. Diese neue Kenngröße, der Marktwert von Eigen- und Fremdkapital, wird Enterprise Value genannt.

Die genaue Berechnung des Enterprise Value ergibt sich wie folgt:

	Marktwert des Eigenkapitals
+	Marktwert des Fremdkapitals
+	Marktwert der Minderheitsanteile
−	Liquide Mittel, Finanzanlagen
−	Nicht operative Vermögenswerte
	Enterprise Value

- Der Marktwert des Eigenkapitals entspricht der Marktkapitalisierung des Unternehmens an der Börse (Aktienanzahl x Aktienkurs). Da das KBV das Verhältnis von Markt- zu Buchwert des Eigenkapitals angibt, kann das KBV alternativ auch mit dem bilanziellen Eigenkapital multipliziert werden, um den Marktwert des Eigenkapitals zu ermitteln.

- Der Marktwert des Fremdkapitals entspricht bei finanziell soliden Unternehmen dem Buchwert, also dem in der Bilanz ausgewiesenen Fremdkapital. Befindet sich das Unternehmen jedoch in finanziellen Schwierigkeiten, so notiert das Fremdkapital (z. B. börsennotierte Anleihen) oft mit einem Abschlag auf den Nennwert. Ein potenzieller Käufer müsste somit nur diesen reduzierten Wert bezahlen, um das Fremdkapital zu erwerben. Der Buchwert des Fremdkapitals wird daher entsprechend verringert. Als Fremdkapital zählen alle Finanzverbindlichkeiten wie Bankkredite, Anleihen, Commercial Paper und vergleichbare zinstragende Verpflichtungen.

- Der Marktwert von Minderheitsanteilen am Eigenkapital (auch Anteile Dritter genannt) muss ebenfalls zum Enterprise Value addiert werden. Minderheitsanteile stellen nicht dem Konzern gehörende Anteile an konsolidierten Mehrheitsbeteiligungen dar. Hält ein Konzern beispielsweise 90 % an einem anderen Unternehmen und konsolidiert dieses voll, so müssen die 10 % an Anteilen Dritter separat in der Bilanz ausgewiesen werden, da diese nicht tatsächlich in Konzernbesitz sind. Wie das Eigenkapital ist dieser Betrag in der Bilanz zu Buchwerten ausgewiesen. Die Anteile Dritter sollten daher mit einem angemessenen KBV multipliziert werden.

- Liquide Mittel stellen das Gegenstück zu Finanzverbindlichkeiten dar und werden abgezogen, da diese den Kaufpreis mindern. Die im Zuge der Übernahme erworbenen liquiden Mittel können zum Beispiel direkt ausgeschüttet oder zur Reduktion der Finanzverbindlichkeiten verwendet werden. Analog wird mit nicht zur operativen Tätigkeit zählenden Vermögenswerten verfahren, da diese verkauft werden können, ohne die Cashflows des Unternehmens zu beeinträchtigen. Hierzu zählen beispielsweise ungenutzte Immobilien oder Wertpapierbestände.

Sofern keine Minderheitsanteile am Eigenkapital vorliegen, lässt sich die Enterprise Value-Formel somit auf die Bestandteile *Marktwert des Eigenkapitals + Marktwert der Nettofinanzschulden* reduzieren, wobei Nettofinanzschulden die Finanzschulden abzüglich der liquiden Mittel bezeichnen.

Beispiel 7.9 - ENTERPRISE VALUE: FLÜSSIG UND BLEI AG

Um zu verdeutlichen, weshalb liquide Mittel subtrahiert und Finanzverbindlichkeiten addiert werden, stellen wir uns den fiktiven Kauf der Flüssig AG mit der untenstehenden Bilanz vor:

Flüssig AG				
Aktiva		in €	Passiva	
Gebäude	100.000		Eigenkapital	300.000
Vorräte	50.000		Fremdkapital	0
Liquide Mittel	150.000			

Das Kurs-Buchwert-Verhältnis beträgt 1, die Buchwerte entsprechen somit den Marktwerten. Ein potenzieller Käufer des Unternehmens würde, neben dem eigentlichen Geschäft, 150.000 € an flüssigen Mitteln erwerben. Die Nettofinanzschulden von -150.000 € könnten daher direkt aus dem Unternehmen abgezogen werden, ohne dem

Geschäftsmodell zu schädigen. Der Enterprise Value verringert sich durch die liquiden Mittel um 150.000 € und beläuft sich auf:

$$300.0000 \text{ €} - 150.000 \text{ €} = 150.000 \text{ €}$$

Vergleichen wir nun die Flüssig AG mit der unten abgebildeten Blei AG, der vom Markt ein KBV von 2 beigemessen wird.

Blei AG				
Aktiva		in €	Passiva	
Gebäude	100.000		Eigenkapital	50.000
Vorräte	50.000		Fremdkapital	100.000

Die Daten ergeben einen Enterprise Value von 200.000 € (50.000 € × 2 + 100.000 €). Bei gleichem Gewinn würde die Flüssig AG deutlich günstiger bewertet werden als die Blei AG. Hohe Finanzschulden erhöhen die Bewertung (Investition wird unattraktiv), hohe Cashbestände verringern dagegen die Bewertung (Investition wird attraktiver), da diese direkt ausgeschüttet und als Ertrag verbucht werden können.

Im Extremfall übersteigen die liquiden Mittel den Marktwert von Fremd- und Eigenkapital, was einem negativen Enterprise Value entspricht. In diesem Fall könnte ein Käufer das gesamte Unternehmen (Eigen- und Fremdkapital) erwerben, die liquiden Mittel ausschütten und weiterhin das operative Geschäft fortführen - zum Nulltarif. Der Enterprise Value, also der Kaufpreis für Eigen- und Fremdkapital, wäre damit negativ. Reine Theorie? - Keineswegs! In Krisenzeiten lassen sich diese interessanten Situationen in unregelmäßigen Abständen auffinden. Für gewöhnlich weisen Unternehmen in einer solchen Situation jedoch eklatante Schwächen auf, sodass eine Bewertung unterhalb der liquiden Mittel auch berechtigt sein kann. Dies ist beispielsweise der Fall, wenn das Unternehmen durch hohe Verluste den Bestand an liquiden Mitteln sehr schnell aufbraucht. Das Fallbeispiel der Medion AG verdeutlicht jedoch, dass eine solche Bewertung in Einzelfällen auch bei soliden Unternehmen angetroffen werden kann.

Beispiel 7.10 - NEGATIVER ENTERPRISE VALUE: MEDION

Zur besseren Nachvollziehbarkeit dieses Fallbeispiels ist es ratsam, den ersten Quartalsbericht des Geschäftsjahres 2009 der Medion AG zur Hand zu haben. Der Quartalsbericht ist im „Investor Relation"-Bereich auf der Homepage des Konzerns zu finden. Die wichtigsten Daten sind zudem unten aufgeführt.

Die Medion AG ist in der Konzeption, Herstellung und dem Handel von Elektrogeräten tätig. Mit einem Umsatz von mehr als einer Milliarde Euro zählt das Unternehmen zu den größeren Herstellern von Elektrogeräten in Deutschland.

Die folgende Aufstellung gibt die verkürzte Bilanz des Unternehmens zum 31.03.2009 wieder:

Medion AG				
Aktiva		in T€	Passiva	
Zahlungsmittel	247.799		Verb. aus LuL	101.927
Forderungen aus LuL	185.401		Steuerrückstellungen	3.265
Vorräte	137.246		Sonst. Rückstellungen	182.254
Latente Steuern	5.050		Sonst. kurz. Schulden	13.841
Sonstige kurzfristige VG	33.600		Anleihen	0
Sachanlagevermögen	31.700		Sonst. lang. Schulden	785
Immat. VG	3.139		Pensionsrückstellungen	1.650
Finanzanlagen	512		Eigenkapital	358.868
Latente Steuern	14.997			
Sonstige langfristige VG	3.146			

Quelle: Medion AG (2009) [IFRS]

Während des ersten Quartals 2009 pendelte die Aktie zwischen Tiefstkursen von 5 € und Höchstkursen von 7,30 €. Zum Ende des Quartals am 31.03.2009 notierte die Aktie bei 5,82 €. Der Gewinn- und Verlustrechnung entnehmen wir die Anzahl der ausstehenden Aktien von 44.816.285 Stück und erhalten eine Marktkapitalisierung von:

$$5{,}82 \text{ €} \times 44.816.285 \text{ Stück} = 260.830.778 \text{ €}$$

Das Eigenkapital des Unternehmens ist zum Ende des ersten Quartals 2009 an der Börse folglich mit 260,83 Mio. € bewertet. Die Finanzverbindlichkeiten belaufen sich lediglich auf 0,785 Mio. €. Da die Schulden des Unternehmens nicht an einer Börse gehandelt werden und zudem eine sehr hohe Stabilität gegebenen ist, können die Finanzschulden zu 100 % des Buchwertes angesetzt werden. Als letzten Teil der Enterprise Value Bestimmung wird der Bestand an liquiden Mitteln und Vermögenswerten, die nicht zum operativen Geschäft gehören, abgezogen.

Da Quartalsberichte in der Regel nur verkürzte Geschäftsberichte sind, muss zu einer Erklärung der Positionen „sonstige kurzfristige Vermögenswerte“, „sonstige langfristige Vermögenswerte“ und „Finanzanlagen“ in der Bilanz auf den Anhang des Geschäftsberichts 2008 zurückgegriffen werden. Nach Durchsicht der Anhang-Positionen (10) und (14) im Geschäftsbericht, qualifizieren sich alle Positionen als schnell verwertbar und nicht zur operativen Tätigkeit notwendig (kurz: no VG). Darüber hinaus weist Medion Zahlungsmittel in Höhe von 247,7 Mio. € in der Bilanz aus, die einen entscheidenden Einfluss auf die Bewertung haben werden.

Der Enterprise Value berechnet sich somit aus den in der Bilanz ausgewiesenen Daten wie folgt:

$$\begin{aligned} EV &= \text{Marktwert EK} + \text{Marktwert FK} - \text{Zahlungsmittel} - \text{no VG} \\ &= 260.830 \text{ T€} + 785 \text{ T€} - 247.799 \text{ T€} - 33.600 \text{ T€} - 512 \text{ T€} - 3.146 \text{ T€} \\ &= -23.442 \text{ T€} \end{aligned}$$

Es ergibt sich ein Enterprise Value von -23,4 Mio. €. In einer privaten Transaktion hätte der Verkäufer dementsprechend einen Betrag von EUR 23,4 Mio. bezahlt, damit (sic!) der Käufer das Unternehmen erwirbt. Unter der Annahme, dass Medion chronisch defizitär wirtschaftet, könnte ein Kaufpreis von zumindest null durchaus vertretbar sein. In diesem Fall weist der Konzern jedoch besonders stabile Gewinnmargen auf, wodurch diese Sorge unberechtigt ist. Im betreffenden Geschäftsjahr 2009 erzielte Medion einen Gewinn von 14 Mio. €, obwohl das Unternehmen zwischenzeitlich zu einem negativen Kaufpreis notierte. Selbstverständlich stellt dieses Beispiel einen Sonderfall dar. Die meisten Unternehmen weisen hingegen Nettofinanzverbindlichkeiten aus, wodurch der Enterprise Value den Marktwert des Eigenkapitals in der Regel übersteigt.

Der Enterprise Value hat zudem den Vorteil, dass die Kapitalstruktur in die Bewertung mit einbezogen wird. Hohe Schulden verteuern die Bewertung, Cash-Bestände werden honoriert. Ein Einbinden der Kapitalstruktur in die Bewertung von Entitymultiplikatoren wird somit hinfällig. Da im Enterprise Value sowohl die Eigen- als auch Fremdkapitalgeber berücksichtigt werden, bietet sich zur Berechnung der Multiplikatoren die Verwendung von Kenngrößen wie dem EBITDA, EBIT, Free-Cashflow vor Zinsen oder der Umsatzerlöse an, da diese Erträge allen Kapitalgebern zur Verfügung stehen. Diese Erfolgsgrößen bieten gegenüber dem Jahresüberschuss zudem den Vorteil einer höheren Konstanz, da Erfolgsgrößen desto stärker durch Sonder- und Einmaleffekte belastet werden, je tiefer diese in der Gewinn- und Verlustrechnung stehen. Die Umsatzerlöse weisen beispielsweise in der Regel keine Sondereffekte auf, wohingegen das EBIT bereits durch diverse außerordentliche Aufwendung und Erträge verzerrt sein kann. Die für die Enterprise Value-Kennzahlen relevanten Bezugsgrößen können zum Großteil aus der Gewinn- und Verlustrechnung entnommen werden, wie die untenstehende schematische Aufstellung zeigt.

	Umsatzerlöse
–	operative Aufwendungen
=	**EBITDA**
–	Abschreibungen
=	**EBIT (operativer Gewinn)**
–	Finanzergebnis
=	EBT
–	Steuern
=	EAT (Jahresüberschuss)

In diesem Abschnitt wird die konkrete Berechnung und Interpretation der Entitymultiplikatoren erläutert. Von besonderer Bedeutung sind folgende Multiplikatoren:

- EV/EBITDA
- EV/EBIT
- EV/Sales
- EV/FCF

Auch bei den Entitymultiplikatoren gilt es abzuwägen, welche Kennzahl für das jeweilige Unternehmen eine passende Bewertung ausgibt. Daher ist es wichtig, neben der eigentlichen Berechnung auch das Geschäftsmodell und die Besonderheiten des zu bewertenden Unternehmens mit einzubeziehen.

7.6 EV/EBITDA

$$\text{EV/EBITDA} = \frac{\text{Enterprise Value}}{\text{EBITDA}}$$

Die Earnings before Interest, Taxes, Depreciation and Amortization (EBITDA) stellen den Gewinn vor Zinsen, Steuern und Abschreibungen dar. Durch die Korrektur um nicht zahlungswirksame Effekte wie Abschreibungen entspricht das EBITDA näherungsweise dem Brutto-Cashflow. Es ist ein Maß für den Betrag, der den Kapitalgebern für Investitionen und Zinszahlungen zur Verfügung steht. Das EV/EBITDA zeigt demnach approximativ das Verhältnis des Gesamtwerts des Unternehmens zu den Kapitalgebern zugeflossenen Mitteln an.

Die Kennzahl eignet sich besonders für Vergleiche von Unternehmen innerhalb einer Branche. Ein Vergleich über verschiedene Branchen hinweg gestaltet sich dagegen schwieriger, da sich Unterschiede bezüglich der Investitionsneigung und damit der Abschreibungen ergeben können. Unternehmen mit hohen Wachstumsraten oder einer hohen Kapitalintensität weisen verhältnismäßig viele Abschreibungen auf, wohingegen Unternehmen aus umlaufintensiven Branchen, wie beispielsweise Großhändler, für gewöhnlich nur geringe Abschreibungen verbuchen. Diese haben Auswirkungen auf das EBITDA und somit auf die Bewertung.

Nach dem Gesamtkostenverfahren kann das EBITDA direkt aus der Gewinn- und Verlustrechnung durch Addition von operativem Gewinn (EBIT) und Abschreibungen berechnet werden. Zur Berechnung des EBITDA im Umsatzkostenverfahren, welches besonders im angelsächsischen Raum verbreitet ist, wird ein weiterer Berechnungsschritt benötigt, wie das Beispiel 7.11 zeigt.

Beispiel 7.11 - EV/EBITDA-Berechnung: Rotork

Betrachten wir dazu die Gewinn- und Verlustrechnung der britischen Rotork plc zum 31.12.2009.

Rotork	
in Mio. £	2009
Revenue	353,521
Cost of Sales	(187,600)
Gross Profit	165,921
Other Income	688
Distribution costs	(3,428)
Administrative expenses	(71,585)
Other expenses	(59)
Operating Profit	91,537
...	...

Quelle: Rotork plc (2009) [UK-GAAP]

Da die Gewinn- und Verlustrechnung nach dem Umsatzkostenverfahren aufgestellt wurde, kann das EBITDA nicht direkt aus der GuV entnommen werden. In diesem Fall berechnet sich das EBITDA ausgehend vom operativen Gewinn (EBIT) zuzüglich der Abschreibungen. Da Abschreibungen zahlungsunwirksamen Aufwand darstellen, findet sich dieser Betrag in der Cashflowrechnung des Konzerns mit 3.549 Mio. £, sowie spezielle Abschreibungen auf immaterielle Vermögenswerte über 1.153 Mio. £ angegeben. Insgesamt berechnet sich das EBITDA somit durch:

$$\begin{aligned} \text{EBITDA} &= \text{EBIT} + \text{Abschreibungen} \\ &= 91.537 \text{ Mio. £} + 4.702 \text{ Mio. £} = 96.239 \text{ Mio. £} \end{aligned}$$

Um darauf aufbauend das EV/EBITDA zu ermitteln, wird im nächsten Schritt der Enterprise Value, also der Marktwert von Eigen- und Fremdkapital abzüglich der Zahlungsmittel berechnet. Das Unternehmen weist zum Bilanzstichtag rund 78,6 Mio. £ an Zahlungsmitteln bei lediglich 0,2 Mio. £ an Finanzverbindlichkeiten auf. Es besteht also eine Net-Cash Position von 78,4 Mio. £. Die Marktkapitalisierung beträgt rund 1.500 Mio. £. Der Enterprise Value ergibt sich dadurch mit 1.421 Mio. £ und entspringt der Logik, dass ein potenzieller Erwerber des gesamten Unternehmens rund 1.500 Mio. £ aufwenden müsste, um das Eigenkapital zu erwerben und sich sogleich 78,4 Mio. £ ausschütten könnte, denen keine finanziellen Verbindlichkeiten gegenüberstehen. Durch diese Kenngrößen kann nun das EV/EBITDA berechnet werden:

$$\text{EV/EBITDA} = \frac{1.421 \text{ Mio. £}}{96.2 \text{ Mio. £}} = 14{,}7$$

Der Rotork Konzern notiert Ende 2010 zu einem EV/EBITDA von 14,7, was als relativ teuer eingestuft werden kann. Die untenstehende Tabelle zeigt, dass nur rund 16 % aller börsennotierten Unternehmen ein EV/EBITDA über diesem Wert aufweisen. Diese relativ hohe Bewertung kann jedoch durchaus gerechtfertigt sein, wie die EBITDA-Marge von 27,2 % und weitere sehr gute Finanzkennzahlen bereits andeuten. Die hohe Bewertung korrespondiert in diesem Fall mit einer sehr starken Marktstellung.

Die genaue Interpretation dieses Multiplikators sollte anhand historischer Werte sowie der Peer-Group vorgenommen werden. Als Richtwert können die Größeneinheiten des Kurs-Cashflow-Verhältnis herangezogen werden.

Das EBITDA hat neben Bewertungszwecken auch eine große Bedeutung für die Gläubiger eines Unternehmens, da es den für Zinszahlungen zur Verfügung stehenden Betrag darstellt. Bei der Bewertung stark verschuldeter Unternehmen ist in der Regel das EV/EBITDA anzuwenden, da Zähler und Nenner die Verschuldungsthematik beinhalten. Ist ein Unternehmen in der Lage durch zukünftige Free-Cashflows die Verschuldung abzubauen, so kann auf ein überproportionales Ergebniswachstum aufgrund der sinkenden Zinsaufwendungen geschlossen werden. Eine Simulation der Ergebnisentwicklung unter Anwendung des EV/EBITDA zeigt in diesem Fall das Potenzial der Aktie an.

Ein Nachteil dieser Kennzahl ist jedoch die Nichtbeachtung von Steuern und notwendigen Investitionen (CAPEX). Durch die Addition der Abschreibungen ist es wichtig, nur Unternehmen aus einer Branche mit dem EV/EBITDA zu vergleichen. Zur Bewertung unterschiedlicher Unternehmen eignet sich das im nächsten Abschnitt vorgestellte EV/EBIT besser.

EV/EBITDA-Verteilung im S&P 500

Die Unternehmen des S&P 500 weisen folgende EV/EBITDA Verteilung auf:

EV/EBITDA	0 bis 4	4 bis 6	6 bis 8	8 bis 10	10 bis 12
Anteil	2,3%	12,3%	24,9%	31,4%	11,7%
EV/EBITDA	12 bis 14	14 bis 16	16 bis 18	18 bis 20	20+
Anteil	7,1%	3,8%	2,5%	1,5%	2,5%

Quelle: Bloomberg; Stand April 2011

Der Median liegt bei einem EV/EBITDA von 8,5. Auffällig ist die Verteilung im Bereich zwischen null und 10, da rund 71 % der S&P 500 Werte ein EV/EBITDA in dieser Spanne aufweisen. Bewertungen über diesem Niveau sind in der Regel auf außergewöhnliche Geschäftsmodelle oder hohe Wachstumsraten zurückzuführen.

Beispiel 7.12 - EV/EBITDA-BEWERTUNG: BAYER

Der Bayer Konzern weist im Geschäftsbericht des Jahres 2010 folgende relevanten Finanzkennzahlen aus der Gewinn- und Verlustrechnung und der Bilanz aus:

Bayer	
in Mio. €	2010
EBIT	2.730
Abschreibungen	3.556
Lang. Finanzverbindlichkeiten	9.944
Kurz. Finanzverbindlichkeiten	1.889
Zahlungsmittel	2.840
Anteile anderer Gesellschafter	63
Eigenkapital	18.833
Anzahl der Aktien	826.947.808 Stück

Quelle: Bayer AG (2010) [IFRS]

Die Aktie des Unternehmens notierte am 31.12.2010 zu 55,30 €. Multipliziert mit der Anzahl der ausstehenden Aktien ergibt sich somit eine Marktkapitalisierung von 45.727 Mio. €. Die Nettofinanzschulden belaufen sich auf 8.993 Mio. € (9.944 Mio. € + 1.889 Mio. € - 2.840 Mio. €), die Schulden des Unternehmens können zu 100 % des Buchwerts angesetzt werden. Als letzter Schritt muss der Marktwert der Anteile Dritter bestimmt werden. Hierzu multiplizieren wir in diesem Fall den Buchwert der Anteile (63 Mio. €) mit dem Kurs-Buchwert-Verhältnis des Bayer Konzerns von 2,4 und erhalten den

Marktwert der Anteile Dritter mit 151 Mio. €. Der Enterprise Value ergibt sich auf Basis dieser Daten wie folgt:

$$\begin{aligned} \text{EV} &= \text{Marktwert EK} + \text{Nettofinanzverbindlichkeiten} + \text{Anteile Dritter} \\ &= 45.727 \text{ Mio. €} + 8.993 \text{ Mio. €} + 151 \text{ Mio. €} = 54.871 \text{ Mio. €} \end{aligned}$$

Das EBITDA wird durch Addition von EBIT (2.730 Mio. €) und Abschreibungen (3.556 Mio. €) berechnet. Da Bayer nach dem Umsatzkostenverfahren berichtet, müssen die Abschreibungen aus der Cashflowrechnung entnommen werden, das EBIT kann direkt aus der Gewinn- und Verlustrechnung abgelesen werden. Es ergibt sich ein EBITDA von 6.286 Mio. € für das Geschäftsjahr 2010. Durch Division beider Werte erhält man das EV/EBITDA:

$$\text{EV/EBITDA} = \frac{54.871 \text{ Mio. €}}{6.286 \text{ Mio. €}} = 8{,}73$$

Laut der oben angegebenen Tabelle liegt die Bewertung des Bayer Konzerns damit nahe am Marktdurchschnitt und ist ohne eingehende Analyse als angemessen einzustufen. Laut Unternehmensprognose erwartet das Management ein EBITDA von 7,5 Mrd. € im Geschäftsjahr 2011, wodurch das EV/EBITDA auf 7,3 sinken würde. Eine genauere Aussage kann der Vergleich mit dem EV/EBITDA und EBITDA-Margen anderer Chemie- und Pharmaunternehmen oder der eigenen historischen Entwicklung von Bewertung und Marge bringen.

7.7 EV/EBIT

Das EV/EBIT beschreibt das Verhältnis von Enterprise Value zu operativem Gewinn.

$$\text{EV/EBIT} = \frac{\text{Enterprise Value}}{\text{EBIT}}$$

Das EBIT gibt den Gewinn vor Steuern und Zinsen an, im Gegensatz zum EBITDA werden somit Abschreibungen nicht in die Berechnung mit einbezogen. Diese Kennzahl eignet sich insbesondere zum Vergleich von Unternehmen über Branchen hinweg und soll in diesem Buch neben dem KGV und KBV als zentraler Bewertungsmultiplikator dienen. Im Gegensatz zu Equitykennzahlen wie dem KGV berücksichtigt das EV/EBIT als Entitymultiplikator die Kapitalstruktur und bezieht damit die finanzielle Stabilität direkt in die Bewertung mit ein.

Verdeutlichen wir den Unterschied zwischen KGV und EV/EBIT an folgendem Beispiel:

Beispiel 7.13 - EV/EBIT vs. KGV

Unternehmen 1 steht zu einem Preis von 8.000 € zum Verkauf und weist einen Gewinn von 800 € pro Jahr auf. Unternehmen 2 kann dagegen für 10.000 € erworben werden und erzielt ebenfalls einen Gewinn von 800 €. Bis auf den Preis und die Kapitalstruktur haben beide Unternehmen vergleichbare Geschäftsmodelle. Basierend auf diesen Angaben ergibt sich ein Kurs-Gewinn-Verhältnis von 10 für Unternehmen 1 und 12,5 für das zweite Unternehmen.

Ohne Kenntnis der Bilanz lässt sich jedoch nicht bestimmen, welches Unternehmen günstiger ist. Nimmt man beispielsweise an, dass Unternehmen 1 Nettoverbindlichkeiten von 2.000 € in den Büchern hat, während Unternehmen 2 keine Verbindlichkeiten und einen Kassenbestand von 4.000 € aufweist. Ein Erwerber von Unternehmen 1 müsste somit zusätzlich zu den 8.000 € Kaufpreis Schulden in Höhe von 2.000 € übernehmen, während bei Unternehmen 2 der Kaufpreis effektiv um 4.000 € sinkt, da sich der Erwerber diesen Betrag direkt auszahlen könnte. Die Kaufpreismultiplikatoren erhöhen sich durch diese Betrachtung für Unternehmen 1 auf 12,5 und sinken für Unternehmen 2 auf 7,5.

In der Regel wird das EBIT als operativer Gewinn bezeichnet. Ein EV/EBIT von 8 besagt somit, dass ein Erwerber des gesamten Unternehmens bei konstantem Gewinn in 8 Jahren die Investition amortisiert hätte. Analog zu den bereits vorgestellten Bewertungskennzahlen entspricht auch hier ein geringer Wert tendenziell einer günstigen Bewertung.

Beispiel 7.14 - EV/EBIT: KABEL DEUTSCHLAND

Betrachten wir die Berechnung anhand der Geschäftszahlen 2009/10 der Kabel Deutschland Holding. Das EBIT wird direkt in der Gewinn- und Verlustrechnung mit 194,6 Mio. € ausgewiesen. Der Marktwert des Eigenkapitals beläuft sich bei einem Aktienkurs von 23,6 € und 90.000.000 ausstehenden Aktien auf 2,12 Mrd. €. Kabel Deutschland weist zudem eine Nettofinanzverschuldung von 2,83 Mrd. € auf. Der Enterprise Value beträgt somit 4,95 Mrd. € (2,12 Mrd. € + 2,83 Mrd. €). Auf Basis dieser Zahlen ergibt sich ein EV/EBIT von:

$$\text{EV/EBIT} = \frac{4.950 \text{ Mio. €}}{194 \text{ Mio. €}} = 25{,}5$$

Dieser Multiplikator ist für sich genommen als teuer zu bewerten. Das entsprechende EV/EBITDA des Unternehmens beträgt dagegen nur 7,6. Der deutliche Unterschied ist auf die hohen Abschreibungen zurückzuführen, die Kabel Deutschland in den nächsten Jahren aufgrund des Zukaufs von Kundenlisten verbuchen muss. Das Ergebnis wird dadurch aber nur temporär belastet. Dieses Beispiel zeigt, dass die Kennzahlen immer mit Bedacht und Bezug auf die jeweiligen Besonderheiten zu wählen sind. In diesem Fall stellt das EV/EBIT keine geeignete Bewertungskennzahl dar, da das EBIT durch den Sondereffekt der Abschreibung auf den Kundenstamm verzerrt wird. In der Praxis müsste das EBIT entweder um den Sondereffekt bereinigt oder ein anderer Bewertungsmultiplikator herangezogen werden.

EV/EBIT-Verteilung im S&P 500

Die untenstehende Tabelle gibt Aufschluss über die EV/EBIT Verteilung im S&P 500:

EV/EBIT	0 bis 5	5 bis 7	7 bis 9	9 bis 11	11 bis 13	13 bis 15
Anteil	2,2%	8,3%	10,9%	28,2%	21,2%	11,2%

EV/EBIT	15 bis 17	17 bis 19	19 bis 21	21 bis 23	23 bis 25	25+
Anteil	7,9%	2,4%	2,4%	1,5%	0,7%	3,1%

Quelle: Bloomberg; Stand April 2011

Der Median des EV/EBIT beläuft sich bei den S&P 500 Werten auf 10,9. 71 % der Werte liegen zwischen null und 13. Ein EV/EBIT von mehr als 21 weisen lediglich 5,3 % der betrachteten Unternehmen auf.

Beispiel 7.15 - EV/EBIT: Wärtsilä Group

Die finnische Wärtsilä Group ist ein führender Hersteller von Schiffsmotoren und Kraftwerken. Zum Ende des Geschäftsjahres 2009 weist die Wärtsilä Group folgende Geschäftszahlen aus:

Wärtsilä	
in Mio. €	2009
Operating Result	592
Interest bearing debt (non-current)	591
Interest bearing debt (current)	73
Cash and cash equivalents	244

Quelle: Wärtsilä Group (2009) [IFRS]

Zum 31.12.2009 standen 98.621.000 Aktien aus, wodurch sich bei einem Aktienkurs von rund 28 € eine Marktkapitalisierung von 2.761 Mio. € ergibt. Zuzüglich der Nettoverschuldung von 420 Mio. € (591 Mio. € + 73 Mio. € - 244 Mio. €) ergibt dies einen Enterprise Value von 3.181 Mio. € zum Ende 2009. Das im Income Statement ausgewiesene „Operating Result" von 592 Mio. € entspricht dem EBIT des Unternehmens. Auf Basis dieser Daten ergibt sich ein EV/EBIT von:

$$\text{EV/EBIT} = \frac{3.818 \text{ Mio. €}}{592 \text{ Mio. €}} = 6{,}45$$

Basierend auf der oben angegebenen Verteilung ist Wärtsilä als optisch günstig einzustufen. Zudem weist das Unternehmen im Geschäftsjahr 2009 einen Return on Capital Employed von 27,2 % auf, was als überdurchschnittlich aufgefasst werden kann. Ein weiterer Blick in den Geschäftsbericht verrät jedoch auch, dass im Zuge der Finanz- und Wirtschaftskrise die Aufträge für die Folgejahre um 35 % rückläufig waren. Die Marktteilnehmer preisten hier demnach schon einen Ergebnisrückgang im nächsten Geschäftsjahr ein. Dieses Beispiel zeigt, dass bei zyklischen Unternehmen ein besonderes Augenmerk auf die Schwankungen der Ergebnisgrößen gelegt werden sollte. Prinzipiell muss sich die Bewertung eines Unternehmens an den zukünftigen Erträgen orientieren. Würde beispielsweise der operative Gewinn für 2010 korrekt auf 412 Mio. € geschätzt werden, wäre die Bewertungsgrundlage mit einem EV/EBIT von 9,26 bereits teurer ausgefallen. Für das Jahr 2011 kann eine erste Bewertung anhand der Managementprognose von 520 Mio. € als operatives Ergebnis erstellt werden. Die Marktkapitalisierung des Konzerns belief sich Ende 2010 auf rund 5.000 Mio. € und die Finanzverbindlichkeiten werden voll durch die Kassenbestände gedeckt. Damit beträgt das EV/EBIT approximativ:

$$\text{EV/EBIT} = \frac{5.000 \text{ Mio. €}}{520 \text{ Mio. €}} = 9{,}61$$

7.8 EV/FCF

$$\text{EV/FCF} = \frac{\text{Enterprise Value}}{\text{Free-Cashflow vor Zinsen}}$$

Eine weitere Kennzahl aus dem Enterprise Value Universum betrachtet den Unternehmenswert im Verhältnis zum freien Cashflow vor Zinsen. Bisher wurde der Free-Cashflow stets im Bezug auf die Aktionäre betrachtet. Da das EV/FCF jedoch ein Entitymultiplikator ist, müssen die Cashflows der Fremdkapitalgeber, also die Zinszahlungen, ebenfalls berücksichtigt werden. Im Gegensatz zum EV/EBITDA werden auch die notwendigen Investitionen (CAPEX) und ausschließlich liquiditätswirksame Erträge berücksichtigt. Der EV/FCF Multiplikator ist daher als die vollständigste Enterprise Value-Kennzahl anzusehen, welche jedoch gleichzeitig, aufgrund der komplexen Berechnung des Nenners, den größten Bewertungsspielraum aufweist.

Der Free-Cashflow vor Zinsen berechnet sich nach folgender Formel:

$$\text{FCF vor Zinsen} = \text{Operativer Cashflow} + \text{Fremdkapitalzinsen} - \text{Investitionen}$$

Beispiel 7.16 - EV/FCF: Finsbury Food Group

Im Fall der britischen Finsbury Food Group zeigt die Anwendung der Kennzahl die klaren Schwächen klassischer Multiplikatoren wie dem KGV auf. Finsbury weist per Mitte 2009 (abweichendes Geschäftsjahr) folgende verkürzte Bilanzkennzahlen auf:

Finsbury Food Group				
Assets		in T£	Equity&Liabilities	
Non-Current Assets	87.483		Equity	37.802
Current Assets	30.527		Non-current liabilities	31.402
- Inventories	4.386		- Borrowings	26.736
- Receivables	24.868		- Others	4.666
			Current liabilities	48.806
- Cash and equivalents	1.273		- Borrowings	17.647
			- Others	31.159
Total	118.010		Total	118.010

Quelle: Finsbury plc (2009) [UK-GAAP]

Die Finsbury Gruppe notierte im Jahr 2009 zeitweise zu einem KGV von 4,8. Isoliert betrachtet stellt dies eine sehr günstige Bewertung dar. Betrachten wir nun dagegen die Bewertung aus Enterprise Value-Sicht: Bei einer Marktkapitalisierung von 5,6 Mio. £ (das entspricht einem KBV von 0,15) und Nettofinanzschulden von 43,1 Mio. £ ergibt sich ein Enterprise Value in Höhe von 48,7 Mio. £. Die Nettofinanzschulden berechnen sich in diesem Fall durch Addition der beiden Positionen „Borrowings“ abzüglich dem Bestand an liquiden Mitteln („Cash and equivalents“). Ein Blick auf die Cashflowrechnung der letzten zwei Jahre ermöglicht die Abschätzung des nachhaltigen Free-Cashflows:

Finsbury Food Group		
in T£	2009	2008
Net Cash from operating activities	+8.236	+5.934
Interest paid	+3.024	+2.310
Purchase of property, plants & equipment	−3.393	−2.551

Quelle: Finsbury plc (2009) [UK-GAAP]

Wird der Mittelwert der Free-Cashflows vor Zinsen beider Jahre herangezogen (8.236+3.024−3.393 und 5.934+2.310−2.551), ergibt sich ein nachhaltiger Free-Cashflow vor Zinsen von rund 6,7 Mio. £. Mit diesen Werten erhält man ein EV/FCF von:

$$\text{EV/FCF} = \frac{48{,}7\ \text{T£}}{6{,}7\ \text{T£}} = 7{,}26$$

Dieser Wert präsentiert sich schon teurer als das scheinbar günstige KGV. Das KGV ist in diesem Fall keine geeignete Bewertungskennzahl, da nicht der Gewinn, sondern die Kapitalstruktur (bzw.

die Liquiditätslage) das Problem des Unternehmens ist. Zwar erzielt das Unternehmen geringe, aber stetige Gewinne, gleichzeitig liegt die Liquidität 3. Grades bei nur 62,5 %. Das Unternehmen ist damit unterfinanziert und könnte Probleme haben, die kurzfristigen Schulden zu bedienen. Die EV/FCF Kennzahl deutet dagegen auf eine, unter Berücksichtigung der Schuldenlast, angemessene Bewertung hin. Für eine genauere Einordnung ist auch in diesem Fall die Berechnung historischer EV/FCF-Bewertungen sowie ein Peer-Group Vergleich sinnvoll.

7.9 EV/Sales

Die Bewertungskennziffer EV/Sales stellt den Unternehmenswert den Umsatzerlösen einer Periode gegenüber. Der Kennzahl ist daher als Pendant zum bereits bekannten Kurs-Umsatz-Verhältnis aus dem Bereich der Equitykennzahlen aufzufassen und berechnet sich wie folgt:

$$\text{EV/Sales} = \frac{\text{Enterprise Value}}{\text{Umsatzerlöse}}$$

Die Kennzahl gibt an, wie viel der Erwerb der gesamten Erlöse eines Unternehmens kosten würde. Dieser Multiplikator eignet sich besonders zur Betrachtung der Bewertung eines Unternehmens im Zeitverlauf, da diese Kennzahl in der Regel geringen Schwankungen unterliegt. Wie bei anderen Multiplikatoren deuten geringe Werte auf eine niedrige Bewertung hin, wobei hohe EV/Sales-Werte bei überdurchschnittlichen Margen durchaus gerechtfertigt sein können, wie die folgende Auflistung der EV/Sales-Werte im S&P 500 zeigt:

EV/Sales-Verteilung im S&P 500

EV/Sales	0 bis 0,4	0,4 bis 0,8	0,8 bis 1,2	1,2 bis 1,6	1,6 bis 2,0	2,0 bis 2,4
Anteil	4,6%	10,3%	9,2%	11,7%	10,7%	11,5%

EV/Sales	2,4 bis 2,8	2,8 bis 3,2	3,2 bis 3,6	3,6 bis 4,0	4,0 bis 4,4	4,4+
Anteil	10,3%	7,1%	5,2%	3,8%	3,8%	11,9%

Quelle: Bloomberg; Stand April 2011

Die Verteilung zeigt keine auffälligen Spitzen, rund 75 % der Unternehmen weisen eine EV/Sales von weniger als 3 auf. Der Median liegt bei 2,1.

Beispiel 7.17 - EV/Sales: McDonalds

Am Beispiel der McDonalds Corporation soll die Berechnung dieser Kennzahl exemplarisch dargestellt werden. Ende 2010 wurde das Eigenkapital des McDonalds Konzerns an der Börse mit rund 81,1 Mrd. $ bewertet. Zudem weist der Konzern eine Nettoverschuldung von 9,1 Mrd. $ und Umsatzerlöse im Geschäftsjahr 2010 von 24,0 Mrd. $ auf. Die Enterprise Value/Sales-Kennzahl kann damit wie folgt berechnet werden:

$$\text{EV/Sales} = \frac{81{,}1 \text{ Mrd. \$}}{24{,}0 \text{ Mrd. \$}} = 3{,}75$$

Basierend auf der oben angegebenen Verteilung ist ein EV/Sales von 3,75 als relativ teuer einzustufen, andererseits deutet die EBIT-Marge von 30,8 % bereits auf eine außergewöhnliche Marktstellung hin, wodurch auch eine Bewertung des Unternehmens zu einem Vielfachen der Umsätze gerechtfertigt sein kann. Dies wird auch durch ein EV/EBIT von 12,1 und EV/EBITDA von 10,3 für das Geschäftsjahr 2010 deutlich. Eine hohe, aber angesichts der Margenentwicklung und Marktposition vertretbare Bewertung.

8 Unternehmensbewertung

> Managers and investors alike must understand that accounting numbers are the beginning, not the end, of business valuation.
>
> *(Warren E. Buffett)*

Die Unternehmensbewertung befasst sich mit der Ermittlung des fairen Unternehmenswertes. Zur Bestimmung des fairen Wertes bestehen verschiedene Methoden und Ansätze, die in der Regel zu unterschiedlichen Ergebnissen und Bewertungsspannen führen. Der wahre Wert eines Unternehmens ist daher nicht objektiv feststehend, sondern vielmehr stets ein Kompromiss verschiedener Bewertungsverfahren, die auf einen bestimmten fairen Unternehmenswert deuten. Eine Eintrittskarte zu einem bereits ausverkauften Rock-Konzert hat für den Fan auf dem Schwarzmarkt beispielsweise einen sehr viel höheren Wert als für einen unbeteiligten Liebhaber klassischer Musik. Eine Unze Gold wirft keinen laufenden Ertrag ab, bietet Investoren jedoch zumindest subjektive Sicherheit - und diese hat ihren Preis. Der Wert vieler Vermögenswerte bestimmt sich demnach nicht zwingend nach ihrem Buchwert oder den zu erwartenden Zahlungen, sondern vielmehr nach weichen, nicht greifbaren und manchmal irrational-sentimentalen Eigenschaften. Im Gegensatz dazu ist der Wert von ausfallsicheren Staatsanleihen, bei einem gegebenen Zinsniveau, auf den Cent genau bestimmbar.

Der Wert von Unternehmen lässt sich ebenfalls auf verschiedene Weisen bestimmen und ist nicht für jeden Investor als absolute Zahl gegeben. Ein aggressiver Privat Equity Investor mit Liquidationsabsicht wird zum Beispiel den Buchwert bzw. Liquidationswert eines Unternehmens als wahren Wert ansehen. Ein Familienunternehmen in der dritten Generation dagegen wird nahezu jeden Kaufpreis ausschlagen, sofern der Käufer nicht die Familienphilosophie vertritt. Ein Unternehmen mit M&A-Absichten könnte dagegen einen deutlichen Aufschlag auf den aktuellen Marktwert eines Zielunternehmens bezahlen, sofern durch einen Zusammenschluss Synergie-Effekte zu erwarten sind oder neue Märkte erschlossen werden könnten.

Solang wir uns auf dem Aktienmarkt mit Beteiligungsgrößen ohne wesentliche Mitbestimmungsrechte bewegen, zählt jedoch vor allem eine Größe: die zukünftigen, abgezinsten Cashflows. Ende der 30er Jahre prägte der amerikanische Ökonom John Burr Williams den Begriff des inneren Wertes eines Unternehmens basierend auf dessen abgezinsten Cashflows. Dieses Verfahren wird heute unter dem Begriff Discounted Cashflow Modell (DCF-Modell) verstanden.

Der einzig objektive Unternehmenswert bestimmt sich durch die zukünftigen Free-Cashflows eines Unternehmens, also dem Betrag, den der Eigner des Unternehmens Jahr für Jahr aus dem Unternehmen an überschüssigen Zahlungsströmen entnehmen könnte, ohne es dadurch zu beeinträchtigen. Um dem Zeitwert des Geldes und dem Unternehmensrisiko gerecht zu werden, müssen die erwarteten Cashflows mit einem risikoadjustierten Zinssatz abgezinst werden. Daraus ergibt sich der Barwert (Present Value) der Cashflows, die in Summe dem inneren Unternehmenswert entsprechen. Einfach gesprochen, bemisst sich der Wert eines Unternehmens an seinen erwarteten, entnehmbaren Zahlungsströmen über die gesamte Lebensdauer der Unternehmung.

Während Ertrag, Leistung und Jahresüberschuss theoretische Konzepte sind, stehen bei der ertragswertorientierten Unternehmensbewertung nur die tatsächlich zugeflossenen Mittel, also der Cashflow, im Mittelpunkt der Analyse. Vergegenwärtigen wir uns diese cashflowbasierte Bewertung anhand eines vereinfachten Beispiels.

Beispiel 8.1 - ÖLQUELLE

Wir betrachten eine Ölquelle am Golf von Mexiko, die, nach einer Anfangsinvestition von 1.000 €, über 3 Jahre Öl im Wert von jeweils 1.000 € fördert. Die Einnahmen sind sicher, da feste Preise mit den Abnehmern vereinbart wurden und es bestehen keine weiteren Kosten. Der aktuelle risikofreie Zinssatz liegt bei 5 % p.a., die Anfangsinvestition von 1.000 € könnte also alternativ risikofrei angelegt werden. Die Ölquelle gilt dank tektonischer Besonderheiten als besonders stabil, der stetige Ölfluss über die nächsten 3 Jahre ist damit ebenfalls sicher und risikofrei. Nach den drei Jahren wird die Ölquelle ohne weitere Kosten stillgelegt. Die Zahlungsströme ergeben sich damit wie folgt:

t=0	t=1	t=2	t=3
−1.000 €	+1.000 €	+1.000 €	+1.000 €

Um nun den Barwert der Ölquelle zu berechnen, müssen die Aus- und Einzahlungen abgezinst werden. Je weiter der Zahlungsstrom in der Zukunft liegt, desto weniger ist er heute wert. Da die Cashflows sicher sind, wird der risikofreie Zins von 5 % als Diskontierungsrate verwendet. Die genaue Berechnung erfolgt durch:

$$\mathrm{DCF}_{Oelquelle} = -1.000\,€ + \frac{1.000\,€}{1{,}05} + \frac{1.000\,€}{1{,}05^2} + \frac{1.000\,€}{1{,}05^3} = 1.723{,}24\,€$$

Die abgezinsten Ein- und Auszahlungen der Ölquelle betragen 1723,24 € und stellen damit den inneren Wert dieses Projekts dar.

Dieses sehr einfache und abstrakte Beispiel enthält bereits alle Komponenten zur Bestimmung des inneren Wertes eines Unternehmens: (1) Die zu erwartenden Cashflows und (2) die Diskontrate. Auf reale Unternehmen bezogen, gestaltet sich die angemessene Bestimmung von (1) und (2) jedoch sehr viel schwieriger. Die Anwendung der in den vorangegangenen Kapiteln vermittelten Werkzeuge und Verfahren zur Einschätzung und Klassifizierung von Unternehmen ist daher eine notwendige Voraussetzung, um eine Bewertung überhaupt durchführen zu können. Neben der hier skizzierten theoretisch richtigen Bewertung mittels der diskontierten Cashflows enthält dieses Kapitel weitere Bewertungsmethoden. Diese ergänzenden und alternativen Verfahren sind notwendig, da die Discounted Cashflow Methode zum einen schon durch geringfügige Änderungen der Parameter wie der Diskont- oder Wachstumsrate deutliche Schwankungen im Ergebnis aufweist, zum anderen aber auch die korrekte Prognose der zukünftigen Cashflows in der Praxis schwierig und oft fehlerbelastet ist. Der innere Wert eines Unternehmens ist nie ein absoluter und unfehlbarer Wert, sondern stellt vielmehr eine Näherung dar.

Um diesen Wert einzugrenzen, werden folgende Bewertungsverfahren verwendet:

- **Ertragswertverfahren (DCF)**
- - Equity Verfahren
- - Entity Verfahren
- - APV-Verfahren
- **Marktwertverfahren**
- - Faires Kurs-Gewinn-Verhältnis
- - Faires Kurs-Buchwert-Verhältnis
- - Faires Kurs-Umsatz-Verhätlnis
- - Faires Enterprise Value / EBIT-Verhältnis
- **Substanzwertverfahren**

8.1 Discounted Cashflow Modell

Der Discounted Cashflow Ansatz (DCF) bestimmt den Unternehmenswert durch Diskontierung zukünftiger Zahlungsströme. Der Wert eines Unternehmens wird in dieser Theorie maßgeblich durch die Höhe der Cashflows und der Diskontrate determiniert. Da dieses kapitalmarkttheoretisch begründete Modell teilweise auf den Theorien von *Modigliani* und *Miller* sowie dem Capital Asset Pricing Modell beruhen, die in der Praxis problematisch sind, werden wir bei der Bestimmung der Diskontfaktoren alternative Wege einschlagen. Im Ergebnis ergibt sich, je nach angewandter Methode, entweder der Wert des Gesamtunternehmens, also der faire Wert von Fremd- und Eigenkapital, oder direkt der faire Wert des Eigenkapitals, der besonders für Investitionen am Aktienmarkt relevant ist.

Die Cashflows des zu bewertenden Unternehmens werden im Rahmen der Discounted Cashflow Bewertung in der Regel über einen Zeitraum von 5 bis 10 Jahren detailliert geplant und gehen in den

Folgejahren üblicherweise in eine ewige Rente, den sogenannten Terminal Value, über. Der zu bestimmende Wert des Unternehmens setzt sich demnach aus den Barwerten der Planungsperiode und dem Terminal Value zusammen. Sofern nicht-betriebsnotwendige Vermögenswerte wie ungenutzte Immobilien oder hohe (netto) Kassenbestände bestehen, werden diese dem Unternehmenswert zugerechnet, da der Eigentümer des Unternehmens diese sofort verkaufen könnte, ohne die Cashflows zu beeinflussen. Die etablierten Discounted Cashflow Modelle gliedern sich in die folgenden Verfahren:

- Equity-Verfahren
- Entity-Verfahren
- Adjusted Present Value (APV)-Verfahren

Die einzelnen Verfahren unterscheiden sich dabei nach der Art der anzuwendenden Cashflows und den Diskontraten. Jedes Verfahren kommt jedoch, zumindest in der Theorie, zum gleichen Ergebnis. Grundsätzlich bestimmt sich der Unternehmenswert durch Diskontierung der Cashflows nach dem folgenden Schema:

$$\text{Unternehmenswert} = \frac{\text{Cashflow}_{t=1}}{1+r} + \frac{\text{Cashflow}_{t=2}}{1+r^2} + \ldots + \frac{\text{Cashflow}_{t=n}}{1+r^t}$$

t bezeichnet die jeweilige Zeitperiode und r den risikoadjustierten Zinssatz, d. h. den Diskontfaktor. Die verschiedenen Methoden werden im Folgenden kurz vor- und gegenübergestellt. Darauf aufbauend folgt eine genaue Besprechung der einzelnen Verfahren, wobei der Fokus auf das vom Autor favorisierte Equity-Verfahren gelegt wird.

Das Entity- und APV-Verfahren bestimmt den Gesamtunternehmenswert, also den Wert des Fremd- und Eigenkapitals. Das Equity-Verfahren hingegen direkt den angemessenen Wert des Eigenkapitals. Das Ergebnis von Entity- und APV-Verfahren wird auch als Unternehmenswert bezeichnet:

$$\text{Unternehmenswert} = \text{Wert des Eigenkapitals} + \text{Wert des Fremdkapitals}$$

Um den in der Bewertung besonders interessanten Wert des Eigenkapitals zu erhalten, wird die Formel umgestellt:

$$\text{Wert des Eigenkapitals} = \text{Unternehmenswert} - \text{Wert des Fremdkapitals}$$

Um den gesamten Unternehmenswert zu berechnen, müssen die Zahlungsströme aller Kapitalgeber berücksichtigt werden. Insbesondere Fremdkapitalzinsen werden daher dem Cashflow zugerechnet, da diese die Zahlungsströme der Fremdkapitalgeber darstellen. Da die Zahlungsströme aller Kapitalgeber herangezogen werden, müssen auch die Kapitalkosten der verschiedenen Kapitalgeber entsprechend ihrem Anteil berücksichtigt werden. Im Entity- und APV-Verfahren werden die Cashflows daher mit den gewichteten Kapitalkosten abgezinst. Die APV-Methode geht grundsätzlich einen dem Entity-Verfahren ähnlichen Weg, indem die Cashflows aller Kapitalgeber diskontiert werden. Der Unterschied besteht jedoch in der Berücksichtigung der Steuer. Während im Entity-Verfahren der Steuervorteil des Fremdkapitals schon in die Kapitalkosten eingebunden ist, berücksichtigt das APV-Verfahren den Steuervorteil als Barwert der zukünftigen Steuerersparnisse, dem sogenannten Tax Shield. Der Gesamtwert des Unternehmens bestimmt sich in diesem Fall aus dem Barwert der Cashflows zuzüglich des Wertes des Tax Shield. Dieses auf den ersten Blick komplizierte Verfahren hat den Vorteil, dass der Nutzen des eingesetzten Fremdkapitals direkt in Form des Tax Shield quantifiziert werden kann. Das Equity-Verfahren betrachtete dagegen nur Cashflows, die den Eigenkapitalgebern zustehen und diskontiert diese daher mit den Eigenkapitalkosten. Das Ergebnis ist direkt der Wert des Eigenkapitals. Geteilt durch die Anzahl der Aktien ergibt sich so der faire Wert je Aktie. Die Vielfalt an Modellen mag auf den ersten Blick verwirrend erscheinen, es hat jedoch abhängig von der Bewertungssituation Vorteile, auf mehrere Modelle zurückgreifen zu können. In den folgenden Abschnitten werden die einzelnen Methoden vorgestellt, an Beispielen veranschaulicht sowie die logischen und wirtschaftlichen Verknüpfungen dargestellt, um ein besseres Verständnis dieser wichtigen Bewertungsverfahren zu erhalten. Die folgende Tabelle gibt einen ersten Überblick über die einzelnen Verfahren:

Verfahren	Relevanter Cashflow	Diskontfaktor	Ergebnis
Equity-Verfahren	Free-Cashflow	r_{EK}	Eigenkapitalwert
Entity-Verfahren	Free-Cashflow v. Zinsen	WACC	Unternehmenswert
APV-Verfahren	Free-Cashflow v. Zinsen	pretax WACC	Unternehmenswert

Anmerkungen: r_{EK} = Eigenkapitalkosten; WACC = gewichtete Kapitalkosten

8.1.1 Equity-Verfahren

Das Equity-Verfahren berücksichtigt die Zahlungsströme der Eigenkapitalgeber und diskontiert diese mit den unternehmensspezifischen Eigenkapitalkosten. Wir bezeichnen diese Zahlungsströme als Free-Cashflow beziehungsweise treffender als Owners Earnings, da diese den Besitzern des Unternehmens zustehen. Dieses Verfahren bildet die zentrale Bewertungsmethode im Discounted Cashflow Modell und erhält daher die meiste Beachtung in den folgenden Fallbeispielen. Zur Bestimmung des Eigenkapitalwertes nach der Equity-Methode werden die folgenden Einflussfaktoren benötigt:

1. Owner Earnings (Free-Cashflow)
2. Diskontierungsfaktor (Abzinsungsrate)
3. Ewige Rente (ewiges Wachstum)

Bestimmung des Free-Cashflows / Owner Earnings im Equity-Verfahren

Die den Eigenkapitalgebern zurechenbaren Cashflows werden nach dem folgenden Schema berechnet:

	Jahresüberschuss
+	Abschreibungen
+/−	Δ Rückstellungen
−	Investitionen (CAPEX)
−	Δ Working Capital
	Owners Earnings

Um eine Bewertung nach dem Discounted Cashflow Modell vornehmen zu können, müssen die einzelnen Bestandteile der Owners Earnings für einen Zeitraum zwischen 5 und 10 Jahren explizit geschätzt werden. Für die ersten beiden Jahre bietet sich eine genaue Schätzung der Gewinn- und Verlustrechnung an. In den Folgejahren sollte die Umsatzentwicklung, EBIT-Marge und Steuerquote grob geschätzt werden um den Jahresüberschuss und nach weiteren Anpassungen (Abschreibungen, Investitionen und Working Capital) die

Owners Earnings zu erhalten. Insbesondere für die Schätzung der Unternehmenszahlen nach dem zweiten Jahr bietet sich die Verwendung eines Excel-Modells an, um die Margenentwicklung zu simulieren.

Gemäß dem oben abgebildeten Schema wird der Jahresüberschuss um nicht liquiditätswirksame Aufwendungen wie Abschreibungen und Rückstellungen bereinigt. Im Gegenzug werden die erwarteten Sachinvestitionen (auch für immaterielle Güter) abgezogen, da diese Auszahlungen darstellen. Eine Einschätzung über die zukünftigen Sachinvestitionen (CAPEX) kann oft durch eine Auswertung der letzten Geschäftsjahre gewonnen werden. Befindet sich ein Unternehmen in einer expansiven Situation, so wird der CAPEX tendenziell zunehmen, da z. B. neue Filialen eröffnet oder Fabriken errichten werden müssen. Nimmt das Wachstum ab, so geht in der Regel auch der CAPEX zurück. Oft liefert das Management eine Indikation über die zu erwartenden Investitionen der nächsten Jahre. Es ist dabei hilfreich, die Sachinvestitionen im Verhältnis zu den Umsatzerlösen zu betrachten. Gerade in der Detailplanung wird ersichtlich, wie wichtig der Dialog mit dem Unternehmen im Prozess der Unternehmensanalyse und Bewertung ist. Bei der Schätzung von Abschreibungen und CAPEX ist zu beachten, dass beide Werte mit der Zeit konvergieren müssen. Insbesondere wenn die Schätzung in die ewige Rente übergeht, sollten die Abschreibungen dem CAPEX entsprechen, da sonst dauerhaft mehr investiert als abgeschrieben würde.

Zuletzt werden die Owners Earnings um die notwendigen Working Capital Investitionen korrigiert. Da nahezu jedes Unternehmen für Wachstum mehr Working Capital (z. B. Vorräte) vorhalten muss, korreliert dieser Betrag in der Regel mit der Wachstumsrate des Unternehmens. Um die zukünftige Entwicklung des Working Capitals abzuschätzen, empfiehlt es sich den Anteil des Working Capitals am Umsatz der vergangenen Jahre zu berechnen und auf die Folgejahre hochzurechnen.

Weist ein Unternehmen beispielsweise Working Capital (Vorräte + Forderungen LuL - Verbindlichkeiten aus LuL) von durchschnittlich 15 % der Umsatzerlöse in den letzten Jahren auf, so kann durch Multiplikation dieses Wertes mit dem Umsatz der Folgejahre die Veränderung des Working Capital abgeschätzt werden. Im untenstehenden

Beispiel (15 % Working Capital im Verhältnis zum Umsatz) beträgt der Mittelabfluss ins Working Capital beispielsweise zwischen 15 und 22,5 Mio. €. Würde der Umsatz in einem Jahr abnehmen, so fließen dem Unternehmen entsprechend Mittel aus dem Working Capital zu, da Vorräte und Forderungen teilweise abgebaut werden würden.

in Mio. €	2010	2011e	2012e	2013e	2014e
Umsatz	1.000	1.100	1.250	1.400	1.450
Working Capital	150	165	187,5	210	217,5
Δ Working Capital	-	15	22,5	22,5	17,5

Durch Verrechnung aller Faktoren (Jahresüberschuss + Abschreibungen +/- Δ Rückstellungen - CAPEX - Δ Working Capital) ergeben sich die Owner Earnings der einzelnen Jahre. Die Owners Earnings geben an, welchen Betrag der alleinige Besitzer jedes Jahr entnehmen könnte, ohne dem Unternehmen betriebsnotwendige Mittel zu entziehen, d. h. das Unternehmen zu beeinträchtigen.

Beispiel 8.2 - SWATCH GROUP: OWNER EARNINGS

Betrachten wir dazu beispielsweise die Bestimmung der Owners Earnings der Swatch Group im Geschäftsjahr 2010 anhand von Auszügen der Gewinn- und Verlustrechnung, Bilanz und Cashflowrechnung:

Swatch Group		
in Mio. CHF	2010	2009
Nettoumsatz	6.108	5.142
Betriebliche Aufwendungen	- 4.672	- 4.239
Konzerngewinn	1.074	759
Abschreibungen	-222	-220
Investitionen in materielle VG	265	220
Investitionen in immaterielle VG	26	25
Working Capital	3.294	3.266
Δ Working Capital	28	41

Quelle: Swatch Group (2010) [IFRS]

Im Jahr 2010 berechnen sich die Owner Earnings durch Addition von Konzerngewinn (1.074 Mio. CHF) und den Abschreibungen (222 Mio. CHF) abzüglich der Investitionen (265 + 26 Mio. CHF) und den Veränderungen des Working Capitals (28 Mio. CHF).

$$\text{Owner Earnings} = 1.074 \text{ Mio. CHF} + 222 \text{ Mio. CHF} - 265 \text{ Mio. CHF} - 26 \text{ Mio. CHF} - 28 \text{ Mio. CHF} = 977 \text{ Mio. CHF}$$

Sollen nun die Owners Earnings für das Geschäftsjahr 2011 geschätzt werden, ergeben sich bei einem angenommenen Umsatz- und Ergebniswachstum von 8 % und einem Anstieg der Abschreibungen und Investitionen um den gleichen Faktor neue Owners Earnings vor Working Capital (WC) Veränderungen von:

$$\text{Owner Earnings}_{(vorWC)} = 1.160 \text{ Mio. CHF} + 240 \text{ Mio. CHF} - 286 \text{ Mio. CHF} - 28 \text{ Mio. CHF} = 1.086 \text{ Mio. CHF}$$

Die Veränderung des Working Capitals berechnet sich durch Fortschreibung des Anteils des Working Capitals an den Umsatzerlösen. Die Swatch Group wies in den letzten Jahren die folgenden Werte auf:

(in Mio. CHF)	2011e	2010	2009	2008
Umsatzerlöse	6.596	6.108	5.142	5.677
Working Capital	3.627	3.294	3.266	3.225
In %	55,0 %	53,9 %	63,5 %	56,8 %

Quelle: eigene Schätzung, Swatch Group (2010) [IFRS]

Die Auswertung der Jahre 2008 bis 2010 ergibt ein schwankendes Verhältnis von Working Capital zu den Umsatzerlösen. Jedoch ist der Wert aus 2009 aufgrund des starken Rückgangs der Umsätze bei stagnierendem Working Capital als Sondereffekt einzustufen. Wir setzen für die Schätzung im Jahr 2011 daher den Mittelwert aus 2010 und 2008 an und erhalten ein Working Capital zu Umsatz Verhältnis von 55 %. In absoluten Zahlen ergibt dies einen Wert von 3.627 Mio. CHF, was einer Veränderung zum Vorjahr um 333 Mio. CHF entspricht. Da dieser Betrag zur Finanzierung in das Umlaufvermögen investiert werden muss und vorerst aus dem Unternehmen fließt, werden die Owners Earnings entsprechend belastet. Die abschließenden Owners Earnings ergeben sich daher für das geschätzte Geschäftsjahr 2011 mit:

$$\text{Owner Earnings} = 1.086 \text{ Mio. CHF} - 333 \text{ Mio. CHF} = 753 \text{ Mio. CHF}$$

Der Rückgang der Owners Earnings gegenüber dem Vorjahr trotz Umsatz und Ergebniswachstums erklärt sich durch den starken Anstieg des Working Capitals im Konzern. In diesem Fall ist dies auf das relativ starke Wachstum nach drei Jahren in der Rezession zurückzuführen, in denen der Konzern das Working Capital aufgrund des moderaten Wachstums nicht wesentlich erhöhen musste. Würde die Analyse ergeben, dass die Swatch Group in den Folgejahren ein strafferes Working Capital Management implementieren kann, könnte die Quote von 55 % auch gesenkt werden, was die Owners Earnings erhöht. Ein simples Fortschreiben der Daten ist daher nicht immer angebracht.

Bestimmung des Diskontfaktors im Equity-Verfahren (Eigenkapitalkosten)

Nachdem die Owners Earnings für die jeweiligen Jahre bestimmt wurden, wenden wir uns dem angemessenen Diskontierungsfaktor zu. Dieser richtet sich nach dem Risiko des Unternehmens. Je riskanter die Anlage, desto höher fällt der Diskontfaktor aus. Dies folgt aus der ökonomischen Intuition, dass Investoren eine Risikoprämie in Form von höheren Renditen bei steigendem Risiko fordern. Je höher der Diskontfaktor, desto geringer ist der Wert künftiger Cashflows, da diese mit einem größeren Betrag abgezinst werden. Wir tragen mit dem Diskontfaktor also sowohl dem Zeitwert des Geldes (ein Euro heute ist mehr wert als ein Euro morgen), als auch dem spezifischen Unternehmensrisiko Rechnung. Verdeutlichen wir uns diesen Sachverhalt an dem oben bereits erwähnten Ölquellen-Beispiel.

Beispiel 8.3 - ÖLQUELLE: VERÄNDERUNG DER DISKONTRATE

Die Ölquelle aus dem Eingangsbeispiel wird nun als riskant eingeschätzt, da die Quelle inzwischen von einem britischen Betreiber geführt wird, der in deutlich größeren Tiefen nach Öl bohrt. Das Risiko des Projekts und damit auch die Kapitalkosten nehmen zu, da Investoren für das zusätzliche Risiko kompensiert werden müssen. Ein Anstieg der Kapitalkosten auf beispielsweise 10 % verändert den Barwert wie folgt:

$$\mathrm{DCF}_{OelquelleNEU} = -1.000\text{ €} + \frac{1.000\text{ €}}{1{,}10} + \frac{1.000\text{ €}}{1{,}10^2} + \frac{1.000\text{ €}}{1{,}10^3} = 1.486{,}85\text{ €}$$

Der Anstieg der Diskontierungsrate vermindert den Wert der Ölquelle von 1.723,24 € auf 1.486,85 €. Der Diskontfaktor spiegelt demnach das Risiko eines Unternehmens oder Projekts wider.

Doch was ist Risiko und wie ist es zu messen? In der Literatur herrscht das Capital Asset Pricing Modell (CAPM) zur Bestimmung des Diskontfaktors vor. Dabei wird das Risiko eines Unternehmens durch die Schwankung seiner Aktie relativ zum Markt gemessen. Sinkt der Markt beispielsweise um 1 %, die Aktie jedoch durchschnittlich nur um 0,5 %, so wird eine Aktie als, relativ zum Markt, risikoarm angesehen. Sinkt die Aktie jedoch um mehr als 1 %, gilt die Aktie als relativ riskant. Durch Verrechnung dieser Kennzahl, dem Beta, mit dem risikofreien Zins und der Marktrendite ergeben dann die Eigenkapitalkosten eines Unternehmens.

Je stärker eine Aktie also relativ zum Markt schwankt, desto riskanter ist diese laut der CAPM-Theorie. Diese etablierte Theorie hat jedoch zwei große Schwächen: Zum einen ist es fragwürdig, ob die Schwankung einer Aktie zum Markt eine Aussagekraft über das Risiko einer Anlage hat, zum anderen kann das Beta je nach betrachtetem Zeitraum, verwendetem Marktportfolio und der Liquidität der Aktie deutlich abweichen. Der Markt bzw. das Marktportfolio ist besonders schwer zu bestimmen, da dieses gemäß der CAPM-Theorie sämtliche riskante Wertpapiere enthalten müsste, was praktisch nicht umsetzbar ist. Die Umsetzung der CAPM-Theorie scheitert daher schon an der Definition und Quantifizierung des Marktes. Des Weiteren impliziert dieses Modell eine Normalverteilung der Renditen, welche in der Praxis so nicht vorgefunden wird.

Diese Probleme stammen aus dem Postulat vollständig effizienter Märkte, auf denen das Modell basiert. Ein Blick auf die Realität zeigt jedoch, wie real die Phänomene von Angst und Gier an der Börse sind. Neben Fundamentaldaten bewegen auch diese die Kurse und damit das Risiko gemäß dem Capital Asset Pricing Model. Folgendes Beispiel verdeutlicht die Fehleranfälligkeit des CAPM Modells:

Die Aktie des Skiproduzenten *Head* und des Lebensmittelkonzerns *Unilever* weisen für das Jahr 2010 ein Beta von 0,54 bzw. 0,69 auf. Unilever würde damit vom Markt riskanter eingeschätzt als Head. Vor dem Hintergrund einer erfolgten Umschuldung und jahrelangen Verlusten bei Head gegenüber soliden Gewinnen bei Unilever gibt dieses Ergebnis Rätsel auf. Ein Vergleich der Renditen ausstehender Anleihen beider Unternehmen verdeutlicht die Fehlerhaftigkeit der Beta-Auswertung: Während Head Anleihen mit einer Laufzeit von vier Jahren eine Rendite von 11,7 % p. a. einbringen, fordern Investoren für die Investition in Unilever Anleihen mit Fälligkeit in fünf Jahren gerade einmal 2,5 % pro Jahr. Der Markt schätzt Unilever offensichtlich deutlich risikoärmer als Head ein, obwohl das CAPM-Modell in eine andere Richtung weist. Auch steigen die Eigenkapitalkosten in der CAPM-Modigliani/Miller-Welt mit einer Erhöhung des Verschuldungsgrades. Es ist zwar wahr, dass mit einer Erhöhung des Verschuldungsgrades das Risiko zunimmt, jedoch sind die Grenzkosten der Fremdkapitalaufnahme, bezogen auf die Eigenkapitalkosten, je nach Geschäftsmodell deutlich verschieden. Unternehmen aus der Halbleiterbranche sind beispielsweise einem ständigen Wandel unterworfen, wodurch eine hohe Zinsbelastung aus Flexibilitätsgründen vermieden werden sollte. Etablierte Unternehmen aus defensiven Branchen wie beispielsweise der Kabel-TV Anbieter Kabel Deutschland können dagegen selbst sehr hohe Fremdkapitalquoten aushalten und die Vorteile der steuerlichen Absetzbarkeit von Zinsen nutzen. Das eigentliche Risiko einer Unternehmung wird daher von der Aktiva und nicht von der Struktur der Passiva determiniert.

Aufgrund dieser offensichtlichen Schwächen des Capital Asset Pricing Model bietet sich ein alternatives Modell an. Wir berechnen die geforderten Eigenkapitalkosten im Folgenden auf Basis einer qualitativen Methode durch Verrechnung von risikofreiem Zins und einem adäquaten Risikoaufschlag. Dies hat zwar nicht den wissenschaftlichen Charme der CAPM-Theorie, trifft dafür jedoch keine unrealistischen Annahmen. Dieses einfache Modell geht auf den Autor zurück und steht im Kontrast zur vorherrschenden Lehrmeinung. Prinzipiell bestimmen sich die Eigenkapitalkosten aus dem risikofreien Zins und einem unternehmensspezifischen Risikoaufschlag:

$$\text{Eigenkapitalkosten} = \text{risikofreier Zins} + \text{Risikoaufschlag}$$

Da kein Wertpapier tatsächlich als risikofrei einzustufen ist, sollte auf die Rendite 10-jähriger AAA-Staatsanleihen ausgewichen werden, da diese in der Regel eine gute Annäherung darstellen.

Der Risikoaufschlag bestimmt sich nach dem spezifischen Risiko des betrachteten Unternehmens. Um dieses Risiko zu quantifizieren, wird auf das im nächsten Abschnitt im Detail vorgestellte Konzept des fairen KGVs zurückgegriffen. Je höher das angemessene KGV eines Unternehmens, desto gefestigter ist sein Geschäftsmodell, moderater seine Verschuldung und ausgeprägter seine Marktstellung. Ein hohes faires KGV ist somit als Indiz für eine insgesamt hohe Stabilität und damit geringes Risiko anzusehen. Ein hohes, am Markt beobachtetes Kurs-Gewinn-Verhältnis ist dagegen kein Indiz für geringes Risiko, sondern kann auch das Produkt einer Überbewertung sein. In diesem Zusammenhang wird also nur vom theoretisch fairen KGV ausgegangen. Der Risikoaufschlag berechnet sich nach diesem modifizierten Modell wie folgt:

$$\text{Risikoaufschlag} = \frac{1}{\text{Faires KGV}}$$

Ein faires KGV von 10 entspricht damit einem Risikoaufschlag von 10 % (1/10), ein faires KGV von 18 einem Risikoaufschlag um 5,5 % (1/18).

Bei der Bewertung von deutschen Unternehmen zum Ende 2010 würde beispielsweise die Rendite 10-jähriger Staatsanleihen von 2,4 % herangezogen werden. In Kombination mit den oben angegebenen Daten ergeben sich Eigenkapitalkosten in Höhe von 12,4 % und 7,9 % für die Risikoaufschläge von 10 % und 5,5 %.

Die Wachstumskomponente des fairen KGV (siehe Abschnitt 8.2.1) sollte unter Umständen bei der Berechnung des Risikoaufschlags ignoriert werden, da Wachstum nicht unbedingt zur Stabilität beiträgt. Zur Berechnung des Risikoaufschlags bei einem Unternehmen mit fairem KGV von 18 und einem Wachstumsaufschlag von 3 Punkten sollte daher ein faires KGV von 15 verwendet werden. Der Risikoaufschlag würde sich in diesem Fall auf 6,6 % belaufen (1/15). Die genaue Bestimmung des fairen KGV ist im nächsten Abschnitt ausführlich dargestellt.

Es ist des Weiteren zu beachten, dass diese Werte lediglich Indikationen darstellen. Die Eigenkapitalkosten müssen z. B. in jedem Fall über den bezahlten Fremdkapitalzinsen liegen, da Gläubiger gegenüber Aktionären vorrangig bedient werden und somit ein geringeres Risiko aufweisen. Bezahlt ein Unternehmen beispielsweise mehr als 10 % auf sein Fremdkapital, so erübrigt sich die weitere Analyse in der Regel, da der Risikoaufschlag exorbitante Züge annimmt. Die Analyse von Zinssätzen auf Nachrangkapital und Genussscheinen (Hybridkapital, welches eine Mischung aus Fremd- und Eigenkapital darstellt) ergibt, dass Investoren für dieses gegenüber Eigenkapital vorrangiges Kapital in der Regel eine Rendite zwischen 7 und 9 % erwarten. Demgemäß sollte die Renditeforderung der Eigenkapitalgeber über diesem Wert liegen. Der schematische Aufbau der Kapitalstruktur und der korrespondierenden Renditeforderungen sind in Kapitel 8.2.2 dargestellt. Ein besonders defensiv aufgestelltes Unternehmen aus einer konjunkturunabhängigen Branche kann daher durchaus Eigenkapitalkosten von nur 7 % aufweisen, wohingegen besonders zyklische und anfällige Unternehmen Eigenkapitalkosten von 15 % und mehr aufweisen können. Bei der Discounted Cashflow Analyse ist es sinnvoll, stets Eigenkapitalkosten von mindestens 7 % anzunehmen, um auch bei besonders stabilen Unternehmen keine zu optimistischen Ergebnisse zu erhalten.

Bestimmung der ewigen Rente im Equity-Verfahren

Nachdem die Owner Earnings für eine verlässlich abschätzbare Periode ermittelt wurden, wird für die restlichen Geschäftsjahre eine ewige Wachstumsrate, die sogenannte ewige Rente, angesetzt. Hierbei spielt die Inflationserwartung und Marktstellung des Unternehmens eine kritische Rolle. Ist ein Unternehmen fähig die Preise an die Inflation anzupassen, so ist eine ewige Wachstumsrate in Höhe der erwarteten Inflation anzunehmen. Arbeitet das Unternehmen dagegen in einer Konkurrenzsituation, so ist eine geringere Wachstumsrate anzunehmen. Erfahrungsgemäß liegt die ewige Rente in einem Bereich zwischen null und 4 Prozent. Da die Cashflows ab dem Jahr der ewigen Rente oft einen Großteil des Unternehmenswertes ausmachen, sollte die Wachstumsrate stets konservativ gewählt werden. Die Wachstumsrate ist darüber hinaus durch das Markt- bzw. BIP-Wachstum gedeckelt. Würde ein Unternehmen bis in alle Ewigkeit stärker als der Markt wachsen, so wäre das Unternehmen in letzter Konsequenz ab einem bestimmten Zeitpunkt selbst der Markt. Die ewige Wachstumsrate kann daher auch durch das langfristig angenommene Marktwachstum ermittelt werden.

Die Verwendung einer ewigen Wachstumsrate scheint problematisch, da der Zinseszinseffekt die Cashflows exponentiell ansteigen lässt. Dieser Effekt wird jedoch durch den ebenfalls ansteigenden Diskontfaktor [z. B. im Jahr 100; $CF_{t=100}$ / $(1+r)^{100}$] überkompensiert und dadurch egalisiert. Bei einer stetigen Cashflowreihe von 100 € und einem Diskontfaktor von 10 % fallen beispielsweise mehr als 75 % der Beträge in die ersten 20 Jahre. Die 100 € aus dem einhundertsten Jahr weisen wegen des ansteigenden Diskontfaktors nur noch einen Barwert von 0,7 Cent auf [100 € / 1,10^{100}].

Anwendung des Equity-Verfahren

Die Anwendung dieser Discounted Cashflow Methode erfolgt über die folgenden methodischen Schritte.

- Schätzung der Owners Earnings der nächsten 5-10 Jahre
- Ermittlung der Eigenkapitalkosten
- Ermittlung einer angemessenen ewigen Rente

Diese Punkte bestehen jeweils aus mehreren Unterpunkten, sodass eine komplette DCF-Analyse mit Markt-, Wettbewerbs-, Unternehmens- und Kennzahlenanalyse einen sehr ausführlichen Charakter bekommen kann. Betrachten wir das Vorgehen zunächst an einem vereinfachten Beispiel.

Beispiel 8.4 - EQUITY-VERFAHREN

Gegeben seien folgende Unternehmensdaten:

EBIT	110 €
Zinsaufwand	10 €
Steueraufwand	30 €
Jahresüberschuss	70 €
sowie:	
Abschreibungen	20 €
Delta Working Capital	5 €
CAPEX	20 €
EK-Kosten	12 %
FK-Kosten	5 %
Finanzverbindlichkeiten	200 €

Es ist auch in den folgenden Geschäftsjahren weiterhin mit genau diesen Zahlen zu rechnen, das Unternehmen wächst demnach nicht. Gemäß der Equity Methode berechnen wir die Owners Earnings und diskontieren diese mit den Eigenkapitalkosten:

$$\text{Owner Earnings} = 70 \text{ €} + 20 \text{ €} - 5 \text{ €} - 20 \text{ €} = 65 \text{ €}$$

Da diese Werte in diesem Fall für alle Folgejahre gelten, erhalten wir den Wert des Eigenkapitals durch Diskontierung dieser Zahlungsströme:

$$\text{Wert des Eigenkapitals} = \frac{65\text{ €}}{1{,}12^1} + \frac{65\text{ €}}{1{,}12^2} + \ldots + \frac{65\text{ €}}{1{,}12^n}$$

Im Fall einer konstanten Cashflowreihe lässt sich diese Formel vereinfacht darstellen durch:

$$\text{Wert des Eigenkapitals} = \frac{65\text{ €}}{0{,}12} = 541{,}66\text{ €}$$

Der faire Wert des Eigenkapitals beträgt somit 541,66 €. Geteilt durch die Anzahl der Aktien, ergibt sich der faire Wert je Aktie.

8.1.2 Entity-Verfahren

Im Gegensatz zum oben dargestellten Equity-Verfahren ermittelt das Entity-Verfahren nicht den Wert des Eigenkapitals, sondern, durch Einbeziehen aller Zahlungsströme, den gesamten Unternehmenswert bestehend aus Fremd- und Eigenkapital. Unter Fremdkapital wird in diesem Zusammenhang stets das verzinsliche Fremdkapital verstanden. Da in diesem international weitverbreiteten DCF-Verfahren die Cashflows von Eigen- und Fremdkapitalgeber zur Bestimmung des Unternehmenswertes herangezogen werden, müssen diese mit einer gewichteten Diskontrate, bestehend aus den jeweiligen Fremd- und Eigenkapitalkosten, abgezinst werden.

Bestimmung des Free-Cashflows vor Zinsen im Entity-Verfahren

Die den gesamten Kapitalgebern zurechenbaren Cashflows ermitteln sich schematisch wie folgt:

	EBIT (operatives Ergebnis)
−	angepasste Steuern auf EBIT
+	Abschreibungen
+/−	Δ Rückstellungen
−	Investitionen (CAPEX)
−	Δ Working Capital
	Free-Cashflow vor Zinsen

Da die Cashflows aller Kapitalgeber berücksichtigt werden, setzt die Bestimmung des relevanten Free-Cashflows beim Ergebnis vor Zinsen und Steuern, kurz EBIT, an. Das Entity-Verfahren unterstellt in einem ersten Schritt die vollständige Eigenkapitalfinanzierung des Unternehmens, weshalb eine fiktive Steuerlast vom EBIT abgezogen wird. Diese fiktive Steuerlast berechnet sich durch Multiplikation von Steuerquote und EBIT. Das Nachsteuer-EBIT kann daher auch durch die Formel,

$$\text{Nachsteuer-EBIT} = \text{EBIT} \times (1 \text{ - Steuerquote})$$

ausgedrückt werden. Falsch wäre es hingegen, die tatsächlich in der Gewinn- und Verlustrechnung ausgewiesenen Steueraufwendungen vom EBIT abzuziehen, da diese bereits durch die Abzugsfähigkeit des Fremdkapitals gemindert wurden. Die sonstigen Anpassungen wie beispielsweise das Hinzurechnen der Sachinvestitionen sind identisch zum Equity-Verfahren.

Bestimmung des Diskontfaktors Entity-Verfahren (gewichtete Kapitalkosten)

Im Entity-Verfahren werden die Cashflows aller Kapitalgeber mit einbezogen. Daher müssen bei der Bestimmung des Diskontfaktors die entsprechenden Kosten aller Kapitalgeber berücksichtigt werden. Da Fremdkapital vorrangig gegenüber Eigenkapital ist, weist dieses in der Regel ein geringeres Risiko und damit niedrigere Kapitalkosten auf. Im Gegensatz zum Eigenkapital lassen sich die Fremdkapitalkosten zudem in Form von Zinszahlungen genau bestimmen. Bezahlt ein Unternehmen auf Kredite oder ausstehende Anleihen beispielsweise einen Zinssatz von 5 %, so kann dieser Wert direkt als Fremdkapitalkosten angesetzt werden. Die verschiedenen Kapitalkosten werden dabei im Entity-Verfahren gemäß der Kapitalstruktur nach Marktwerten aufgeteilt. Der Begriff „gewichtete Kapitalkosten“ (eng. WACC: weighted average cost of capital) verdeutlicht diesen Sachverhalt. Die gewichteten Kapitalkosten von Unternehmen mit hohen Eigenkapitalquoten werden daher maßgeblich von den Eigenkapitalkosten bestimmt. Weist ein Unternehmen dagegen große Mengen an Fremdkapital auf, so haben die Fremdkapitalkosten einen maßgeblichen Einfluss auf die Gesamtkapitalkosten.

$$\text{Gesamtkapitalkosten} = \text{r}_{EK} \times \frac{\text{EK}}{\text{EK+FK}} + \text{r}_{FK} \times \frac{\text{FK}}{\text{EK+FK}} \times (1 - \text{s})$$

r_{EK} bezeichnet die Eigenkapitalkosten, r_{FK} die Fremdkapitalkosten, *EK* und *FK* stehen für das Eigen- bzw. Fremdkapital und s bezeichnet die Steuerquote. Die Formel berechnet die Gesamtkapitalkosten also anhand der Verrechnung von Eigenkapitalkosten und Fremdkapitalkosten mit ihrer relativen Gewichtung in der Kapitalstruktur. Die Fremdkapitalkosten werden zudem mit der Steuerquote verrechnet, da nur ein Bruchteil (1 – Steuerquote) der Fremdkapitalzinsen auch versteuert werden muss. Die Formel wird durch diese Anpassung der steuerlichen Abzugsfähigkeit von Fremdkapitalzinsen gerecht. Weist ein Unternehmen beispielsweise 5 % Fremdkapitalkosten und eine Steuerquote von 30 % auf, so belaufen sich die tatsächlichen Nachsteuer-Kosten des Fremdkapitals auf:

$$\begin{aligned}\text{Nachsteuer-Fremdkapitalkosten} &= \text{r}_{FK} \times (1 - \text{s}) \\ &= 5\% \times (1 - 0{,}3) = 3{,}5\%\end{aligned}$$

Wie oben gezeigt wurde, gilt aufgrund der Vorrangigkeit von Fremdkapital folgende Beziehung:

$$\text{Fremdkapitalkosten} < \text{Eigenkapitalkosten}$$

Zieht man zusätzlich die steuerliche Absetzbarkeit der Fremdkapitalzinsen in Betracht, so erhöht sich das Kostengefälle zwischen Fremd- und Eigenkapital weiter zugunsten des Fremdkapitals. Die logische Folge für wertmaximierende Unternehmen würde daher lauten, soviel Fremdkapital wie möglich aufzunehmen, um die Gesamtkapitalkosten zu minimieren.

Diese Schlussfolgerung ist allerdings falsch, da eine Erhöhung der Fremdkapitalquote ab einem gewissen Punkt die finanzielle Stabilität des Unternehmens verringert und somit die Eigenkapitalkosten steigen. Ein weiterer Grund liegt in der höheren Insolvenzgefahr, die mit sogenannten „bankruptcy costs“ einhergeht. Zudem verlangen neue Fremdkapitalgeber wegen der bereits gestiegenen Fremdkapitalquote höhere Zinssätze, was die Gesamtkapitalkosten steigen lässt. Welches Verhältnis von Eigen- zu Fremdkapital ist daher als ideal einzustufen?

Die moderne Finanzierungstheorie stützt sich weitestgehend auf die Thesen von *Modigliani* und *Miller*, welche die Irrelevanz der Kapitalstruktur propagieren. In einer perfekten Welt, so argumentieren die Ökonomen, hat die Kapitalstruktur keinen Einfluss auf den

Diskontfaktor (und damit auf den Unternehmenswert), da eine Erhöhung des Verschuldungsgrades gleichzeitig die Eigenkapitalkosten erhöht und sich diese beiden Effekte somit genau aufheben. Dieses theoretische Kartenhaus fällt jedoch schon durch die Einführung von Steuern zusammen und lässt den Schluss zu, dass eine hohe Fremdkapitalquote in jedem Fall vorteilhaft wäre.

Aufgrund dieser Anfälligkeit ist ein pragmatischeres Modell gefragt. Der optimale Verschuldungsgrad muss im Zusammenhang mit dem Geschäftsmodell des Unternehmens gewählt werden. Dabei gilt, dass manche Unternehmen nahezu vollständig auf Fremdkapital (und damit auch auf die daraus entspringenden Steuervorteile) verzichten sollten, um eine solide finanzielle Stabilität zu gewährleisten, wohingegen andere Geschäftsmodelle selbst mit hohen Fremdkapitalquoten umgehen können. Wie viel Fremdkapital ein Unternehmen aufnehmen kann, ist maßgeblich von drei Faktoren abhängig:

1. Stabilität der Cashflows
2. Höhe der Free-Cashflows
3. Investitionsbedarf

Die Stabilität der Cashflows wird zum einen aus der Analyse des Geschäftsmodells und zum anderen aus der Kennzahlenanalyse ersichtlich. Es liegt auf der Hand, dass ein Betreiber von Kabelfernsehen weniger schwankungsanfällig ist als ein Produzent von Mikrochips. Operative Cashflows sind nur dann von Nutzen, wenn diese im Zweifelsfall zur Schuldentilgung genutzt werden können, also ausreichende Free-Cashflows vorhanden sind. Daher sollte die Höhe des Free-Cashflows mittels der Sachinvestitionsquote bestimmt werden. Diese bereits in Kapitel 3 vorgestellte Kennzahl sagt aus, welcher Teil der operativ zugeflossenen Mittel reinvestiert werden muss.

$$\text{Sachinvestitionsquote} = \frac{\text{Sachinvestitionen}}{\text{operativer Cashflow}}$$

Als Faustregel kann festgehalten werden, dass die Eigenkapitalquote mindestens der Sachinvestitionsquote entsprechen sollte. Wir schreiben daher:

$$\text{Optimale Eigenkapitalquote} \approx \text{Sachinvestitionsquote}$$

Unternehmen, die jährlich nur sehr geringe Investitionen zu tätigen haben und über nachhaltige Cashflows verfügen, können und sollten daher vom Vorteil der Fremdkapitalaufnahme Gebrauch machen. Da eine zu hohe Fremdkapitalquote die finanzielle Stabilität gefährdet, ist im Zweifelsfall ein stabilisierender Eigenkapitalanteil stets möglicherweise rentablerem Fremdkapital vorzuziehen. In Anlehnung an Schopenhauers Spruch zur Gesundheit lässt sich bezogen auf Unternehmen behaupten, dass die finanzielle Stabilität zwar nicht alles ist, ohne finanzielle Stabilität aber durchaus alles nichts ist. Das weiter unten vorgestellte APV-Verfahren wird dabei behilflich sein, den genauen Nutzen der Fremdkapitalaufnahme zu quantifizieren. Die oben angegebenen Formeln zur Ermittlung der optimalen Eigenkapitalquote werden auch durch die goldene Bilanzregel gestützt, nach der das Anlagevermögen zum Großteil mit Eigenkapital finanziert sein sollte. Eine Eigenkapitalbasis in Höhe des Anlagevermögens kann daher als Minimum angesehen werden. Diese beiden Herangehensweisen sollten in etwa zu dem gleichen Ergebnis führen. Ein wesentlicher Kritikpunkt am Entity-Verfahren ist das Zirkularitätsproblem, da zur Bestimmung der Gesamtkapitalkosten das Eigenkapital zu Marktwerten herangezogen werden muss, das Eigenkapital seinerseits jedoch Gegenstand der gesamten Bewertung ist. Das Ergebnis der Bewertung ist also selbst ein wesentlicher Bestandteil des Bewertungsprozesses. Diesem Problem kann bei börsennotierten Gesellschaften pragmatisch durch zwei Wege begegnet werden: Zum einen kann der aktuelle Marktwert des Eigenkapitals, also die Marktkapitalisierung des Unternehmens herangezogen werden, zum anderen kann auch eine langfristig sinnvolle Zielkapitalstruktur, beispielsweise nach der oben angegebenen Faustformel eingesetzt werden. Weist ein Unternehmen beispielsweise eine Marktkapitalisierung (= Marktwert des EK) von 1.000.000 € und verzinsliches Fremdkapital von 500.000 € auf, so ergeben sich bei angenommenen Eigenkapitalkosten von 10 %, Fremdkapitalzinsen von 6 % und einer Steuerquote von 35 % folgende Gesamtkapitalkosten:

$$\begin{aligned}
\text{Gesamtkapitalkosten} &= \text{r}_{EK} \times \frac{\text{EK}}{\text{EK+FK}} + \text{r}_{FK} \times \frac{\text{FK}}{\text{EK+FK}} \times (1 - \text{s}) \\
&= 10\% \times \frac{1.000.000\ €}{1.500.000\ €} + 6\% \times \frac{500.000\ €}{1.500.000\ €} \times (1 - 0{,}35) \\
&= 10\% \times \frac{2}{3} + 3{,}9\% \times \frac{1}{3} = 7{,}96\%
\end{aligned}$$

Die Bestimmung der ewigen Rente erfolgt analog zum Equity-Verfahren.

Wendet man das Entity-Verfahren auf das oben vorgestellte Beispiel an, so errechnet sich der Unternehmenswert wie folgt.

Beispiel 8.5 - Entity-Verfahren

Ausgehend von einem EBIT in Höhe von 110 € wird die fiktive Steuer abgezogen. Die relevante Steuerquote ergibt sich aus der Division von Steueraufwand (30€) und Vorsteuergewinn (100€) mit 30 %. Die restlichen Daten sind analog zum obigen Beispiel.

	EBIT (operatives Ergebnis)	110 €
−	angepasste Steuern auf EBIT	110 € × 0,3 = 33 €
+	Abschreibungen	20 €
+/−	Δ Rückstellungen	0 €
−	Investitionen (CAPEX)	20 €
−	Δ Working Capital	5 €
	Free-Cashflow vor Zinsen	72 €

Aus dem vorangegangenen Beispiel wissen wir, dass das Eigenkapital einen Marktwert von 541,66 € aufweist und das Fremdkapital mit 200 € anzusetzen ist. Das Gesamtkapital beläuft sich damit auf 741,66 €. Mit den Eigen- bzw. Fremdkapitalkosten von 12 bzw. 5 % und dem Steuersatz von 30 % ergeben sich folgende Gesamtkapitalkosten (GK-Kosten):

$$\text{GK-Kosten} = 12\% \times \frac{541{,}66\ €}{741{,}66\ €} + 5\% \times \frac{200{,}00\ €}{741{,}66\ €} \times (1 - 0{,}3) = 9{,}7078\%$$

Nun können wir den Unternehmenswert durch Diskontierung des Free-Cashflows vor Zinsen berechnen und erhalten durch,

$$\text{Unternehmenswert} = \frac{72\ €}{0{,}097078} = 741{,}67\ €$$

den Unternehmenswert von 741,67 €. Es ist wichtig zu verstehen, dass dieser Wert nicht dem Wert des Eigenkapitals, sondern dem Gesamtwert des Unternehmens bestehend aus Fremd- und Eigenkapital entspricht. Durch Umformung der Unternehmenswertgleichung können wir nun den Wert des Eigenkapitals bestimmen:

$$\begin{aligned}\text{Wert des Eigenkapitals} &= \text{Unternehmenswert} - \text{Wert des Fremdkapitals}\\ &= 741{,}67\ € - 200{,}00\ € = 541{,}67\ €\end{aligned}$$

Wir erhalten somit den gleichen Wert wie mit der Equity-Methode im Eingangsbeispiel. Problematisch ist dabei das bereits erwähnte Zirkularitätsproblem. Das exakte Ergebnis kommt nur dann zustande, wenn der wahre Wert des Eigenkapitals schon zuvor bestimmt wurde oder am Markt verfügbar ist, was eine Bewertung an sich überflüssig macht. Es mag zu denken geben, weshalb ausgerechnet das Entity-Modell mit diesen offensichtlichen Schwächen in der modernen Literatur, aber auch in Analystenstudien am häufigsten Verwendung findet.

8.1.3 Adjusted-Present-Value (APV) Verfahren

Das APV-Verfahren ist eine Abwandlung des Entity-Verfahrens und berücksichtigt ebenfalls die Cashflows aller Kapitalgeber. Der Unterschied in den beiden Verfahren liegt in der Berücksichtigung der Steuervorteile durch das Fremdkapital. Während die Entity-Methode die Steuervorteile durch Einbinden der Steuerquote in der Kapitalkostenformel berücksichtigt, wird im APV-Verfahren der Steuervorteil getrennt vom eigentlichen Unternehmenswert berechnet. Dabei wird der Free-Cashflow vor Zinsen mit den Gesamtkapitalkosten des fiktiv unverschuldeten Unternehmens abgezinst und anschließend der Barwert der Steuervorteile addiert. Dieser Barwert wird als Tax Shield bezeichnet. Die Berechnung ergibt sich durch Diskontierung der gesparten Steuerzahlungen aufgrund der Absetzbarkeit von Fremdkapitalzinsen. Im Ergebnis erhält der Bewerter wieder den Gesamtunternehmenswert. Der Ablauf gestaltet sich daher wie folgt:

1. Ermittlung des Free-Cashflows vor Zinsen

2. Diskontierung von (1) mit den Vorsteuer-Kapitalkosten

3. Berechnung des Tax Shield

Der Free-Cashflow vor Zinsen ergibt sich analog zum Entity-Verfahren. Die Kapitalkosten werden wie im Entity-Verfahren ermittelt, mit der Ausnahme, dass der Steuervorteil kein Bestandteil der WACC-Formel ist. Der Wert des Tax Shield ergibt sich durch Multiplikation der Zinszahlungen mit dem Steuersatz. Inhaltlich gibt dieser Wert den Teil der Steuerzahlungen an, der durch die Verwendung von Fremdkapital umgangen wird:

$$\begin{aligned}\text{Tax Shield} &= \text{Fremdkapital} \times \text{FK-Zinssatz} \times \text{Steuerquote}\\ &= \text{FK-Zinsen} \times \text{Steuerquote}\end{aligned}$$

Weist ein Unternehmen beispielsweise Fremdkapitalzinsen von 50 € und eine Steuerquote von 40 % auf, so beträgt der Wert des Tax Shield für dieses Jahr:

$$\text{Tax Shield} = 50\ € \times 40\% = 20\ €$$

Würde das Unternehmen das Fremdkapital dagegen durch Eigenkapital ersetzen, müssten die vollen 50 € versteuert werden. Um den Barwert des Tax Shield zu erhalten, wird das Tax Shield mit den Vorsteuer-Kapitalkosten diskontiert. Der Unternehmenswert im APV-Verfahren ergibt sich damit wie folgt:

$$\text{Unternehmenswert} = \text{Barwert Free-Cashflow vor Zinsen} + \text{Barwert Tax Shield}$$

Um den Barwert der Cashflows zu ermitteln, müssen diese mit den gewichteten Vorsteuer-Kapitalkosten, auch pretax WACC genannt, abgezinst werden. Die Formel ergibt sich wie folgt:

$$\text{Vorsteuer-Gesamtkapitalkosten} = \text{r}_{EK} \times \frac{\text{EK}}{\text{EK+FK}} + \text{r}_{FK} \times \frac{\text{FK}}{\text{EK+FK}}$$

Im Gegensatz zu den gewöhnlichen Gesamtkapitalkosten, berücksichtigt diese Formel nicht den Steuervorteil des Fremdkapitals $(1 - s)$, da dieser durch den Tax Shield den Unternehmenswert erhöht. Diese Kapitalkosten werden als pretax WACC bezeichnet. Auf das Beispiel des Equity- und Entity-Verfahren bezogen, berechnen sich die Kapitalkosten und der Unternehmenswert wie dargestellt:

Beispiel 8.6 - APV-VERFAHREN

$$\text{pretax WACC} = 12\% \times \frac{541{,}66\ €}{741{,}66\ €} + 5\% \times \frac{200{,}00\ €}{741{,}66\ €} = 10{,}1123\%$$

Der Free-Cashflow vor Zinsen beträgt wie im Entity-Verfahren 72 €, die Vorsteuerkapitalkosten 10,11 %, die jährliche Zinslast beträgt 10

€ und das Unternehmen unterliegt weiterhin einem Steuersatz von 30 %.

$$\text{Unternehmenswert} = \frac{\text{Free-Cashflow vor Zinsen}}{\text{pretax WACC}} + \frac{\text{Tax Shield}}{\text{pretax WACC}}$$
$$= \frac{72\ €}{0{,}1011} + \frac{10\ € \times 30\%}{0{,}1011} = 741{,}66\ €$$

Wie den Annahmen zu entnehmen ist, haben sich die gewichteten Kapitalkosten von 12 auf 10,1 % verringert. Da die 10,1 % exakt nur durch Kenntnis der Ergebnisse der vorigen Beispiele zu bestimmen sind, weist auch dieses Modell ein Zirkularitätsproblem auf, was insofern nicht verwundert, da das APV-Modell ein Ableger des Entity-Verfahren ist. Im Gegensatz zu Entity- und Equity-Verfahren hat diese Berechnung den Vorteil, dass der Steuervorteil der Fremdkapitalaufnahme durch Berechnung des Tax Shield genau bestimmt werden kann. Alles in allem zeigt sich aber, dass insbesondere das Entity- und APV-Verfahren von Zirkularitätsproblemen geprägt sind. Bei der klassischen Bestimmung der Eigenkapitalkosten durch das Modigliani/Miller-Modell weist auch das Equity-Verfahren diesen „Geburtsfehler“ auf, weshalb das theoretisch dominierte Modell der Kapitalkostenbestimmung durch das pragmatischere Modell aus risikoloser Verzinsung und dem Kehrwert des fairen KGVs ersetzt werden sollte.

Zumindest im theoretisch keimfreien Bereich kommen alle Modelle zum gleichen Ergebnis für den Unternehmenswert. Das präferierte Equity-Verfahren hat dabei jedoch drei wesentliche Vorteile gegenüber der Entity- und der APV-Methode:

- Einfache Durchführung
- Bewertung aus Sicht der Eigenkapitalgeber
- Fluktuation des Fremdkapitals

Die relativ einfache Durchführung und Berechnung nach der Equity Methode hat den Vorteil, dass (a) weniger Sondereffekte auftreten können und (b) die Verwendung der Owner Earnings dem Wesen der Bewertung aus Aktionärssicht am ehesten gerecht wird. Zudem weisen Entity- und APV-Verfahren eine weitere große Schwäche auf: Die vom Gesamtunternehmenswert abzuziehenden Finanzverbindlichkeiten können stichtagsbezogen stark schwanken. Unternehmen haben durch die quartalsweise Offenlegung ihrer Zahlen beispielsweise einen Anreiz, die Bilanz zum Stichtag so gering verschuldet wie möglich darzustellen. Zudem unterliegt die Verschuldung oft saisonalen Mustern. Durch diese Faktoren entstehen insbesondere bei hoch verschuldeten Unternehmen deutliche Bewertungsunterschiede je nach angesetzten Verbindlichkeiten. In den folgenden beiden Fallbeispielen wird daher auf das Equity-Verfahren zurückgegriffen.

8.1.4 Alternative Verwendung des DCF-Modells

Das DCF-Modell kann in seiner ursprünglichen Form nur bei sehr stabilen und gut prognostizierbaren Geschäftsmodellen verwendet werden. Bei Unternehmen mit weniger absehbaren Geschäftsverläufen kann das DCF-Modell dennoch „rückwärts“ angewendet werden. Dazu werden bestimmte Annahmen wie beispielsweise ein Umsatzwachstum von 10 % und konstante Margen getroffen, um dann den resultierenden Unternehmenswert mit der tatsächlichen Bewertung des Unternehmens zu vergleichen.

Hierdurch lässt sich klären, wie stark gewisse Parameter (z. B. das Umsatzwachstum) nachlassen dürfen, um die aktuelle Bewertung gerade noch zu rechtfertigen. Gehen wir beispielsweise von einem zehnprozentigen Wachstum aus und erhalten daraufhin einen Unternehmenswert, der deutlich über dem aktuellen Marktwert liegt, so kann durch entsprechendes Anpassen des Wachstumsfaktors die vom Markt implizierte Wachstumsrate bestimmt werden. Angenommen diese liegt bei 3 Prozent, wir sind uns jedoch sicher, dass das Wachstum nicht unter 5 Prozent abflacht, so kann die Schätzung als abgesichert angesehen werden. Unternehmen mit einer verlässlich abschätzbaren Umsatzentwicklung erzielen daher in der DCF-Bewertungsmethode auch die verlässlichsten Ergebnisse. Diese hohe Umsatzvisibilität ergibt sich insbesondere aus den im Kapitel 5 vorgestellten Kriterien. Unternehmen mit einer sehr unsicheren Zukunft, wie beispielsweise Start-Ups, sind mit einem Discounted Cashflow Modell teilweise gar nicht bewertbar.

8.1.5 Fallbeispiele zum DCF-Verfahren

Beispiel 8.7 - RATIONAL

Beginnend mit der deutschen Rational AG wird das DCF-Verfahren in der Praxis vorgestellt. Das Unternehmen ist mit einem Weltmarktanteil von 54 % im Bereich der thermischen Speisezubereitung für Profiküchen der Marktführer in diesem Segment. Die Produkte des Unternehmens umfassen dabei insbesondere Gargeräte. Um das Beispiel vollumfassend nachvollziehen zu können, bietet es sich an, den Geschäftsbericht parallel zu lesen.

Ausgehend von den Daten des Geschäftsjahres 2010 schätzen wir - nach einer ausführlichen Analyse - die Gewinn- und Verlustrechnung des für 2011 und die darauffolgenden Jahre. Seit 2004 konnte das Unternehmen die Umsatzerlöse mit 7,9 % p.a. und das Ergebnis je Aktie mit 15 % jährlich steigern. Das Unternehmen weist eine Eigenkapitalquote von 75,3 % und mehr liquide Mittel als Finanzverbindlichkeiten auf. Die EBIT-Marge belief sich auf 30,2 % und die Umsatzrendite 22,7 %.

Die Owners Earnings für die Folgejahre werden durch eine Schätzung des Umsatzwachstums, der EBIT-Marge sowie der Investitionen, Abschreibungen und der Entwicklung des Working Capitals ermittelt. Das Umsatzwachstum für die nächsten 7 Jahre kann mit 7,5 % angenommen werden, die EBIT-Marge wird konstant mit 30 % geschätzt und das Finanzergebnis sollte konstant bei -0,3 Mio. € liegen. Die Steuerquote belief sich 2010 auf 25 % und kann auch in den Folgejahren auf demselben Niveau angenommen werden. Die Abschreibungen und Investitionen werden mit 2 % der Umsatzerlöse angenommen und neutralisieren sich somit vollständig. Durch das wenig anlagenintensive Geschäftsmodell sollten die Investitionen auch nur einen geringen Einfluss auf die Cashflows haben. Einen größeren Einfluss auf den Cashflow hat die Veränderung des Working Capitals. Aus den Jahren 2009 und 2010 ergibt sich ein Anteil des Working Capitals an den Umsatzerlösen von rund 20 %, der für die Analyse auf diesem Niveau fortgeschrieben wird. Bei einer umfangreicheren Analyse müssen selbstverständlich genauere Annahmen getroffen werden, zur Demonstration der eigentlichen DCF-Bewertung genügen diese Prognosen jedoch. Auf Basis dieser Annahmen ergeben sich die folgenden Prognosen für die Planperiode 2011 bis 2017. Im oberen Teil der Schätzung ist die Gewinn- und Verlustrechnung bis zum Jahresüberschuss dargestellt, die Überleitung dient dann der Korrektur um Abschreibungen, Investitionen und Working Capital Veränderungen und endet schließlich bei den Owners Earnings.

in Mio. €	2011	2012	2013	2014	2015	2016	2017
Umsatz	376,25	404,47	434,80	467,41	502,47	540,16	580,67
Umsatzwachstum	7,5%	7,5%	7,5%	7,5%	7,5%	7,5%	7,5%
EBIT	112,88	121,34	130,44	140,22	150,74	162,05	174,20
EBIT-Marge	30%	30%	30%	30%	30%	30%	30%
Finanzergebnis	-0,3	-0,3	-0,3	-0,3	-0,3	-0,3	-0,3
EBT	112,58	121,04	130,14	139,92	150,44	161,75	173,90
Steuerquote	25%	25%	25%	25%	25%	25%	25%
Jahresüberschuss	84,43	90,78	97,61	104,94	112,83	121,31	130,43
Überleitung							
Abschreibungen	7,53	8,09	8,70	9,35	10,05	10,80	11,61
Investitionen	7,53	8,09	8,70	9,35	10,05	10,80	11,61
Working Capital	75,25	80,89	86,96	93,48	100,49	108,03	116,13
WC/Umsatz	20%	20%	20%	20%	20%	20%	20%
Δ Working Capital	5,25	5,64	6,07	6,52	7,01	7,54	8,10
Owners Earnings	79,18	85,14	91,54	98,42	105,82	113,77	122,32

Zur Ermittlung des Unternehmenswertes werden zwei weitere Fakotoren benötigt: der Diskontfaktor und die ewige Rente. Im Bewertungsprozess bietet es sich an, keine fixen Werte für diese Parameter zu verwenden, sondern eine Sensivitätsanalyse zu erstellen, wie stark der Unternehmenswert auf Änderungen in der ewigen Wachstumsrate bzw. der Eigenkapitalkosten reagieren. Aufgrund der sehr starken Marktposition kann die ewige Wachstumsrate in Höhe der langfristigen Inflationserwartung von 2,5 % angenommen werden. Die Eigenkapitalkosten werden anhand eines fairen KGVs von 17 wiefolgt berechnet:

$$\begin{aligned}\text{Eigenkapitalkosten} &= \text{risikofreier Zins} + \text{Risikoaufschlag}\\ &= 3\% + \frac{1}{17} = 0{,}0888 \approx 8{,}9\%\end{aligned}$$

Durch Diskontierung mit den Eigenkapitalkosten von 8,9 % ergibt sich der Barwert (BW) der Owners Earnings aus der Planperiode (PP) mit 490,01 Mio. €:

$$\text{BW Owner Earnings}_{PP} = \frac{79{,}18 \text{ Mio. €}}{1{,}089^1} + \ldots + \frac{122{,}32 \text{ Mio. €}}{1{,}089^7} = 490{,}01 \text{ Mio. €}$$

Der Terminal Value ergibt sich mit einer ewigen Rente von 3 % und den Owners Earnings aus dem Jahr 2017 wiefolgt:

$$\text{Terminal Value} = \frac{122{,}32 \text{ Mio. €} \times (1 + 0{,}03)}{0{,}089 - 0{,}03} = 2.135{,}47 \text{ Mio. €}$$

Um den Barwert zu erhalten, wird dieser Betrag mit $1{,}089^7$ abgezinst. Dies ist notwendig, da der Terminal Value erst ab dem 8.

Jahr anfällt. Damit ergibt sich ein Barwert des Terminal Values von 1.175,70 Mio. €. Wir erhalten den gesamten Wert des Eigenkapitals durch Addition der diskontierten Owner Earnings aus Planperiode und Terminal Value.

$$\text{Eigenkapitalwert} = 490{,}01 \text{ Mio. €} + 1.175{,}70 \text{ Mio. €} = 1.665{,}71 \text{ Mio. €}$$

Im Gegensatz zum Entity-Verfahren, muss von diesem Wert die Nettoverschuldung nicht abgezogen werden, da nach der Equity-Methode direkt der Wert des Eigenkapitals berechnet wird. Um den fairen Aktienwert zu erhalten, wird der Eigenkapitalwert von 1.665,71 Mio. € durch die Anzahl der ausstehenden Aktien von 11,37 Mio. geteilt. Basierend auf *diesen Annahmen* ergibt sich ein fairer Aktienwert von 146,50 €. Durch eine Sensivitätsanalyse kann nun ermittelt werden, wie stark der faire Wert des Eigenkapitals durch Änderungen der ewigen Wachstumsrate und der Eigenkapitalkosten beeinflusst wird:

Mio. €	**7%**	**8%**	**8,9%**	**10%**	**11%**
1,0%	1.807,91	1.536,23	1.351,02	1.175,47	1.049,81
1,5%	1.931,41	1.620,94	1.413,74	1.220,60	1.084,23
2,0%	2.079,61	1.719,77	1.485,56	1.271,37	1.122,48
2,5%	2.260,74	1.836,56	1.568,60	1.328,91	1.165,22
3,0%	2.487,15	1.976,71	1.665,71	1.394,67	1.213,31
3,5%	2.778,25	2.148,01	1.780,81	1.470,55	1.267,81
4,0%	3.166,39	2.362,13	1.919,40	1.559,07	1.330,09

Die Sensivitätsanalyse zeigt den starken Einfluss von Parameteränderungen. Während das Unternehmen bei Eigenkapitalkosten von 7 % und einer ewigen Wachstumsrate von 4 % mit mehr als 3 Mrd. € bewertet wäre, reduziert sich der Wert auf 1 Mrd. € wenn die Eigenkapitalkosten auf 11 % erhöht und die ewige Wachstumsrate auf 1 % gesenkt wird. Die DCF-Analyse sollte vor diesem Hintergrund stets mit konservativen Annahmen durchgeführt werden. In der Regel sollte bei der ewigen Wachstumsrate eine Schwankungsbreite von +/− 1,5 % und bei den Kapitalkosten von +/− 2 % angenommen werden, um den Einfluss der Parameteränderungen vernünftig abschätzen zu können. Alternativ kann die Sensivitätsanalyse auch mit weiteren Faktoren, beispielsweise der EBIT-Marge oder veränderten Working Capital-Quoten durchgeführt werden.

Beispiel 8.8 - Unknown Corp.

Betrachten wir nun die verkürzte Gewinn- und Verlustrechnung des folgenden Unternehmens:

Unknown Corp.	
in $	
Sales	28,464,598.96
Cost of goods sold	(21,189,706.23)
Gross profit	7,274,892.73
Expenses for selling, admin., and general	(3,928,884.29)
Net operating profit	3,346,008.44
Other net deductions, interest, etc.	(575,018.31)
Net profit before Federal taxes	2,770,990.13
Reserve for Federal income and profit taxes	(425,000.00)
Net profit	2,345,990.13

Quelle: Unternehmensangaben

Das Unternehmen weist eine Eigenkapitalquote von 89,5 % und ein Gearing von 3,9 % auf. Diese Werte deuten eine sehr konservative und sichere Finanzierung an. Die Eigenkapitalrendite beträgt 7,3 %. Aus den in der Gewinn- und Verlustrechnung aufgeführten Daten ergibt sich eine Umsatzrendite in Höhe von 8,2 % und eine EBIT-Marge von 11,7 %. Das Unternehmen konnte in den letzten 36 Jahren, mit Ausnahme von zwei Jahren, den Umsatz stetig steigern. Im Zuge der Rezession im betrachteten Jahr ging der Umsatz im Bezug auf das Vorjahr um 12 % zurück. Die Umsatzrendite lag im Vorjahr bei 14,3 %, die EBIT-Marge bei 15,3 % und die Eigenkapitalrendite bei 15,1 %. Es ist in den Folgejahren von einer Rückkehr der Margen auf das Vorkrisenniveau auszugehen. Zudem ist die Unknown Corp. nach eigenen Angaben der „unquestioned leader" in ihrem Marktsegment, welches insbesondere Softdrinks umfasst. Der Marktanteil wird auf rund 50 % geschätzt. Die DCF-Analyse beginnt durch Abschätzung des Umsatzwachstums. In Anbetracht des starken Umsatzeinbruchs nach der Rezession gehen wir von einer zügigen Erholung der Geschäftstätigkeit aus. In den Folgejahren wird durch die starke Marktstellung mit einem Wachstum von 7,5 % über die nächsten 9 Jahre gerechnet. Ab dem 10. Jahr geht das Unternehmen annahmegemäß in ein ewiges Wachstum von 3 % über. Dies bedeutet, dass die Kenngrößen des Unternehmens ab dem 10. Jahr durchgängig um 3 % steigen. Eine analoge Entwicklung ist bei der Umsatzrendite zu erwarten. Es ist mit einem Anstieg der Rendite auf 10 % im ersten Jahr und einem Anstieg auf 15 % ab dem dritten Jahr zu rechnen. Die Abschreibungen betragen im Startjahr 0,73 Mio. \$. Demgegenüber stehen Investitionen in Höhe von 1,16 Mio. \$. Working Capital Veränderungen setzen wir mit einem Prozent des Umsatzes an. Abschreibungen und CAPEX steigen erst ab dem zweiten Jahr an, da die Produktionskapazitäten der Vorjahre für das Nachrezessionsniveau ausreichen sollten. Die Eigenkapitalkosten des Unternehmens werden mit 10 % angesetzt, da die überzeugende Marktposition als auch die äußerst soliden Finanzkennzahlen auf ein tendenziell geringes Risiko hindeuten. Die hohen Wachstumsraten deuten dagegen auf eine erhöhte Unsicherheit hin. Die Eigenkapitalkosten spiegeln somit die sehr gute Marktposition, aber auch die Unsicherheit bezüglich des hohen Wachstums wider. Daraus ergibt sich die folgende Schätzung der Owners Earnings (Free-Cashflows):

in Mio. $	t=1	t=2	t=3	t=4	t=5	t=6	t=7	t=8	t=9
Umsatz	30,50	32,80	35,20	37,80	40,60	43,70	47,00	50,50	54,30
Umsatzwachstum	7,5%	7,5%	7,5%	7,5%	7,5%	7,5%	7,5%	7,5%	7,5%
Jahresüberschuss	3,05	4,10	5,28	5,67	6,09	6,55	7,05	7,57	8,14
Umsatzrendite	10,0%	12,5%	15,0%	15,0%	15,0%	15,0%	15,0%	15,0%	15,0%
Abschreibungen	0,73	0,78	0,84	0,90	0,97	1,04	1,12	1,21	1,30
CAPEX	1,16	1,24	1,34	1,44	1,54	1,66	1,79	1,92	2,06
Working Capital	0,30	0,32	0,35	0,37	0,40	0,43	0,47	0,50	0,54
Free-Cashflow	2,32	3,32	4,43	4,76	5,15	5,50	5,91	6,36	6,84
Discounted FCF	2,11	2,74	3,32	3,25	3,19	3,10	3,03	2,96	2,90

Die Summe der Barwert der Cashflows aus den ersten neun Jahren beträgt 26,6 Mio. \$. (Beispiel 4. Jahr: $4{,}76/1{,}1^4 = 3{,}25$) Ausgehend vom Free-Cashflow im zehnten Jahr (7,04 Mio. \$) wird der Terminal Value, also den Wert aller Cashflows nach dem 9. Jahr, wie folgt berechnet:

$$\text{Terminal Value} = \frac{\text{Owners Earnings}_{t=10}}{\text{EK-Kosten} - \text{ewige Wachstumsrate}} = \frac{7{,}04 \text{ Mio. \$}}{0{,}10 - 0{,}03} = 100{,}57 \text{ Mio. \$}$$

Um den Barwert des Terminal Value zu erhalten, wird dieser diskontiert. In diesem Fall muss der Faktor 2,35 ($1{,}10^9$) herangezogen werden:

$$\text{Barwert Terminal Value} = \frac{\text{Terminal Value}}{(1 + \text{EK-Kosten})^t} = \frac{100{,}57 \text{ Mio. \$}}{1{,}10^9} = 42{,}65 \text{ Mio. \$}$$

Der Gesamtwert des Eigenkapitals errechnet sich nun durch Addition der diskontierten Cashflows aus der Schätzperioden 1-9 und dem Terminal Value:

$$\text{Wert des Eigenkapitals} = 26{,}6 \text{ Mio. \$} + 42{,}6 \text{ Mio. \$} = 69{,}2 \text{ Mio. \$}$$

Der faire Wert des Eigenkapitals beträgt demnach 69,2 Mio. $. Bei der Unknown Corp. handelt es sich übrigens um die Coca-Cola Company im Jahr 1922. Diese relativ aggressiv angesetzte DCF-Prognose ist ein Beispiel dafür, wie sehr DCF-Analysen den wahren Wert eines Unternehmens verfehlen können. Einen Trost haben wir dennoch: Drei Jahre zuvor verkaufte die Candler Familie das Unternehmen für 25 Mio. $, also zu einem Bruchteil des inneren Wertes. Der damalige Verkaufspreis im Jahr 1919 entsprach einem KGV von 5,3 und einem KBV von 0,96. Die Familie kam dabei dennoch nicht schlecht weg, da die Markenrechte zuvor für 2.300 $ (sic!) erworben wurden.

Tatsächlich nahm der Umsatz der Coca-Cola Company zwischen 1922 und 2010 im Durchschnitt jährlich 8,3 % zu. Die Umsatzrendite konnte auf 22,0 % gesteigert werden. Setzt man diese Werte für das ewige Wachstum des Unternehmens ein, so ergibt sich ein Terminal Value von 287,6 Mio. $ und ein Gesamtwert des Eigenkapitals von 314,2 Mio. $. Dies unterschätzt den heutigen Wert der Coca-Cola Company von mehr als 200 Mrd. $ zwar noch deutlich, eine angenommene faire Bewertung von 314,2 Mio. $ hätte zur damaligen Zeit jedoch eine deutliche Sicherheitsmarge geboten. (Der Grund, weshalb der heutige Wert des Unternehmens selbst durch Annahme der tatsächlichen Zahlen nicht erreicht wird, liegt am Zeitwert des Geldes. Je weiter die Cashflows in der Zukunft liegen, desto stärker nimmt deren Barwert ab).

Beispiel 8.9 - MONOPOLY

In der Regel findet während einer Partie Monopoly ein reger Handel mit Grundstücken und Straßen des Gesellschaftsspiels statt. Haben Sie sich schon einmal gefragt, wie effizient die Preise dabei gewählt werden? Da die meisten Preisbildungen in diesem Spiel auf Bauchgefühl oder Schätzungen basieren, wollen wir an dieser Stelle eine DCF-Bewertung einer vollständig mit Hotels ausgestatteten Schlossallee und Parkstraße (das teuerste, blaue Straßenpaar in Monopoly) durchführen. Hierzu werden einige Annahmen benötigt:

- 4 Spieler
- 2 Stunden Spielzeit
- 1 Minute pro Runde
- Wahrscheinlichkeit von 2,62 % auf Schlossallee; 2,18 % auf der Parkstraße zu landen
- Miete von 40.000 € auf der Schlossallee
- Miete von 30.000 € auf der Parkstraße

Da im Monopoly für gewöhnlich keine Zinsen verlangt werden, müssen künftige Mieteinnahmen nicht diskontiert werden. Auf Basis der obigen Angaben erhalten wir bei 4 Spielern 480 Würfelrunden, d. h. jeder Spieler benötigt 15 Sekunden pro Zug. Von diesen Zügen wird mit einer Wahrscheinlichkeit von 2,62 % auf der Schlossallee und mit einer Wahrscheinlichkeit von 2,18 % auf der Parkstraße abgeschlossen. (Die Wahrscheinlichkeiten beinhalten sämtliche Eventualitäten wie Gefängnis- und Ereigniskarten). Insgesamt landen 12,5 Spieler auf der Schlossallee und 10,4 Spieler auf der Parkstraße. Die Zahlungsströme ergeben sich durch:

$$\text{Wert des Straßenpaars} = 12{,}5 \times 40.000\,€ + 10{,}4 \times 30.000\,€ = 812.000\,€$$

In dieser Berechnung sind neben den Aufenthalten der drei anderen Spieler auch unsere eigenen Hotelbesuche enthalten, da man sich mit dem Erwerb der Straße von der eigenen Verpflichtung auf diesen beiden Feldern zu bezahlen, freikauft. Der Wert von 812.000 € gilt selbstverständlich nur für einen Erwerb des voll bebauten Straßenzuges in der ersten Spielrunde. Da mit Fortschreiten des Spiels die Anzahl an Hotelaufenthalten abnimmt, ist eine dynamische Betrachtung interessanter. Zur Spielmitte wäre der Erwerb beispielsweise bis zu einer Summe von 406.000 € rational.

$$\text{Wert des Straßenpaars} = 6{,}25 \times 40.000\,€ + 5{,}2 \times 30.000\,€ = 406.000\,€$$

Sobald der Wert der Cashflows den Buchwert der Hotels unterschreitet, ist zudem eine Rückgabe der Hotels an die Bank sinnvoll, um den Gewinn zu maximieren.

8.2 Multiplikatorenmethode

Das Discounted Cashflow Modell folgt zwar einem theoretisch fundierten Ansatz, ist in der Praxis jedoch oft anfällig, da umfassende Schätzungen der Geschäftszahlen vorgenommen werden müssen und Parameteränderungen mitunter einen deutlichen Einfluss auf das Ergebnis haben. Zur Plausibilisierung der mit den Discounted Cashflow-Methoden ermittelten Unternehmenswerte werden daher in der Regel Bewertungsmultiplikatoren verwendet. Diese wesentlich pragmatischeren, aber theoretisch weniger fundierten Verfahren, haben den Vorteil einer einfachen Anwendung und können in den meisten Fällen auch als eigenständige Bewertungsmethoden verwendet werden. In diesem Abschnitt werden Verfahren zur Bestimmung von angemessenen Bewertungsmultiplikatoren hergeleitet und diese an Fallbeispielen erläutert. Die verschiedenen Multiplikatorenmethoden dienen somit sowohl der Überprüfung als auch als Bewertungsalternativen zum Discounted Cashflow Verfahren.

Die Multiplikatorenmethode bewertet ein Unternehmen nach angemessenen Ergebnis-, Umsatz-, Cashflow- oder Buchwertmultiplikatoren. Bei einem fairen Kurs-Gewinn-Verhältnis von 10 und einem Jahresüberschuss in Höhe von 50 Mio. € ergibt sich beispielsweise ein angemessener Unternehmenswert von 500 Mio. €. Der Begriff Unternehmenswert wird im weiteren Text synonym zum Wert des Eigenkapitals verwendet, wohingegen bei der DCF-Bewertung der Begriff Unternehmenswert den Gesamtwert von Fremd- und Eigenkapital umfasst.

Analog zum bereits vorgestellten Discounted Cashflow Verfahren, weichen wir auch in diesem Abschnitt teilweise von den in der Literatur vorherrschenden Ansätzen ab und entwickeln eigene Wege, da die traditionelle Multiplikatorenbewertung zahlreiche Schwächen aufweist. Bei der Anwendung der klassischen Multiplikatorenmethode wird eine repräsentative Gruppe von ähnlichen Unternehmen zu dem Zielunternehmen gebildet und von dieser sogenannten Peer-Group die durchschnittlichen Bewertungsmultiplikatoren berechnet. Durch Verrechnung der gewonnenen Multiplikatoren mit beispielsweise dem Gewinn des Zielunternehmens ergibt sich dessen fairer Wert. Dieser Ansatz impliziert also eine ähnliche Bewertung für Unternehmen aus einer Vergleichsgruppe. Auch die Erweiterung dieses Modells um einen Aufschlag oder Abzug für Unternehmen, die gegenüber der Peer-Group Vor- oder Nachteile aufweisen, verbessert das Modell nur unzureichend. Neben diesen Punkten hat eine Peer-Group Bewertung den Nachteil, dass Unternehmen mit einem einzigartigen Geschäftsmodell von Natur aus keine vergleichbaren Konkurrenten aufweisen, da sonst die Einzigartigkeit nicht gegeben wäre. Da aber gerade Unternehmen mit besonderen Geschäftsmodellen und ökonomischen Charakteristika von Interesse sind, eignet sich diese Bewertungsmethode nur in Einzelfällen. Ein weiterer Kritikpunkt ist eine mögliche Fehlbewertung der gesamten Vergleichsgruppe, die dann in Folge zu einer falschen Bewertung des Zielunternehmens führt. Die klassische Multiplikatorenmethode ist damit nur ein relatives und stets abhängiges Bewertungsverfahren.

Um beispielsweise eine Bewertung des Internetunternehmens Google vorzunehmen, würden die durchschnittlichen Multiplikatoren (Gewinn, Umsatz, Buchwert, EBIT und Cashflow) von Microsoft, Yahoo!, Baidu.com, Apple und Nokia berechnet und mit den Finanzkennzahlen von Google verrechnet werden. Weist die Peer-Group im Mittel beispielsweise ein KGV von 17 auf, so ergibt die Multiplikation dieses Wertes mit dem erwarteten Gewinn des Google Konzerns dessen faire Bewertung. Ob Google jedoch direkt mit den genannten Unternehmen vergleichbar ist, darf aufgrund der unterschiedlichen Geschäftsfelder, Volumina und regionalen Gegebenheiten bezweifelt werden. Der Nutzen dieser klassischen Multiplikatorenbewertung ist also in der Tat infrage zu stellen. Unternehmen sind für sich genommen unterschiedliche und individuelle Organisationen, sodass eine Bewertung anhand von Konkurrenzvergleichen in der Regel keine geeigneten Ergebnisse liefert. Zudem weisen die verschiedenen Fundamentaldaten abhängig von den angewandten Rechnungslegungsstandards und bestehenden Bilanzwahlrechten oftmals große Unterschiede auf, sodass ein direkter Vergleich von Unternehmen aus verschiedenen Regionen nur bedingt aussagekräftig ist.

Modifizierte Multiplikatorenbewertung

Dieses Buch verfolgt daher einen anderen Weg. Die *modifizierte Multiplikatorenbewertung* bestimmt den inneren Wert eines Unternehmens ausgehend von unternehmensbezogenen fairen Multiplikatoren, die aus der Markt-, Wettbewerbs-, Unternehmens- und Kennzahlenanalyse gewonnen werden.

Kapitel 7 enthält die Beschreibung der wichtigsten Multiplikatoren sowie Hinweise zur Bestimmung und Einordnung der Bewertungskennzahlen. Dieser Abschnitt führt die Theorie der *modifizierten Bewertungsmultiplikatoren* ein und bildet damit neben der Equity-Methode des Discounted Cashflow Verfahrens das Zentrum der in diesem Buch beschriebenen Unternehmensbewertung. Im Gegensatz zum DCF-Verfahren verzichtet dieser Ansatz weitestgehend auf komplizierte Formeln und zeigt einen durchweg pragmatischen Bewertungsansatz auf. Dies zollt damit der Tatsache Tribut, dass die grobe Antizipation der Unternehmenszahlen zwar ein wesentlicher Bestandteil der Analyse ist, Unternehmensbewertung jedoch immer zuerst am Geschäftsmodell ansetzen muss und somit zu einem wesentlichen Teil aus „weichen“, qualitativen Faktoren besteht. Diese Form der Bewertung könnte daher auch als *qualitative Unternehmensbewertung* bezeichnet werden. Im Fokus dieser modifizierten Multiplikatorenbewertung stehen die folgenden Bewertungskennzahlen:

- KGV
- KBV
- KUV
- EV/EBIT

Das KCV findet wegen der hohen Fluktuation des Cashflows keine Verwendung. Die Cashflowqualität und insbesondere der Free-Cashflow werden jedoch bei der Bestimmung des fairen KGVs, beispielsweise durch Heranziehen der Sachinvestitionsquote, berücksichtigt. Generell gilt bei fairen Multiplikatoren der Ansatz, diese so niedrig wie möglich und so hoch wie nötig anzusetzen. Ein stark wachsendes Unternehmen mit Monopolstellung sollte demnach (relativ) höher notieren als ein vergleichbares Unternehmen mit niedrigen Wachstumsraten und hohem Konkurrenzdruck.

8.2.1 Faire Kurs-Gewinn-Verhältnis

Der Wert eines Unternehmens richtet sich nach der Höhe seiner Gewinne beziehungsweise Cashflows unter Berücksichtigung des eingegangenen Risikos. Diese Faktoren wiederum richten sich nach den inzwischen bekannten Größen wie Marktposition, Management, Finanzsituation, Wettbewerb, usw. Ziel dieses Abschnittes ist es daher, die quantitativen und qualitativen Eigenschaften eines Unternehmens in ein System einzuordnen, welches schrittweise zu einem angemessenen Kurs-Gewinn-Verhältnis führt. Das faire KGV ist dabei immer weniger präzise definiert als das Ergebnis des Discounted-Cashflow Modells, welches einen genauen Unternehmenswert ausgibt. Nach der fairen KGV-Methode berechnet sich der faire Wert einer Aktie wie folgt:

$$\text{Fairer Wert je Aktie} = \text{Erwarteter Gewinn je Aktie} \times \text{Faires KGV}$$

Anhand der Formel ergibt sich der faire Wert je Aktie durch den erwarteten Gewinn je Aktie für die nächsten 12 Monate multipliziert mit dem ermittelten fairen KGV. Je höher der Gewinn und das faire KGV, desto höher ist demnach der Wert der Aktie beziehungsweise des Unternehmens.

Einflussfaktoren

Um das faire Kurs-Gewinn-Verhältnis zu bestimmen, wird ein System an wesentlichen Einflussfaktoren bestimmt. Die einzelnen Unternehmensmerkmale werden im nächsten Schritt quantifiziert, um durch Addition der einzelnen Einflussfaktoren einen fairen Bewertungsmultiplikator zu erhalten. In der unten abgebildeten modifizierten *Maslow'schen Bedürfnispyramide* sind die wichtigsten Einflussfaktoren auf das faire KGV aufgeführt. Wie abgebildet sollten zunächst die Grundbedürfnisse der Investoren befriedigt werden: Stabilität und eine solide Marktposition. Auf dieser Grundlage folgen dann eine hohe Rentabilität, Wachstum sowie individuelle Einflussfaktoren. Wir bauen unser Modell nach diesen Bausteinen auf, indem für jede Stufe KGV-Punkte vergeben werden (z. B. für hohes Wachstum oder eine hohe Rentabilität), die sich schließlich zu einem unternehmensspezifischen, fairen Kurs-Gewinn-Verhältnis addieren.

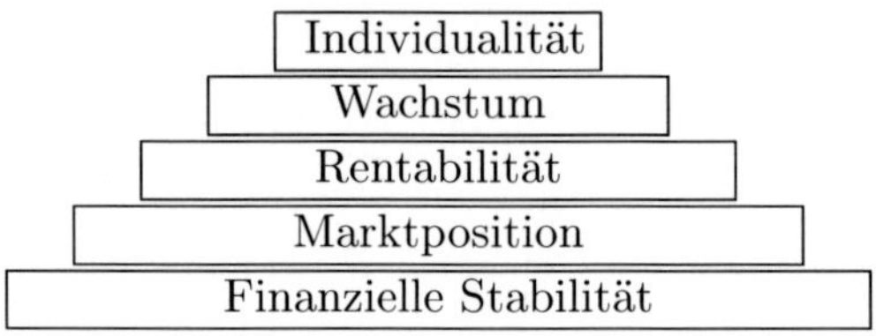

In Kapitel 7 haben wurde bereits dargelegt, dass Wachstum und Rentabilität die wesentlichen Einflussfaktoren bei der Bestimmung des KGVs sind. Gleichwohl sollte selbst ein Unternehmen mit Nullwachstum bei fairer Bewertung zu einem Mindestfaktor seiner Gewinne notieren. Dieses Sockel- oder Minimum-KGV kann empirisch bei einem KGV von 7 bis 8 angenommen werden, wobei dieser Wert je nach Wettbewerbsintensität der Branche und dem aktuellen Zinsniveau angepasst werden muss. Das angegebene Sockel-KGV kann aus der von Investoren geforderten Mindestrendite, die das eingegangene Risiko gerade kompensiert, abgeleitet werden. Ein Kurs-Gewinn-Verhältnis von 8 impliziert beispielsweise eine Einstandsrendite von 12,5 % ($\frac{1}{8}$) und entspricht damit ungefähr der am Aktienmarkt im Mittel geforderten Eigenkapitalrendite (siehe: Kapitel 8.2.2). Die Empirie bestätigt diese Kenngröße: Aktien mit einem KGV von unter 10 werden häufig in langsam wachsenden Sektoren oder Branchen mit einer hohen Austauschbarkeit der Produkte beobachtet. Auffällig ist ebenfalls, dass weniger als 3 % aller S&P 500-Werte zum Ende 2010 ein KGV von weniger als 8 aufweisen. Diese Daten bestätigen daher die Annahme, ein KGV zwischen 7 und 8 als Sockel-KGV anzusetzen. Werte die diese Mindestbewertung übersteigen, verfügen offensichtlich über Eigenschaften, die einen Aufschlag auf den Sockel-KGV rechtfertigen.

Finanzielle Stabilität

Finanzielle Stabilität ist der Grundstein jeder Unternehmung. Ist

diese nicht gegeben, so kann die Marktposition, Rentabilität oder das Wachstum noch so gut sein - das Unternehmen kann langfristig nicht überleben, seine zukünftig erwarteten Cashflows haben keinen Wert, da sie nicht eintreten. Die finanzielle Stabilität sollte durch die in Kapitel 3 dargestellten Kennzahlen bestimmt werden. Von besonderer Bedeutung sind das Gearing, der dynamische Verschuldungsgrad sowie die Eigenkapitalquote des Unternehmens. Die finanzielle Stabilität ist insbesondere in Krisenzeiten wichtig, da über längere Zeiträume nahezu jedes Unternehmen wirtschaftliche Abschwungphasen überstehen muss. Dieser Sachverhalt macht die Thematik der finanziellen Stabilität insbesondere für langfristig orientierte Investoren interessant.
Bewertung: *Ist die Stabilität eines Unternehmens gewährleistet, erhöht sich das Sockel-KGV, in Abhängigkeit der finanziellen Stabilität, um 0,5 bis 2 Punkte.*

Marktposition
Diese Position umfasst im Wesentlichen die bereits bekannten Faktoren aus Porters Fünf-Kräfte-Modell, das bereits in Kapitel 5 besprochen wurde. Neben der Marktmacht von Kunden, Lieferanten und Substituten sowie der Ausprägung von Markteintrittsbarrieren, ist die Planbarkeit des Geschäftsmodells ein wesentlicher Einflussfaktor. Je größer der Zeithorizont, über den die Geschäftsentwicklung verlässlich abgeschätzt werden kann, desto sicherer ist die Bewertung. Diese Sicherheit verdient einen Aufschlag. Unternehmen im (vollkommenen) Wettbewerb haben höchstens Einkaufsvorteile durch ihre Größe, ihre Marktstellung wird also nur einen geringen Aufschlag im fairen KGV ausmachen. Oligopolisten oder gar Monopolisten verfügen dagegen über eine herausragende Marktstellung mit entsprechender Preismacht. Je ausgeprägter diese Marktstellung, desto höher der Aufschlag. Um diese Bewertung zu quantifizieren, wird jedem der fünf Porter Kriterien ein Wert zwischen 5 (stark ausgeprägt) und 0 (nicht vorhanden) zugewiesen.

- Rivalität unter den bestehenden Wettbewerbern
- Bedrohung durch neue Anbieter
- Verhandlungsstärke der Lieferanten

- Verhandlungsstärke der Abnehmer
- Bedrohung durch Ersatzprodukte

Durch Addition ergibt sich eine Maximalpunktzahl von 25 Punkten. Diese sind in der folgenden Tabelle als „Porter-Punkte“ aufgeführt. Bewertung: *Als Faustregel sind die folgenden KGV-Aufschläge zu berücksichtigen, diese dienen jedoch nur als erste Indikation und können einzelfallbezogen angepasst werden:*

Marktstellung	Porter-Punkte	KGV-Aufschlag	Anmerkung
Nicht vorhanden	0 bis 5	0 bis 0,5	Vollkommene Konkurrenz
Schwach	5 bis 10	0,5 bis 1	Starker Wettbewerb, mäßige Anzahl an Mitbewerbern
Mittel	10 bis 15	1,5 bis 2	Mäßiger Wettbewerb, geringe Anzahl an Mitbewerbern
Gut	15 bis 20	2 bis 2,5	Oligopolistische Tendenzen
Hervorragend	20 bis 25	2,5 bis 3	Monopolistische Tendenzen

Ein Abgleich dieser Ergebnisse mit der Umsatzrendite sollte zur Verifizierung durchgeführt werden. Fallbeispiele hierzu finden sich im Kapitel 2.2 „Umsatzrendite“. Erfahrungsgemäß korrespondieren folgende Umsatzrenditen mit den entsprechenden „Porter-Punkten“:

Umsatzrendite	Porter-Punkte	Marktstruktur
0 bis 3%	0 bis 5	Vollkommene Konkurrenz
3 bis 5%	5 bis 10	Starker Wettbewerb
5 bis 7%	10 bis 15	Mäßiger Wettbewerb
7 bis 12%	15 bis 20	Oligopolistisch Tendenz
12%+	20 bis 25	Monopolistische Tendenz

Die Marktstellung an sich ist kein Garant für einen hohen Unternehmenswert, da jedes Unternehmen an seiner Fähigkeit aus vorhandenen Vermögenswerten Cashflows zu generieren, also der Rentabilität, gemessen wird. Wir verwenden daher das Ergebnis aus dem Marktstellungs-Aufschlag (zwischen null und 3 Punkte) und verrechnen dieses multiplikativ mit der Rentabilität des Unternehmens.

Rentabilität
Kapital sollte angemessen verzinst werden. Für den Aktionär ist dabei die Eigenkapitalrendite, also die Verzinsung des von den Eigenkapitalgebern eingebrachten Kapitals die zentrale Kennzahl. Bei gegebener finanzieller Stabilität lautet der Grundsatz: je rentabler, desto besser. Viele ehemalige Staatsunternehmen wie die Post und Telekom verfüg(t)en über eine Monopolstellung, dennoch sind diese Unternehmen vergleichsweise unrentabel und damit für einen Investor uninteressant. Erst durch die effiziente Nutzung von Marktstellung und Ressourcen entstehen hohe und nachhaltige Renditen und damit effektiv Wertschöpfung für die Aktionäre.

Beispiel 8.10 - DEUTSCHE BAHN VS. CANADIAN NATIONAL

Die Eisenbahnbetreiber Deutsche Bahn und Candaian National (CN) wirtschaften in einem als oligopolistisch einzustufenden Umfeld. CN arbeitet jedoch deutlich rentabler als die staatliche Deutsche Bahn. Zwei nominell ähnlich einzustufende Unternehmen können also unterschiedlichen Marktstellungen zugeordnet werden. Insbesondere die Umsatzrendite ist bei dieser Abgrenzung hilfreich. In diesem Fall liegt der Unterschied in der deutlich größeren Konkurrenz durch Lkws in Deutschland im Gegensatz zu Kanada, wo zudem größere Strecken zurückgelegt werden müssen.

Da die Eigenkapitalrendite durch Ausnutzung des Leverage-Effekts und den dadurch bedingten hohen Verschuldungsgrad künstlich erhöht werden kann, sollte die Eigenkapitalrentabilität stets bereinigt werden. Wir führen dazu den Begriff der ungehebelten Eigenkapitalrendite ein. Diese Kenngröße unterstellt eine je nach Geschäftsmodell angemessene Eigenkapitalbasis und berechnet auf dieser Grundlage die risikoadjustierte Eigenkapitalrendite. Die verträgliche Menge an Fremdkapital variiert je nach Geschäftsmodell. Kann ein Geschäftsmodell besonders viel Fremdkapital aufnehmen, da die Cashflows als besonders sicher einzuschätzen sind, ist selbst eine geringe Eigenkapitalquote vertretbar. Im anderen Extremfall, beispielsweise bei starken Zyklikern, sollte dagegen eine höhere Mindesteigenkapitalquote eingehalten werden. Diese Mindesteigenkapitalquote wird durch die Sachinvestitionsquote bestimmt. Als Faustregel kann hierzu die Formel,

$$\text{Mindesteigenkapitalquote} \approx \text{Sachinvestitionsquote}$$

herangezogen werden, da Unternehmen mit geringem Reinvestitionsraten in der Regel auch mit wenig Eigenkapital auskommen. Weist ein Unternehmen dagegen eine hohe Sachinvestitionsquote (CAPEX / operativer Cashflow) auf, so sollte dieses kapitalintensive Geschäftsmodell auch mit genügend Eigenmitteln hinterlegt sein. Um saisonale Effekte auszuschließen, sollte eine möglichst langfristige Sachinvestitionsquote berechnet werden. Es bietet sich hierzu beispielsweise ein 5-jähriger Durchschnitt an. Durch Verwendung der Sachinvestitionsquote fließt neben dem Investitionsbedarf auch der Free-Cashflow des Unternehmens mit in die Berechnung ein. Eine Überprüfung der Mindestkapitalquote kann auch über den notwendigen Anlagendeckungsgrad I durchgeführt werden. Prinzipiell ist nicht mehr Eigenkapital nötig als 70-90 % des Anlagevermögens. Die ungehebelte Eigenkapitalrendite berechnet sich somit durch folgende Formel:

$$\text{Ungehebelte Eigenkapitalrendite} = \frac{\text{Jahresüberschuss}}{\text{Bilanzsumme} \times \text{Sachinvestitionsquote}}$$

Betrachten wir dazu das Beispiel der Fast-Food Kette Yum! Brands:

Beispiel 8.11 - UNGEHEBELTE EKR: YUM! BRANDS

Das Unternehmen weist zum 31.12.2009 eine Eigenkapitalquote von lediglich 15,5 % auf. Durch diesen extrem hohen Hebel erzielt das Unternehmen eine Eigenkapitalrendite von 91,3 %. Tatsächlich arbeitet das Unternehmen sehr rentabel, jedoch ist die ausgewiesene Eigenkapitalrendite durch bilanzpolitische Effekte deutlich übertrieben. Eine Korrektur mittels der oben angegeben Formel ergibt auf Basis einer Sachinvestitionsquote von durchschnittlich 54,3 % eine angemessene Eigenkapitalquote in selbiger Höhe. Multipliziert mit der Bilanzsumme von 7.148 Mio. $ ergibt sich eine fiktive Eigenkapitalbasis von 3.881 Mio. $. Ausgehend von einem Gewinn von 1.071 Mio. $ entspricht dies einer ungehebelten Eigenkapitalrendite von 27,6 % oder einem KGV-Aufschlag von 2,3 Punkten.

Ungehebelte EKR	Multiplikator
0 bis 5	0,3
5 bis 7	0,5
7 bis 10	0,7
10 bis 12	0,9
12 bis 15	1,1
15 bis 18	1,3
18 bis 21	1,5
21 bis 25	1,7
25 bis 27	2,0
27 bis 30	2,3
30+	2,5

Bewertung: *Je höher die Rentabilität, desto höher die Bewertung. Erzielt ein Unternehmen ohne wesentliche Ausnutzung des Leverage-Effektes überdurchschnittliche Eigenkapitalrenditen, so ist dies entsprechend zu honorieren. Die folgende Tabelle gibt einen Berechnungsschlüssel an.*

Der gesamte KGV-Aufschlag für Marktposition und Rentabilität ergibt sich entsprechend aus dem Produkt beider Faktoren. Erzielt ein Unternehmen also einen Aufschlag für die Marktposition in Höhe von 3 KGV-Punkten und erreicht eine ungehebelte Eigenkapitalrendite, die 1,5 KGV-Punkten entspricht, so beträgt der gesamte Aufschlag 4,5 KGV-Punkten (3 × 1,5).

Wachstum

Das Unternehmenswachstum ist die wichtigste Determinante im Bezug auf das Kurs-Gewinn-Verhältnis. Da stark wachsende Unternehmen jedoch meist in neuartigen und damit schwer einzuschätzenden Märkten operieren, ist ein hohes Wachstum in vielen Fällen mit entsprechenden Risiken verbunden. Die Wachstumsrate ist zudem in der Regel die fehleranfälligste Bewertungskomponente und sollte daher vorsichtig gewählt werden. Selbst in stagnierenden Märkten sollten Unternehmen zumindest in der Lage sein, ihre Preise an die Inflation anzupassen. Ist dies nicht der Fall, stagniert der Umsatz bei steigenden Einkaufspreisen, sinkende Margen und Gewinne sind die Folge. Ein Mindestwachstum in Höhe der erwarteten Inflation sollte daher vorausgesetzt werden.

Die genaue Definition des Wachstumsbegriffs stellt einige Probleme dar. Sollte das Umsatz- oder Ergebniswachstum verwendet werden? Welcher Zeitraum wird betrachtet? Wie sind die Zukunftserwartungen richtig einzuschätzen?

Ein Grundsatz der Unternehmensbewertung lautet, den Wert eines Unternehmens stets konservativ und im Zweifel zu niedrig anzusetzen. Durch dieses Vorgehen werden unter Umständen einige unterbewertete Unternehmen übersehen, gleichzeitig wird allerdings auch der Fehler vermieden, das Potenzial eines Unternehmens zu hoch einzuschätzen und einen überteuerten Wert zu erhalten. Die Einschätzung der Zukunftsaussichten liegt insbesondere in der zuvor getätigten Markt- und Wettbewerbsanalyse begründet. Da durch Basiseffekte über wenige Jahre sehr hohe jährliche Wachstumsraten zustande kommen, sollte ein Betrachtungszeitraum von mindestens fünf Jahren gewählt werden. Eine erste Indikation des tatsächlich möglichen Wachstums bietet die Extrapolierung historischer Daten. Ab Wachstumsraten im zweistelligen Bereich sind diese jedoch mit Vorsicht zu behandeln. Um unrealistischem exponentiellen Wachstum vorzugreifen, können beispielsweise Wachstumsschranken und ähnliche mathematische Mittel eingesetzt werden. Die Betrachtung von Wachstumsraten vor dem Hintergrund des Produktlebenszyklus ist daher zu empfehlen. Junge Produkte und Märkte weisen in ihrer frühen Phase oft sehr hohe Wachstumsraten auf, flachen dann bis zum Erreichen einer Sättigungsgrenze ab und gehen später wieder zurück, da das Produkt durch Substitute oder Innovationen verdrängt wird.

Als Basis sollte das *Gewinn*wachstum und nicht das Umsatzwachstum angesetzt werden, da zum einen das Kurs-*Gewinn*-Verhältnis bestimmt werden soll und zum anderen eine Steigerung der Umsatzerlöse ohne entsprechenden Gewinnanstieg keinen positiven Einfluss auf den Unternehmenswert hätte. Wichtig ist, wie viel Wachstum tatsächlich bei den Eigentümern, d. h. je Aktie, ankommt. Die Steigerungsrate des Gewinns je Aktie ist daher das relevante Wachstumsmaß. Zur Berechnung sollte stets der verwässerte Gewinn je Aktie herangezogen werden, da Gewinnwachstum bei gleichzeitiger Ausgabe neuer Aktien faktisch keinen oder nur geringeren Mehrwert für die Altaktionäre ergibt, wie die folgenden Beispiele dokumentieren.

Beispiel 8.12 - Verwässerung: Carl Zeiss Meditec

Die Carl Zeiss Meditec AG, ein Unternehmen aus der Medizintechnik, weist die folgenden Finanzkennzahlen auf:

Carl Zeiss Meditec					
in T€	2010	2009	2008	2007	2006
Umsatz	676.682	640.189	600.190	569.695	390.563
Jahresüberschuss	59.636	55.101	56.241	49.646	29.704
Ergebnis je Aktie	0,68	0,62	0,66	0,61	0,82

Quelle: Carl Zeiss Meditec AG (2010) [IFRS]

Wie der Tabelle zu entnehmen ist, konnte der Umsatz zwischen 2006 und 2010 um 73 % gesteigert werden. Darüber hinaus weist die Umsatzentwicklung eine hohe Konstanz auf. Ebenso stieg der Gewinn kontinuierlich an. Die Aktionäre konnten an dieser Entwicklung jedoch nur unterproportional partizipieren, da das Wachstum unter anderem durch die Ausgabe neuer Aktien finanziert wurde. Während der Jahresüberschuss auf 5-Jahres-Sicht um rund 100 % gesteigert werden konnte, mussten die Aktionäre ein Ergebnisrückgang je Anteil von 17 % in Kauf nehmen.

Eine ähnliche Entwicklung zeigt das Solarunternehmen Roth & Rau. Zwar konnte der Umsatz zwischen 2006 und 2009 mehr als vervierfacht werden, gleichzeitig erhöhte sich die Anzahl der ausstehenden Aktien jedoch um mehr als 50 Prozent. Diese Kosten des Wachstums manifestieren sich in hohen Working Capital und Sachinvestitionen und müssen bei der Wachstumsanalyse berücksichtigt werden. Ein Kontrastbeispiel ist der Onlinereifenhändler Delticom: Das Unternehmen verfügt über sehr hohe Cashflows und ein wenig kapitalintensives Geschäftsmodell. Das hohe Unternehmenswachstum konnte seit dem Börsengang komplett aus internen Mitteln finanziert werden und die Aktionäre somit voll an der Entwicklung teilnehmen.

Im Lichte dieser Komplikationen bietet sich keine pauschale Bewertung des Wachstums nach dem Motto „10 % Gewinnwachstum entspricht x KGV Punkten“ an. Prinzipiell gilt: Je weniger Investitionen das Wachstum benötigt, desto wertfördernder ist es einzustufen. Ein Weg die Wachstumsprämie zu quantifizieren besteht in der Auswertung von KGV-Werten unterschiedlich stark wachsender Unternehmen am Markt. Die folgende Tabelle soll einen Eindruck über gängige Wachstumsprämien vermitteln. Die Werte sind jedoch nur als erste Indikation zu verstehen. Die konkrete Bewertung ist dann einzelfallabhängig durchzuführen, da Wachstum stets vor dem Hintergrund der Profitabilität, Rentabilität und Cashflowgenerierung betrachtet werden muss. Einen guten Ansatz bieten historische Bewertungsmultiplikatoren. Sinkt das KGV eines Unternehmens aufgrund eines Gewinnrückgangs beispielsweise von 20 auf 15 und andere Einflussfaktoren, wie Marktstellung und Bilanzqualität, bleiben gleich, so ist der Wert des Gewinnwachstums direkt quantifizierbar. Mit der Price-Earnings-Growth-Kennzahl (PEG) haben wir im vorangegangenen Kapitel bereits eine weitere Kennzahl kennengelernt, mit der das eingepreiste Wachstum abgeschätzt werden kann. Da das PEG alleine jedoch nur unzureichende Rückschlüsse zulässt, kann diese Kennziffer nur als ein ergänzendes Bewertungsmittel verwendet werden. Das Gewinnwachstum sollte mit Hilfe der Compound Annual Growth-Rate (CAGR) ermittelt werden. Diese Kennzahl drückt das jährliche Wachstum einer Zahlenreihe aus:

$$\text{CAGR}_{\text{Jahr 1;Jahr n}} = \left(\left(\frac{\text{Gewinn Jahr n}}{\text{Gewinn Jahr 1}}\right)^{\frac{1}{n-1}}\right) - 1$$

Erzielt ein Unternehmen im Jahr 2005 einen Gewinn von 8 Mio. € und im Jahr 2010 einen Gewinn von 20 Mio. €, so konnte der Gewinn nach der CAGR-Formel mit einer jährlichen Rate von 20,1 % gesteigert werden:

$$\text{CAGR} = \left(\left(\frac{20}{8}\right)^{\frac{1}{5}}\right) - 1 = 0{,}201 = 20{,}1\%$$

Der Wert von 5 im Exponenten ergibt sich durch Subtraktion der Jahreszahlen (2010-2005 = 5). Bei der Verwendung dieser Kennzahl sollte jedoch stets darauf geachtet werden, einen sinnvoll Zeitraum zu verwenden. Der CAGR wird beispielsweise durch Basiseffekte stark verzerrt und überschätzt so oft das wahre Wachstum bei der Extrapolierung von historischen Werten.

Wachstum	KGV-Aufschlag	Anmerkung
negativ	negativ	Ausmaß abhängig von Dauer und Geschwindigkeit des Ergebnisrückgangs
0 bis 3%	0 bis 0,5	Wachstum in Höhe der Inflation
3 bis 5%	0,5 bis 1	Langsames, aber stetiges Wachstum
5 bis 7%	1,0 bis 2,0	Leicht überdurchschnittliches Wachstum
7 bis 10%	2,0 bis 3,0	Überdurchschnittliches Wachstum
10 bis 15%	3,0 bis 4,0	Hohes Wachstum, Verdoppelung alle fünf Jahre
15 bis 20%	4,0 bis 5,0	Sehr hohes Wachstum, Verdoppelung alle vier Jahre
20 bis 25%	5,0 bis 6,0	Herausragendes Wachstum, Verdoppelung alle drei Jahre

Vollständige Berechnung: *Ein fiktives Unternehmen mit einem Sockel KGV von 8 Punkten, einer sehr guten finanziellen Stabilität (2 Punkte), einer Monopolstellung und einer ungehebelten Eigenkapitalrendite von 30 % (7,5 Punkte) sowie Wachstum von 25 % pro Jahr, (6 Punkte) erhält somit ein faires KGV von 23,5 Punkten. (8+2+7,5+6)*

Individualität
Jedes Unternehmen ist verschieden und bedarf einer individuellen Analyse. Gerade in diesem „Baukastensystem“ ist zumindest bei oberflächlicher Behandlung zu wenig Spielraum für Eigenarten und Besonderheiten. Gilt ein Unternehmen beispielsweise aufgrund eines hohen Freefloats oder bestimmten Vermögenswerten als Übernahmekandidat so erhöht dies den Börsenwert. Gleiches gilt bei einer besonders gut einschätzbaren Gewinnentwicklung (z. B. weil langlaufende Lieferverträge bestehen). Verfügen Unternehmen über merkliche Cash-Reserven, die operativ nicht benötigt werden, so sollten diese nachträglich dem fairen Wert je Aktie zugerechnet (Cash-Reserven in € / Anzahl der Aktien) oder das faire KGV entsprechend erhöht werden.

Der Gewinn je Aktie
Die Formel zur Berechnung des fairen Wertes je Aktie besteht aus den Komponenten „faires KGV“ und „Gewinn je Aktie“. Die Entscheidung, welcher Gewinn zur Berechnung herangezogen wird, hat daher entscheidenden Einfluss auf die Bewertung. Da die Börse stets die Zukunft handelt, hat die Verwendung des aktuellen Gewinns

je Aktie nur eine begrenzte Aussagekraft. Zur korrekten Berechnung sollte daher der geschätzte Gewinn je Aktie des Folgejahres verwendet werden. Hierbei sollte sich der Bewerter nicht auf Analystenschätzung, sondern auf die eigene Analysearbeit stützen. Der Gewinn je Aktie ist insbesondere um Sondereffekte und einmalige, zahlungsunwirksame Effekte zu korrigieren. Des Weiteren sollte der Jahresüberschuss zur Berechnung durch die vollständig verwässerte Anzahl an Aktien geteilt werden, um den Gewinn je Aktie zu erhalten. Durch diese Maßnahme werden die verzerrenden Einflüsse von Aktienoptionen oder ausstehenden Wandelanleihen direkt berücksichtigt.

$$\text{Gewinn je Aktie} = \frac{\text{Bereinigter Jahresüberschuss}}{\text{Verwässerte Aktienanzahl}}$$

Beispiel 8.13 - Faires KGV: Accell Group

Das faire KGV eines Unternehmens besteht aus den Komponenten (a) Sockel KGV, (b) finanzielle Stabilität, (c) Marktposition & Rentabilität, (d) Wachstum und (e) individuellen Faktoren. Am Beispiel der niederländischen Accell Group wollen wir die Berechnung des fairen Kurs-Gewinn-Verhältnis im Detail betrachten.

Als umsatzstärkster Premiumhersteller von Fahrrädern mit international bekannten Marken und einer soliden Bilanz ist der Accell Group ein Sockel KGV von 8 zuzuweisen. Das Gearing des Unternehmens beträgt zum Jahresende 2009 rund 55,8 %, die Eigenkapitalquote liegt bei 44,9 % und die Sachinvestitionsquote betrug im Mittel rund 22 %. Das Unternehmen verfügt demnach über eine solide Bilanz und hohe Free-Cashflows. Da das Gearing den Zielwert von 0 bis 20 % leicht übersteigt, ist ein Premium von 1,8 Punkten für die finanzielle Stabilität angemessen.

Der Wert der Marktposition wird durch Anwendung der Porteranalyse mit Blick auf die Umsatzrendite berechnet. Da Accell einen Großteil der Komponenten von den Zulieferern Shimano und SRAM bezieht, ist die *Verhandlungsmacht der Zulieferer* als hoch einzustufen (1 Porterpunkt). Das Premiumfahrradgeschäft ist zu einem großen Teil auf die Marke fixiert. Accell verfügt über die bekanntesten Marken im europäischen Raum. Die *Verhandlungsmacht der Kunden* ist somit gering (4 Porterpunkte). Da der Fahrradmarkt insgesamt nur langsam wächst und hohe Markteintrittsbarrieren in Form von Markenbewusstsein der Kunden existiert, ist die *Gefahr von neuen Wettbewerbern* als gering einzustufen (4 Porterpunkte). Die *Gefahr von Substituten* besteht im Fahrrad und E-Bike Markt insbesondere durch Roller und den ÖPNV. Da das Fahrrad jedoch zu einem wesentlichen Teil zu Freizeit- und Sportzwecken genutzt wird, ist die Gefahr von Substituten als gering bis mittel einzustufen (3 Porterpunkte). Der *Wettbewerb unter bestehenden Produzenten* ist als mittel einzustufen, da zwar nur eine geringe Anzahl an Markenanbietern besteht, diese jedoch ausreichen, um eine Oligopolbildung zu vermeiden (3 Porterpunkte).

Insgesamt ergeben sich 15 Porterpunkte und damit eine mittlere bis gute Marktstellung. Ein Vergleich mit der Umsatzrendite von 6 % bestätigt diese Einschätzung. Laut Tabelle steht dieser Wert für mäßigen Wettbewerb und eine solide bis gute Marktstellung. Der noch mit der Rentabilität zu verrechnende Aufschlag für die Marktposition liegt somit bei 1,8 KGV-Punkten.

Die ausgewiesene Eigenkapitalrendite liegt trotz einer soliden Eigenkapitalausstattung über die letzten 10 Jahre konstant bei rund 20 %. Zur Bestimmung des KGV-Aufschlags ziehen wir die ungehebelte Eigenkapitalrendite heran. Auf Basis des Jahres 2009 und 2008 erhalten wir eine Sachinvestitionsquote von 52,7 %. Dieser Wert weicht von der oben angegebenen Sachinvestitionsquote für die Accell Group ab, da zusätzlich zu den Sachinvestitionen auch die jährlichen Übernahmen mit einbezogen wurden. Multipliziert mit der Bilanzsumme von 337 Mio. €, ergibt sich eine ideale Eigenkapitalbasis von 177 Mio. €. Das Unternehmen weist für das Geschäftsjahr 2009 einen Jahresüberschuss von 32,7 Mio. € aus. Daraus ergibt sich folgende ungehebelte Eigenkapitalrendite:

$$\text{Ungehebelte Eigenkapitalrendite} = \frac{32{,}7 \text{ Mio. €}}{177{,}0 \text{ Mio. €}} = 18{,}4\%$$

Laut der Rentabilitätstabelle entspricht dieser Wert einem KGV Aufschlag von 1,5 Punkten. Der entsprechende Zuschlagssatz für Marktposition und Rentabilität ergibt sich aus dem Produkt beider Faktoren mit 2,7 KGV-Punkten. ($1{,}5 \times 1{,}8 = 2{,}7$) Das Umsatzwachstum des Unternehmens über die letzten 8 Jahre betrug 10,1 % pro Jahr, der Gewinn konnte in diesem Zeitraum um jährlich 21,6 % gesteigert werden. Da sowohl der Margen- als auch der Umsatztrend in den letzten Jahren abnahm und das Marktwachstum insgesamt moderat ausfällt, ist in den nächsten Jahren ein Wachstum von 7 % zu erwarten. Laut unserer Tabelle entspricht dies einem KGV-Aufschlag von 1,5 Punkten. Durch das große Know-How bei der Integration von übernommenen Marken und daraus folgenden Margensteigerungen sowie dem derzeit aktuellen Thema der „grünen Technologie“ und dem Gesundheitstrend schlagen wir zudem 0,5 Punkte als individuellen Faktor zu. Damit ergeben sich folgende Zuschläge:

Kategorie	KGV-Aufschlag
Individuell	0,5
Umsatzwachstum	2,0
Marktposition & Rentabilität	2,7
Finanzielle Stabilität	1,8
Sockel-KGV	8,0
Faires KGV	15,0

Das faire KGV der Accell Group beläuft sich somit auf 15,0. Bei einem erwarteten Jahresüberschuss von 35 Mio. € weist das Unternehmen so beispielsweise einen inneren Wert von 525 Mio. € auf. Die weiteren Fallbeispiele geben in kurzer und prägnanter Form die Ermittlung des fairen KGVs verschiedener Unternehmen wieder und zeigt dabei die Unterschiede bezüglich der Wachstumsraten auf.

Beispiel 8.14 - Faires KGV: A.S. Creation

Der Tapetenhersteller A.S. Creation wirtschaftet als Premiumhersteller in einem stagnierenden Markt, der in den letzten Jahren von einer hohen Insolvenzrate gekennzeichnet war. Die Bestimmung des fairen KGV basiert auf einem Sockel KGV von 7 Punkten und einer finanziellen Stabilität (EKQ: 51,7 %, Gearing 24,6 % per 31.12.2009) in Höhe von 2 Punkten. *Verhandlungsmacht der Zulieferer*: Mittel. A.S. Creation benötigt vor allem Basisstoffe wie PVC, Papier und Farbe zur Tapetenherstellung. Da diese von diversen Zulieferern bezogen werden können, hat A.S. Creation einen gewissen Verhandlungsspielraum. (3 Punkte) *Verhandlungsmacht der Kunden*: Mittel bis Hoch. Im hochwertigen Bereich verfügt das Unternehmen über eine ausgeprägte Marktstellung. Im niedrigen Preissegment herrscht dagegen Preiswettbewerb. Als größter europäischer Anbieter bleibt das Unternehmen jedoch für Großkunden wie Baumärkte ein wichtiger Partner, da Wettbewerber nicht ohne Weiteres in der Lage sind, dieselbe Vielfalt und Menge bereitzustellen. (2 Punkte) *Gefahr von neuen Wettbewerbern*: Gering. Der Markt gilt im Allgemeinen als kapitalintensiv und aufgrund des geringen Marktwachstums als unattraktiv. Neue Zutreter sind nicht zu erwarten. (4 Punkte) *Gefahr von Substituten*: Mittel bis Hoch. Die Verwendung von Farbe, Raufaser oder (in Zukunft) OLED Tapeten üben einen hohen Druck auf das Produkt Tapete aus. Da mit keinem der genannten Konkurrenzprodukte dieselbe Wirkung wie mit modernen Tapeten erzielt werden kann, ist eine Koexistenz der Produkte am wahrscheinlichsten, die Risiken sind aber existent. (2 Punkte) *Wettbewerb unter bestehenden Produzenten*: Hoch. Besonders im unteren Preissegment herrscht ein ausgeprägter Preiswettbewerb. Lediglich die hochwertigen Tapeten für Einzelkunden und Architekten heben sich von diesem Trend ab. (2 Punkte)

Nach den „Porter-Punkten" wird die Marktposition des Unternehmens mit 13 Punkten bewertet. Die Umsatzrendite von rund 5,0 % empfiehlt die Vergabe von 10 Punkten. Wir vergeben daher 11,5 Punkte für die Marktposition. Daraus resultiert ein vorläufiger Aufschlag von 1,6 KGV-Punkte. Die ungehebelte Eigenkapitalrendite berechnet sich auf Basis einer Sachinvestitionsquote von 65 % (5-Jahresdurchschnitt), einer Bilanzsumme von 161 Mio. € und einem nachhaltigen Gewinn von 9,2 Mio. € durch Einsetzen in die oben dargestellte Formel:

$$\text{Ungehebelte Eigenkapitalrendite} = \frac{9{,}2 \text{ Mio. €}}{65\% \times 161{,}0 \text{ Mio. €}} = 8{,}8\%$$

Aufgrund von Sondereffekten in der Gewinn- und Verlustrechnung wird der angemessene KGV-Aufschlag mit 0,8 Punkten etwas höher als in der Tabelle vorgegeben angesetzt. Der Zuschlag für die Marktposition und Rentabilität beträgt somit 1,3 Punkte (0,8 × 1,6).

Das durchschnittliche Umsatzwachstum der letzten 5 Jahre lag bei 4,5 %. Durch neu anstehende Projekte in Russland, einer Übernahme in Frankreich sowie der sich erholende Wirtschaft ist auch für die Folgejahre mit einem Wachstum von 5 % zu rechnen. Der entsprechende Zuschlag beträgt einen Punkt.

Vor Berücksichtigung der individuellen Faktoren erhalten wir somit ein faires KGV von 11,3 Punkten. A.S. Creation könnte zudem aus zwei Gründen einen individuellen Aufschlag verdienen:

- A.S. Creation ist der einzige und größte Marktteilnehmer, welcher über solide Finanzen und eine europaweite Präsenz verfügt. Marktanteilsgewinne werden neben dem gewöhnlichen organischen Wachstum auch durch das Ausscheiden anderer Marktteilnehmer erzielt. Das Unternehmen nimmt eine aktive Rolle in der Marktkonsolidierung ein. Es ist daher auch mit externem Wachstum zu rechnen. (0,5 Punkte)

- Aus buchhalterischen Gründen vermindert sich der Gewinn des Unternehmens bis 2018 jährlich um einen Betrag zwischen 1,4 und 0,7 Mio. EUR. Bei einem absoluten Gewinn von rund 8-9 Mio. EUR ist dieser Effekt also deutlich zu spüren. Um diesen Effekt auszugleichen, wird das faire KGV um den entsprechenden Betrag erhöht.

Insgesamt erhalten wir ein faires KGV in Höhe von 13,3 Punkten.

Beispiel 8.15 - Faires KGV: Stratec Biomedical Systems

Stratec Biomedical Systems ist ein deutsches Unternehmen aus der Biotechbranche. Im Gegensatz zu vielen anderen Unternehmen aus diesem Sektor lässt sich die Umsatz- und Ergebnisentwicklung des Unternehmens relativ verlässlich bestimmen, da mit Kunden wie Siemens langfristige Verträge über die Lieferung von Blutanalysesystemen bestehen. Das zweite Umsatzstandbein besteht in der Wartung der installierten Systeme, welche sich direkt aus dem Umsatz ergeben. Durch entsprechendes Research lässt sich in diesem Bereich eine solide Umsatzvisibilität erreichen.

Ausgehend von einem Sockel KGV von 8 Punkten und einer finanziellen Stabilität von 2 Punkten (neg. Gearing, EKQ: 69,1 %, hohe Free-Cashflows) betrachten wir die Marktposition des Konzerns. *Verhandlungsmacht der Zulieferer*: Mittel. Zum einen sind die Zulieferer auf Stratec angewiesen, da die Produkte maßgeschneidert sind, zum anderen ist Stratec auf die Zulieferer angewiesen, da ein Teil outgesourced wurde. (3 Punkte) *Verhandlungsmacht der Kunden*: Gering. In diesem hoch spezialisierten Bereich operieren nur wenige Anbieter. Zudem werden stets langfristige Verträge abgeschlossen. Die Kunden geben ihrerseits die Produkte an Blutbanken, Krankenhäuser etc. weiter. Das Geschäft ist für die Parteien margenträchtig und weitestgehend von der Konjunktur unabhängig. (4 Punkte) *Gefahr von neuen Wettbewerbern*: Gering. Ein hohes technisches Know-How und bereits vorhandene langfristige Verträge mit den wichtigsten Abnehmern schaffen hohe Eintrittsbarrieren. (4 Punkte) *Gefahr von Substituten*: Mittel. Aufgrund des hohen technologischen Anspruchs ist es schwer einschätzbar, wie und ob Substitute im Bereich der Blutanalyse am Markt auftauchen (können). Durch die langjährigen Zertifizierungen bei den Gesundheitsbehörden besteht kurz- bis mittelfristig kaum Gefahr durch Substitute. Langfristig ist diese Gefahr jedoch existent. (2 Punkte) *Wettbewerb unter bestehenden Produzenten*: Gering. Der Markt besteht aus wenigen Anbietern mit langlaufenden Verträgen. Da die Produkte Einzelanfertigungen für den jeweiligen Kunden sind, ist der Wettbewerb als schwach einzustufen. (4 Punkte)

Insgesamt wird die Marktposition mit 17 Punkten bewertet. Die Umsatzrendite von 13,3 % lässt ebenfalls auf Porter-Punkte zwischen 15 und 20 schließen. Dem konservativen Ansatz folgend vergeben wir 2,25 Punkte für die Marktposition. Aus der ungehebelten Eigenkapitalrendite in Höhe von 42,8 % folgt ein Multiplikator von 3,5 und damit ein Gesamtzuschlag von 7,8 KGV-Punkten. (Daten für ungehebelte Eigenkapitalrendite: Jahresüberschuss: 13 Mio. €; Sachinvestitionsquote: 31 %; Bilanzsumme 98 Mio. €)

In den letzten sieben Jahren erzielte das Unternehmen ein Umsatzwachstum von 14,0 % p.a. sowie ein jährliches Ergebniswachstum von 31,7 %. Auf Basis der langfristigen Verträge schätzt das Management das Umsatzwachstum der nächsten Jahre mit mindestens 15 % p.a. ein. Durch Skaleneffekte und das hochmargige Wartungsgeschäft ist an der Bottom-Line (Jahresüberschuss) ein überproportionales Wachstum zu erwarten. Zwar sollte mit dieser Annahme sparsam umgegangen werden, doch ist in diesem Fall ein Ergebniswachstum um jährlich 15 bis 20 % vorstellbar. Dieses Wachstum entspricht einem Aufschlag von 4,5 Punkten. Durch Addition der einzelnen Faktoren erhalten wir ein faires KGV von 22,375, welches am oberen Rand des fairen KGV Spektrums liegt.

Beispiel 8.16 - Faires KGV: Google Inc.

Der US-amerikanische Internetkonzern Google verfügt über eine der ausgeprägtesten Marktstellungen in den USA. Das Sockel-KGV ist mit 8 anzusetzen. Zum Geschäftsjahresende 2010 weist das Unternehmen eine Eigenkapitalquote von 80 % und eine Net-Cash Position (liquide Mittel, die die Finanzverbindlichkeiten übersteigen) von 31,5 Mrd. $ (!) aus. Die finanzielle Stabilität ist mit 2 KGV-Punkten zu bewerten. *Verhandlungsmacht der Zulieferer*: Nicht vorhanden. Googles Rohmaterial - Daten - werden von den Internetnutzern umsonst bereitgestellt, von Googles Suchalgorithmen erfasst und ausgewertet. Eine Verhandlungsmacht der Zulieferer ist daher nicht zu erkennen. (5 Punkte) *Verhandlungsmacht der Kunden*: Niedrig. Werbekunden wollen zum einen maximale Penetration und zum anderen das richtige Publikum erreichen. Mit dem herausragenden Marktanteil am Onlinewerbemarkt und den Stärken bei der Suche und Auswertung von Informationen weist Google in diesen Punkten deutliche Vorteile gegenüber seinen Wettbewerbern auf. (5 Punkte) *Gefahr von neuen Wettbewerbern*: Mittel. Mit Microsofts „Bing" im US-amerikanischen Markt, aber auch chinesischen und russischen Suchmaschinen in den jeweiligen Märkten steht Google eine aufstrebende Konkurrenz gegenüber. Nichtsdestotrotz verfügt Google über eine herausragende Marktstellung, langjährige Kunden und ausgereifte Suchalgorithmen, um diese Position behaupten zu können. (4 Punkte) *Gefahr von Substituten*: Niedrig. Zwar ist im Onlinemarkt die Einführung einer revolutionären Technik nie komplett auszuschließen, das Aufkommen eines Substituts zu Googles Technologie und Geschäftsmodell ist zum jetzigen Zeitpunkt jedoch nicht absehbar. (5 Punkte) *Wettbewerb unter bestehenden Produzenten*: siehe Gefahr von neuen Wettbewerbern. (4 Punkte) Die sehr gute Marktposition spiegelt sich auch in den Porter-Punkten wider. Google erreicht einen Wert von 23 Porter-Punkten. Dieser Wert wird von der weit überdurchschnittlichen Umsatzrendite von 29 % im Geschäftsjahr 2010 unterstrichen. Wir setzen daher einen Aufschlag von 3,5 Punkten an, der über das eigentliche Spektrum hinausgeht. Ausgehend von einer Sachinvestitionsquote von 42,3 % über die letzten 3 Jahre (Übernahmen mit einbezogen), einem Jahresüberschuss von 8,5 Mrd. $, bei einer Bilanzsumme von 57 Mrd. $ im Jahr 2010 ergibt sich eine ungehebelte Eigenkapitalrendite von 35,2 %, die mit einem Aufschlag von 2,8 bewertet wird. Insgesamt ergibt dies einen Aufschlag für Marktposition und Rentabilität von 9,8 Punkten.

Zwischen 2006 und 2010 konnte der Umsatz jährlich um rund 29 % gesteigert werden. Gleichwohl sind Wachstumsraten im Bereich von 30 % für ein Unternehmen dieser Größe mittelfristig nahezu unmöglich. Wir vergeben für das zukünftig realistische Umsatzwachstum daher einen Aufschlag von 5 Punkten. Insgesamt ergibt sich nach dieser Analyse ein angemessenes KGV von 24,8. Dieser Wert ist als sehr hoch einzustufen, kann jedoch aufgrund der ökonomischen Charakteristika des Konzerns vertretbar sein. Als individueller Faktor muss die Net-Cash Position des Konzerns über 31,5 Mrd. $ berücksichtigt werden. In diesem Fall sollte die Net-Cash Position je Aktie dem schlussendlichen fairen Wert je Aktie zugerechnet werden.

Kritische Würdigung

In diesem Abschnitt wurden die Ergebnisse aus quantitativer Kennzahlenanalyse und qualitativer Markt- und Unternehmensanalyse zusammengeführt. Im Ergebnis steht die Bewertung des Unternehmens nach der *modifizierten Multiplikatorenmethode.*

Im Gegensatz zum Discounted Cashflow Modell bietet diese Form der Bewertung einen weniger theoretischen, sondern durchweg pragmatischen Ansatz. Da es nicht einen exakten Unternehmenswert gibt, kann der innere Wert eines Unternehmens immer nur eine Näherung sein, welcher über viele Wege erreicht werden kann. Während das DCF-Modell einen exakten Unternehmenswert ausgibt, (was nicht bedeutet, dass dieser richtig ist) gelangen wir über die modifizierte Multiplemethode zu einem alternativen Unternehmenswert. Idealerweise fließen in die Bestimmung des endgültigen Unternehmenswertes die Ergebnisse aus Discounted Cashflow Verfahren, Multiplikatorenmethode und weiteren Ansätzen ein.

Der hier anhand von Tabellen und Fallbeispielen geschilderte Weg zur Ermittlung des angemessenen KGV sollte nicht als Kochbuchrezept aufgefasst werden, da die Angaben aufgrund der Generalisierung nur als erste Indikation dienen können. Daher ist dieser Abschnitt als Startpunkt zur Unternehmensbewertung aufzufassen. Der genaue Unternehmenswert kristallisiert sich erst nach umfangreicher Beschäftigung mit Unternehmen, Markt und Konkurrenz heraus. Die Reduzierung des oben Gesagten auf eine mathematische Formel, in die letztendlich nur noch die Faktoren Marktposition, Rentabilität und Wachstum eingesetzt werden müssen, führt dagegen zwingend zu falschen Ergebnissen. Während die in den Tabellen angegeben Werte zum einen empirisch abgeleitet, sowie zum anderen intuitiv hergeleitet wurden, ist es wichtig, bei der Analyse ein eigenes Gefühl für adäquate Aufschläge zu bekommen. Insbesondere der Faktor Wachstum ist von herausragender Bedeutung.

Obwohl manche schnell wachsende Unternehmen (a) kein Geld verdienen und (b) das Wachstum nur über weitere Kapitalerhöhungen finanzieren können, sind Investoren regelmäßig bereit dieses Wachstum teuer zu erkaufen. Laufen Märkte heiß, so kursieren im Markt hohe zukünftige Wachstumsraten, die zur Bewertung angesetzt werden. Der Bewerter muss in diesem Umfeld stets auf konservative Annahmen achten. Zudem sollte die zweite Komponente der fairen KGV Formel, der Gewinn je Aktie, beachtet werden. Unternehmen können durch Bilanz- und Finanzpolitik den Gewinn je Aktie auf kurze Sicht erhöhen, indem beispielsweise Investitionen verschoben werden, wodurch die Abschreibungen sinken und der Gewinn steigt. Eine weitere Methode sind übermäßige Aktienrückkäufe, wodurch zwar der Gewinn je Aktie steigt, jedoch gegebenenfalls auf wichtige Investitionen verzichtet wird. Diese kurzfristigen Gestaltungsspielräume des Managements müssen beachtet und bei negativen Auswirkungen entsprechend eingepreist werden.

Das allgemeine Zinsniveau hat ein nicht zu unterschätzenden Einfluss auf die Unternehmensbewertung, da rentable Unternehmen in einem Umfeld niedriger Zinsen attraktiver sind als im Umfeld hoher Zinsen. Ist risikofrei eine Rendite von 1 % mit Staatsanleihen erzielbar, erscheint ein rentables Aktieninvestment zu 10 % relativ attraktiver und wird dadurch höher bewertet. Liegt der risikofreie Zins jedoch bei 10 %, so besteht kein Grund für eine Investition in die Aktie bei gleicher Rendite. Die folgende Tabelle bildet das Bewertungsniveau verschiedener Indizes sowie die korrespondierenden Leitzinsen zum Ende des Jahres 2010 ab. Es zeigt sich dabei eine schwache, aber bestehende Korrelation zwischen beiden Faktoren.

Index	Region	KGV	Leitzins
S&P 500	USA	14,9	0,25%
EuroStoxx50	EU	11,7	1,00%
FTSE 100	UK	16,9	0,50%
Nikkei 225	JP	19,5	0,00%
DAX	DE	14,5	1,00%

Japanische Aktien weisen zum Beispiel seit Jahren ein Kurs-Gewinn-Verhältnis auf, welches im Mittel zwischen 3 und 5 Punkten über dem von US-Werten und rund 5 bis 7 Punkte über europäischen Aktien liegt. Die Bewertung des EuroStoxx50 und des DAX fallen in diesem Zusammenhang besonders auf. Trotz gleicher Zinsen weisen die Indizes erhebliche Unterschiede im KGV auf. Dies liegt in diesem Fall am hohen Anteil der aktuell (2010) mit einem Abschlag bewerteten Finanzwerte im EuroStoxx50, wodurch das Bild negativ verzerrt wird. Diese fundamentalen Unterschiede zwischen einzelnen Regionen sollten bei der Bewertung beachtet werden. Zwei vergleichbare Unternehmen aus den USA und Japan können bei der Bewertung durchaus unterschiedliche faire KGVs aufweisen, da verschiedene Zinsniveaus herrschen, die einen Einfluss auf die Kapitalkosten haben. Da das Zinsniveau keinen Einfluss auf unternehmensspezifische Eigenschaften hat, sollte dieser Unterschied im Sockel-KGV berücksichtigt werden. Das faire Kurs-Gewinn-Verhältnis stellt aufgrund der unternehmensspezifischen Faktoren eine zentrale Bewertungskennzahl dar. Neben dieser Kennzahl bietet sich zusätzlich die Verwendung fairer Kurs-Buchwert-, Enterprise Value/EBIT- und Kurs-Umsatz-Multiplikatoren an. Diese sind zwar weniger vielschichtig, jedoch deutlich einfacher anwendbar und weisen eine geringere Schwankungsbreite auf, wie die folgenden Abschnitte zeigen werden.

8.2.2 Faire Kurs-Buchwert-Verhältnis

Ziel dieses Kapitels ist die Bestimmung des fairen Kurs-Buchwert-Verhältnis eines Unternehmens. Diese Bewertungskennzahl sagt aus, wie hoch der Aufschlag auf den Buchwert eines Unternehmens in Abhängigkeit von Rentabilität und Risiko sein sollte. Die Abhängigkeit des Kurs-Buchwert-Verhältnis von der erzielten Eigenkapitalrendite ist bereits aus Kapitel 7 bekannt. Demnach besteht ein positiver Zusammenhang zwischen beiden Faktoren, da rentable Unternehmen ihren Buchwert schneller steigern können als unrentable Unternehmen. Bei fairer Bewertung nimmt der Marktwert eines Unternehmens daher - bei konstantem Risiko - mit steigender Eigenkapitalrendite zu. Das KBV drückt diese Beziehung als Verhältnis von Markt- zu Buchwert des Eigenkapitals numerisch aus.

Die Einordnung, ob ein gegebenes KBV tatsächlich das korrekte Bewertungsniveau wiedergibt, ergibt sich durch die Prognose der zukünftigen Geschäftsentwicklung und Rentabilität unter Berücksichtigung der unternehmensspezifischen Eigenkapitalkosten. Der faire Wert einer Aktie berechnet sich nach der fairen KBV-Methode wie folgt:

$$\text{Fairer Wert je Aktie} = \text{Erwarteter Buchwert je Aktie} \times \text{Faires KBV}$$

Ein Unternehmen mit einem Buchwert von 20 € je Aktie und einem angemessenen Kurs-Buchwert-Verhältnis von 3 weist demnach einen fairen Wert je Aktie von 60 € auf.

Theoretische Herleitung des fairen Kurs-Buchwert-Verhältnis

Das faire KBV kann sowohl theoretisch als auch praktisch abgeleitet werden. In diesem Abschnitt wollen wir zuerst theoretische Grundüberlegungen anstellen und diese später in der Praxis überprüfen. Auf Basis des vorangegangenen Kapitels lautet die Grundannahme dieses Modells demnach, dass die Eigenkapitalrendite und das Kurs-Buchwert-Verhältnis positiv korreliert sind. In anderen Worten bedeutet dies, dass die Bewertung des Eigenkapitals eines Unternehmens mit der Fähigkeit dieses zu steigern zunehmen sollte. Da die Steigerungsrate des Buchwertes (= bilanzielles Eigenkapital) genau der Eigenkapitalrendite entspricht, muss zwischen beiden

Größen ein Zusammenhang bestehen. Die Bewertung der Eigenkapitalrendite wird dabei vor dem Hintergrund der jeweiligen Eigenkapitalkosten vorgenommen.

Das Kernmodell des Capital Asset Pricing Modells (CAPM), die Wertpapiermarktlinie, gibt die erwarteten Risiko-Rendite Kombinationen von effizienten Portfolios wieder. Nichts als die Gestalt der Wertpapiermarktlinie übernehmend, wollen wir in diesem Abschnitt eine funktionale Beziehung zwischen der Eigenkapitalrendite und dem angemessenen Kurs-Buchwert-Verhältnis bestimmen. Um diese „spezielle Wertpapiermarktlinie" herzuleiten, müssen genau zwei Punkte derselben bekannt sein, aus denen die gesamte Linie konstruiert werden kann. Um diese Voraussetzung zu erfüllen, konzentrieren wir uns auf zwei Fragen:

1. Bei welcher Eigenkapitalrendite beträgt das KBV genau 1? (d. h. das Eigenkapital ist an der Börse genau zum Buchwert bewertet)

2. Bei welcher Eigenkapitalrendite beträgt das KBV genau 2? (d. h. das Eigenkapital ist an der Börse genau zum doppelten Buchwert bewertet)

Ein Unternehmen notiert genau dann zum Buchwert, wenn die Eigenkapitalrendite den Eigenkapitalkosten entspricht. Die erwirtschaftete Rendite entspricht in diesem Fall der von den Aktionären geforderten Rendite. In dieser Situation ein Premium (KBV > 1) oder ein Malus (KBV < 1) zu vergeben, wäre falsch, da das Eigenkapital exakt die Mindestanforderung erfüllt. Anlog dazu notiert eine Anleihe, deren Kupon (vgl. Eigenkapitalrendite) dem Marktzins (vgl. Eigenkapitalkosten/geforderte Eigenkapitalrendite) entspricht, genau zum Nennwert.

Die Bestimmung des zweiten Punktes gestaltet sich schwieriger. Die simple Annahme, dass eine Verdoppelung der Eigenkapitalrendite eine Verdoppelung des Kurs-Buchwert-Verhältnis nach sich zieht, zielt zwar in die richtige Richtung, vernachlässigt jedoch den Zinseszinseffekt. Durch diesen Effekt genügt schon eine unterproportionale Steigerung der Eigenkapitalrendite, um eine KBV von 2 zu rechtfertigen. Analog dazu steigen 100 € angelegt über 10 Jahre bei einer Verzinsung von 10 % auf 259 €, zu 20 % dagegen schon auf 619 €

- also deutlich mehr, als das Doppelte. Ein angemessenes KBV von 1 bei einer gegebenen Eigenkapitalrendite, muss entsprechend ein KBV von größer als 2 bei einer Verdopplung der Eigenkapitalrendite ergeben. Um zu ermitteln, welche Eigenkapitalrendite - gegeben fixen Eigenkapitalkosten - genau eine Verdoppelung des Kurs-Buchwert-Verhältnis auslöst, betrachten wir die folgende Tabelle:

Stetige Verzinsung	Endbetrag	Dopplerzins
5,0%	1,051€	9,76%
6,0%	1,062€	11,66%
7,0%	1,073€	13,54%
8,0%	1,083€	15,41%
9,0%	1,094€	17,26%
10,0%	1,105€	19,09%
11,0%	1,116€	20,91%
12,0%	1,127€	22,71%
13,0%	1,139€	24,50%
14,0%	1,150€	26,28%
15,0%	1,162€	28,04%
16,0%	1,174€	29,79%
17,0%	1,185€	31,53%
18,0%	1,197€	33,25%
19,0%	1,209€	34,96%
20,0%	1,221€	36,66%

Die Tabelle zeigt in der zweiten Spalte den Endbetrag eines stetig verzinsten Euros mit dem Zinssatz aus der ersten Spalte. Die dritte Spalte zeigt den benötigten Zinssatz an, um eine Verdoppelung des Zuwachses aus der zweiten Spalte zu erzielen.

Beispielsweise wächst ein stetig mit 10 % verzinster Euro innerhalb einer Periode auf 1,105 € an, wie in der 6. Zeile zu sehen ist. Um diesen Zuwachs von 10,5 Cent zu verdoppeln, wäre eine stetige Verzinsung von ungefähr 19,1 % nötig gewesen, da zu diesem Zinssatz aus dem ursprünglichen Euro 1,21 € geworden wären ($e^{0,191} = 1,21$). Einfacher formuliert, sind 19,1 % „doppelt so gut" als eine Verzinsung von 10 %. Angenommen das betrachtete Unternehmen weist genau Eigenkapitalkosten von 10 % auf, so notiert dieses Unternehmen bei einer Eigenkapitalrendite von 10 % bei einem KBV von 1 und bei einer Steigerung der Eigenkapitalrendite auf 19,1 % bei einem KBV von 2. Weist ein Unternehmen dagegen beispielsweise Eigenkapitalkosten von sehr geringen 8 % auf, so würde es bei einer

Eigenkapitalrendite von 8 % ebenfalls zum Buchwert notieren. Laut Tabelle liegt der Verdopplungswert zu 8 % bei ungefähr 15,4 % (3. Spalte). Bei einer Eigenkapitalrendite von 15,4 % würde dieses Unternehmen somit zum doppelten des Buchwertes bewertet werden. Wir halten also fest:

1. Ein Unternehmen notiert genau dann zu einem KBV von 1, wenn die Eigenkapitalrendite den Eigenkapitalkosten entspricht
2. Ein Unternehmen notiert genau dann zu einem KBV von 2, wenn die Eigenkapitalrendite dem „Verdopplungswert" der Eigenkapitalkosten entspricht

Die gesuchte Formel zur Bestimmung des fairen KBV muss demnach die Komponenten Eigenkapitalrendite und Eigenkapitalkosten enthalten. Wir bereits gezeigt wurde, bestehen die Eigenkapitalkosten aus dem risikofreien Zins zuzüglich eines Risikoaufschlags, wodurch eine Änderung im Zinsniveau mittelbar auch Auswirkungen auf die Eigenkapitalkosten und damit auf das faire KBV hat. Je höher die Eigenkapitalrendite und je geringer die Eigenkapitalkosten (d. h. das Risiko), desto höher ist der gerechtfertige Aufschlag auf den Buchwert eines Unternehmens. Für jedes gegebene Eigenkapitalkostenniveau lassen sich nun die passenden Eigenkapitalrendite/KBV-Kombinationen berechnen. Auf das bereits angeführte Beispiel eines Unternehmens mit Eigenkapitalkosten von 8 % lässt sich sagen:

$$\text{Eigenkapitalrendite} = 8{,}0\ \% \leftrightarrow \text{Kurs-Buchwert-Verhältnis} = 1$$
$$\text{Eigenkapitalrendite} = 15{,}4\ \% \leftrightarrow \text{Kurs-Buchwert-Verhältnis} = 2$$

Somit sind zwei Punkte bekannt, wodurch problemlos eine Gerade mit den entsprechenden Kombinationen aus Kurs-Buchwert-Verhältnis und der Eigenkapitalrendite konstruiert werden kann. Die untenstehende Tabelle gibt einen Überblick über die angemessene Bewertung auf Basis dieser fairen KBV-Methode. Vertikal sind die Eigenkapitalkosten zwischen 7 % und 20 % dargestellte, horizontal die Eigenkapitalrendite zwischen 7 % und 40 %. In der Tabelle findet sich für beliebige Kombinationen der beiden Faktoren die entsprechende faire KBV-Bewertung. Auf Grundlage dieser Tabelle können prinzipiell erste Bewertungen vorgenommen werden, wobei nur die Eigenkapitalrendite und-kosten bestimmt werden müssen.

Eigenkapitalrendite

Eigenkapitalkosten	7%	8%	9%	10%	11%	12%	13%	14%	15%	16%	17%	18%	19%	20%	21%	22%	23%
7%	**1,0**	1,2	1,3	1,5	1,6	1,8	1,9	2,1	2,2	2,4	2,5	2,7	2,8	3,0	3,1	3,3	3,4
8%	0,9	**1,0**	1,1	1,3	1,4	1,5	1,7	1,8	1,9	2,1	2,2	2,4	2,5	2,6	2,8	2,9	3,0
9%	0,8	0,9	**1,0**	1,1	1,2	1,4	1,5	1,6	1,7	1,8	2,0	2,1	2,2	2,3	2,5	2,6	2,7
10%	0,7	0,8	0,9	**1,0**	1,1	1,2	1,3	1,4	1,6	1,7	1,8	1,9	2,0	2,1	2,2	2,3	2,4
11%	0,6	0,7	0,8	0,9	**1,0**	1,1	1,2	1,3	1,4	1,5	1,6	1,7	1,8	1,9	2,0	2,1	2,2
12%	0,5	0,6	0,7	0,8	0,9	**1,0**	1,1	1,2	1,3	1,4	1,5	1,6	1,7	1,7	1,8	1,9	2,0
13%	0,5	0,6	0,7	0,7	0,8	0,9	**1,0**	1,1	1,2	1,3	1,3	1,4	1,5	1,6	1,7	1,8	1,9
14%	0,4	0,5	0,6	0,7	0,8	0,8	0,9	**1,0**	1,1	1,2	1,2	1,3	1,4	1,5	1,6	1,7	1,7
15%	0,4	0,5	0,5	0,6	0,7	0,8	0,8	0,9	**1,0**	1,1	1,2	1,2	1,3	1,4	1,5	1,5	1,6
16%	0,3	0,4	0,5	0,6	0,6	0,7	0,8	0,9	0,9	**1,0**	1,1	1,1	1,2	1,3	1,4	1,4	1,5
17%	0,3	0,4	0,4	0,5	0,6	0,7	0,7	0,8	0,9	0,9	**1,0**	1,1	1,1	1,2	1,3	1,3	1,4
18%	0,3	0,3	0,4	0,5	0,5	0,6	0,7	0,7	0,8	0,9	0,9	**1,0**	1,1	1,1	1,2	1,3	1,3
19%	0,2	0,3	0,4	0,4	0,5	0,6	0,6	0,7	0,7	0,8	0,9	0,9	**1,0**	1,1	1,1	1,2	1,3
20%	0,2	0,3	0,3	0,4	0,5	0,5	0,6	0,6	0,7	0,8	0,8	0,9	0,9	**1,0**	1,1	1,1	1,2

Eigenkapitalkosten	24%	25%	26%	27%	28%	29%	30%	31%	32%	33%	34%	35%	36%	37%	38%	39%	40%
7%	3,6	3,8	3,9	4,1	4,2	4,4	4,5	4,7	4,8	5,0	5,1	5,3	5,4	5,6	5,7	5,9	6,0
8%	3,2	3,3	3,4	3,6	3,7	3,8	4,0	4,1	4,2	4,4	4,5	4,6	4,8	4,9	5,1	5,2	5,3
9%	2,8	2,9	3,1	3,2	3,3	3,4	3,5	3,7	3,8	3,9	4,0	4,1	4,3	4,4	4,5	4,6	4,8
10%	2,5	2,7	2,8	2,9	3,0	3,1	3,2	3,3	3,4	3,5	3,6	3,8	3,9	4,0	4,1	4,2	4,3
11%	2,3	2,4	2,5	2,6	2,7	2,8	2,9	3,0	3,1	3,2	3,3	3,4	3,5	3,6	3,7	3,8	3,9
12%	2,1	2,2	2,3	2,4	2,5	2,6	2,7	2,8	2,9	3,0	3,1	3,1	3,2	3,3	3,4	3,5	3,6
13%	2,0	2,0	2,1	2,2	2,3	2,4	2,5	2,6	2,7	2,7	2,8	2,9	3,0	3,1	3,2	3,3	3,3
14%	1,8	1,9	2,0	2,1	2,1	2,2	2,3	2,4	2,5	2,5	2,6	2,7	2,8	2,9	3,0	3,0	3,1
15%	1,7	1,8	1,8	1,9	2,0	2,1	2,2	2,2	2,3	2,4	2,5	2,5	2,6	2,7	2,8	2,8	2,9
16%	1,6	1,7	1,7	1,8	1,9	1,9	2,0	2,1	2,2	2,2	2,3	2,4	2,5	2,5	2,6	2,7	2,7
17%	1,5	1,6	1,6	1,7	1,8	1,8	1,9	2,0	2,0	2,1	2,2	2,2	2,3	2,4	2,4	2,5	2,6
18%	1,4	1,5	1,5	1,6	1,7	1,7	1,8	1,9	1,9	2,0	2,0	2,1	2,2	2,2	2,3	2,4	2,4
19%	1,3	1,4	1,4	1,5	1,6	1,6	1,7	1,8	1,8	1,9	1,9	2,0	2,1	2,1	2,2	2,3	2,3
20%	1,2	1,3	1,4	1,4	1,5	1,5	1,6	1,7	1,7	1,8	1,8	1,9	2,0	2,0	2,1	2,1	2,2

Wie man sieht, ist das KBV stets 1, wenn die Eigenkapitalkosten der Eigenkapitalrendite gleichen. Weist ein Unternehmen Eigenkapitalkosten von 18 % auf, erzielt jedoch nur eine Eigenkapitalrendite von 10 %, so liegt die angemessene Bewertung deutlich unter dem Buchwert bei einem KBV von 0,5. Erzielt ein Unternehmen mit Eigenkapitalkosten von 9 % dagegen eine Eigenkapitalrendite von 23 %, so liegt das faire KBV laut Tabelle bei 2,7 - das Unternehmen ist in diesem Fall zu einem Vielfachen seines Eigenkapitals bewertet, da es dieses unter geringem Risiko stark steigern kann.

Da die Eigenkapitalrendite bei einem KBV von 1 und 2 in diesem Fall bekannt ist, lässt sich über die Punkt-Steigungsformel die Gerade, die auch der Tabelle zugrunde liegt, des fairen KBV/EKR auch formal ermitteln. Der Verdopplungswert wird im weiteren Text mit „Doppler“ abgekürzt:

$$\text{Faires KBV} = \frac{\text{Doppler} - 2 \times \text{EK-Kosten} + \text{Eigenkapitalrendite}}{\text{Doppler} - \text{EK-Kosten}}$$

Der Dopplerwert selbst kann durch die etwas komplizierte Formel,

$$\text{Doppler} = \ln(((e^{EK-Kosten} - 1) \times 2) + 1)$$

berechnet werden. Es genügt jedoch auch völlig, den Wert aus der ersten Tabelle abzulesen, dort sind die Verdopplungswerte für Eigenkapitalkosten zwischen 5 % und 20 % aufgeführt.

Diese mathematische Herangehensweise scheint auf den ersten Blick der Zielsetzung dieses Buches entgegenzustehen, jedoch weist diese Methode nach Klärung der Grundlagen einen besonderen Charme auf, da zur Bewertung ausschließlich die Eigenkapitalrendite und die Eigenkapitalkosten bekannt sein müssen. Es sei an dieser Stelle darauf hingewiesen, dass dieses Modell bisher noch nicht an anderer Stelle veröffentlicht wurde. Zur Bestimmung des fairen Kurs-Buchwert-Verhältnis werden demnach folgende Daten benötigt:

1. nachhaltige Eigenkapitalrendite

2. Eigenkapitalkosten (sowie als Bestandteil: risikofreier Zins)

Die nachhaltige Eigenkapitalrendite berechnet sich formal wie die gewöhnliche Eigenkapitalrendite durch Division von Gewinn und Eigenkapital. Da durch außerordentlich gute oder schlechte Jahre die

Eigenkapitalrendite verzerrt wird, sollte die nachhaltige Eigenkapitalrendite die mittelfristig realistische Rentabilität abbilden. Bei Zyklikern ist dabei die Betrachtung der Eigenkapitalrendite über einen gesamten Wirtschaftszyklus von Bedeutung. Junge, stark wachsende Unternehmen sollten dagegen mit der mittelfristig realistischen Eigenkapitalrendite, d. h. der Eigenkapitalrendite nach der starken Wachstumsphase bewertet werden. Unternehmen mit einem gefestigten Geschäftsmodell weisen oft relativ stabile Eigenkapitalrenditen auf, sodass diese direkt aus dem Jahresabschluss entnommen werden können.

Der risikofreie Zins kann anhand der Renditen von 10-jährigen Staatsanleihen entsprechend der regionalen Umsatzverteilung berechnet werden. Erwirtschaftet ein Unternehmen beispielsweise 80 % der Umsätze in Deutschland und 20 % in den USA, so sollten die Renditen der Staatsanleihen in diesem Verhältnis gewichtet werden. Für den Fall, dass Staatsanleihen des betreffenden Landes nicht als risikofrei eingestuft werden können, kann auf die Renditen von Pfandbriefen solider Schuldner zurückgegriffen werden. Die Eigenkapitalkosten ist der am schwersten zu quantifizierende Einflussfaktor. Es empfiehlt sich die Eigenkapitalkosten nicht nach der CAPM-Theorie, sondern nach dem in Kapitel 8.1 vorgestellten alternativen Modell zu berechnen. Demnach ergeben sich die Eigenkapitalkosten durch Addition von risikofreiem Zins und dem Kehrwert des fairen KGV ohne Wachstumskomponente.

$$\text{Eigenkapitalkosten} = \text{risikofreier Zins} + \frac{1}{\text{Faires KGV}}$$

Oder alternativ:

$$\text{Eigenkapitalkosten} = \text{risikofreier Zins} + \text{geforderte Einstandsrendite}$$

Beträgt der risikofreie Zins 3 % und das faire KGV 18 Punkte abzüglich einem Aufschlag von 3 Punkten für das Wachstum, so ergeben sich die folgenden Eigenkapitalkosten:

$$\text{Eigenkapitalkosten} = 0{,}03 + \frac{1}{18 - 3} = 9{,}6\%$$

Aus der Auswertung tatsächlich beobachteter Eigenkapitalrendite-

und Kurs-Buchwert-Verhältnisse ergeben sich für das Ende des Jahres 2010 durchschnittliche Eigenkapitalkosten von 10,7 % für den breiten Markt. Dieser Wert kann zur Standortbestimmung der Eigenkapitalkosten eines Einzelunternehmens herangezogen werden, sofern bestimmt werden kann, ob das Unternehmen ein höheres oder niedrigeres Risiko als der breite Markt aufweist. Sehr solide Unternehmen wie beispielsweise Nestle sollten daher Eigenkapitalkosten von weniger als 10,7 % aufweisen, wohingegen überdurchschnittlich riskante Unternehmen Eigenkapitalkosten von mehr als 10,7 % aufweisen sollten. Nachdem alle Komponenten bestimmt wurden, lässt sich das faire KBV durch Einsetzen in die Formel bestimmen. Vergleichen wir dazu die Werte von drei Unternehmen mit den folgenden Charakteristika:

Unternehmen	Eigenkapitalrendite	Eigenkapitalkosten
Unternehmen A	20%	10%
Unternehmen B	19%	9%
Unternehmen C	15%	7%

Das faire KBV von Unternehmen A lässt sich nun wie folgt bestimmen:

$$\text{Faires KBV} = \frac{0{,}191 - 2 \times 0{,}10 + 0{,}20}{0{,}191 - 0{,}10} = 2{,}1$$

Für Unternehmen B und C ergeben sich Werte von jeweils 2,2. Auffällig ist dabei, dass Unternehmen A die niedrigste Bewertung bei der höchsten Eigenkapitalrendite aufweist, was auf die hohen Eigenkapitalkosten von A zurückzuführen ist. Unternehmen C verfügt dagegen über geringe Eigenkapitalkosten bei einer vergleichsweise geringen Rentabilität. Dies zeigt, dass immer das Verhältnis der Eigenkapitalrendite zu den Eigenkapitalkosten und nicht die absoluten Zahlen relevant für die Bewertung sind. Ein sehr rentables Unternehmen, welches immense Risiken eingeht, muss daher nicht zwingend eine hohe Bewertung aufweisen.

Diese nun theoretisch hergeleitete Formel kann insbesondere zur Bewertung von stetig wachsenden und stabilen Unternehmen herangezogen werden. Weist die Eigenkapitalrendite dagegen eine hohe Volatilität auf, so ist eine Bewertung mit dieser Methode nur eingeschränkt möglich. Diese Überlegungen zeigen auch, dass die oft geäußerte Aussage, „*ein Unternehmen sei attraktiv, weil es unter dem*

Buchwert (KBV < 1) notiert“ nicht stichhaltig ist. Das angemessene Kurs-Buchwert-Verhältnis wird einzig und allein von dem Verhältnis von Eigenkapitalrendite und -kosten bestimmt, ob der Wert großer oder kleiner als eins ist, hat dagegen isoliert betrachtet *keine* Aussagekraft, sofern eine Liquidierung ausgeschlossen ist.

Praktische Herleitung des fairen Kurs-Buchwert-Verhältnis

Die Verifizierung der theoretisch ermittelten Formel für das faire Kurs-Buchwert-Verhältnis erfolgt durch die Auswertung tatsächlich beobachteter Marktdaten. Zur Ermittlung des am Markt angemessenen KBV betrachten wir die Eigenkapitalrendite und die korrespondierenden Kurs-Buchwert-Verhältnisse der Dow Jones- und DAX-Unternehmen. Die Auswertung bezieht sich auf den Zeitraum 2010 in dem die Einzelwerte aus Dow Jones und DAX Bewertungsmultiplikatoren aufwiesen, die im historischen Mittel lagen und somit als hinreichend fair bewertet angesehen werden können. Zudem werden hochkapitalisierte Werte von den Marktteilnehmern in der Regel mit großer Aufmerksamkeit verfolgt, wodurch eine möglichst hohe Markteffizienz gegeben sein sollte. Mit diesem Vergleich der tatsächlich beobachteten Eigenkapitalrendite / KBV-Paare am Markt soll durch eine Regressionsanalyse eine formale Beziehung hergeleitet werden. Diese kann dann zur Überprüfung der theoretischen Ergebnisse herangezogen werden. Die Auswertung der Daten ergibt wie erwartet eine relativ hohe Korrelation zwischen der Eigenkapitalrendite und dem Kurs-Buchwert-Verhältnis. Für ein Kurs-Buchwert-Verhältnis größer als eins ergibt sich die folgende Regressionsgerade:

$$\text{Eigenkapitalrendite} = 0{,}05 \times \text{Kurs-Buchwert-Verhältnis} + 0{,}057$$

Hieraus ergibt sich eine interessante Fragestellung: Ab welcher Eigenkapitalrendite notieren Unternehmen genau zu ihrem Buchwert? Durch Auflösen der Formel nach einem KBV von 1 erhalten wir die bereits erwähnten 10,7 %. Folglich notieren Unternehmen mit einer Eigenkapitalrendite von 10,7 % im Durchschnitt zu ihrem Buchwert. Eine breiter gefasste empirische Auswertung der Eigenkapitalrenditen und KBV-Werte der 5.000 größten Unternehmen aus dem US-amerikanischen und europäischen Raum bestätigt diese Beobachtung. Der Hintergrund dieser Tatsache sind die Eigenkapitalkosten der Unternehmen. Verdient ein Unternehmen genau seine Eigenkapitalkosten, d. h. die Eigenkapitalkosten entsprechen der Eigenkapitalrendite, so muss die Aktie zum Buchwert notieren. Ein Aufschlag auf den Buchwert wäre erst bei Überrenditen vertretbar. Es liegt daher die Vermutung nahe, dass die durchschnittlichen Eigenkapitalkosten für den breiten Markt bei eben diesen 10,7 % liegen. Um diese Zahl zu verifizieren, werden im folgenden Abschnitt die Renditen verschieden riskanter Wertpapierklassen bis hin zum Aktienkapital ausgewertet.

Exkurs: Renditeforderung entlang der Kapitalstruktur

Um die Renditeforderungen unterschiedlicher Wertpapiere zu bestimmen, vergleichen wir die geforderte Rendite der folgenden Wertpapierklassen mit zunehmendem Risiko:

- Staatsanleihen
- Senioranleihen
- Junioranleihen
- Hybrid- und Tieranleihen
- Eigenkapital (Aktienkapital)

Staatsanleihen etablierter Staaten wie Deutschland, der Schweiz oder den USA werden in der Regel zur Bestimmung des risikofreien Zinses herangezogen. Zum Ende 2010 würde auf dieser Basis ein Zinssatz von 3 % angesetzt werden, der ungefähr der Rendite 10-jähriger Staatsanleihen solider Industriestaaten entspricht. Da auch der risikofreie Zins mit der Zeit fluktuiert, sollte dieser Wert in regelmäßigen Abständen angepasst werden. Die risikofreie Verzinsung bewegte sich in den letzten 50 Jahren beispielsweise zwischen 2 % und 10 % in einem relativ volatilen Rahmen, wodurch eine statische Betrachtung stets Mängel aufweist.

Die nächste Risikostufe besteht aus besicherten und unbesicherten Senior-Anleihen, die aufgrund ihrer Seniorität ein relativ geringes Risiko aufweisen. Unter Seniorität ist dabei der Rang einer Verbindlichkeit zu verstehen. Eine Verbindlichkeit mit hoher Seniorität wird im Insolvenzfall demzufolge vor einer Verbindlichkeit mit geringer

Seniorität, wie beispielsweise Junior-Anleihen, bedient. Solide Unternehmensanleihen aus dem Segment der Senior-Anleihen weisen in der Regel einen Aufschlag zwischen 1,5 und 3 % auf den risikofreien Zins auf.

Die darauf folgende Stufe der Junior-Anleihen umfasst neben gewöhnlichen Nachranganleihen auch Hybrid- und Tierkapital. Diese Anleihen weisen oft einen höheren Zins und Rendite als Senioranleihen auf, werden im Insolvenzfall aber auch erst nachrangig bedient. Hybrid- und Tierkapital weisen zudem spezifische Ausstattungsmerkmale wie die Koppelung der Zinszahlung an den Jahresüberschuss und eine mögliche Verlustteilnahme durch eine Nennwert-Herabschreibung auf. Durch diese Merkmale kommen Junior-Anleihen je nach Ausprägung dem wirtschaftlichen Charakter von Eigenkapital nahe und werden aus diesem Grund von vielen Ratingagenturen und Aufsichten als regulatorisches Eigenkapital anerkannt. Durch diese negativen Eigenschaften erhöht sich der mittlere Zinssatz dieser Anleihen gegenüber Senioranleihen um 2 bis 3 %. Bei reinen Tier-1 Anleihen oder stillen Einlagen, die überwiegend zwingend am Verlust teilnehmen, ist ein weiterer Aufschlag von 1 bis 2 % beobachtbar.

Aktienkapital stellt die letzte und riskanteste Stufe in der Kapitalstruktur dar. Die Eigenkapitalgeber werden im Fall einer Insolvenz zuletzt berücksichtigt und haben auch beim Gewinn erst nach Berücksichtigung aller anderer Kapitalgeber einen Anspruch. Man spricht dabei von einem Residualanspruch der Eigenkapitalgeber. Der Vorteil dieser Kapitalebene ist die fehlende Deckelung der Erträge. Während Gläubiger wie Senior- oder Juniorschuldner einen fixen Zinssatz für die Überlassung ihres Kapitals erhalten, haben die Eigenkapitalgeber Zugriff auf sämtliche Gewinne nach Bedienung der Fremdkapitalansprüche. Dieses höhere Risiko manifestiert sich in den unternehmensspezifischen Eigenkapitalkosten.

Durch Addition der Renditen bis zu den eigenkapitalähnlichen Tier-1 Anleihen und stillen Einlagen ergibt sich eine geforderte Rendite zwischen 8 und 9 %. Im Durchschnitt müssen die Eigenkapitalkosten damit über diesem Wert liegen, da Eigenkapital ein höheres Risiko als eigenkapitalähnliche Anleihen aufweist. Der empirisch abgeleitete Wert von 10,7 % für den breiten Markt wird dadurch verifiziert. Es muss dabei betont werden, dass der Wert von 10,7

% lediglich einen Durchschnitt repräsentiert, die Eigenkapitalkosten einzelner Unternehmen könnnen je nach Marktposition, Stabilität des Cashflows und sonstiger Risikofaktoren deutlich darüber oder darunter liegen. Zudem unterliegt dieser Wert, wie alle weiteren Kapitalstufen, einem ständigen Wandel der Risikoprämien. Die Übersicht der Kapitalebenen und Renditeforderungen ergibt sich zum Ende 2010 somit wie folgt:

Eigenkapital = Ø10,7%
Tier-1 Anleihen = +1 bis +2%
Junioranleihen = +2 bis +3%
Senioranleihen = +1,5 bis +3%
Risikofreier Zins = 3%

Ein Anstieg des risikofreien Zinses auf beispielsweise 5 %, sollte die Renditen der anderen Kapitalebenen ebenfalls nach oben verschieben. Weshalb sollte sonst eine Senioranleihe mit 4 % Verzinsung gekauft werden, wenn risikolos eine Rendite von 5 % erzielbar ist. Der risikofreie Zins ist somit als Pegelstand zu interpretieren, die riskanten Kapitalebenen dagegen als Bojen unterschiedlicher Höhe. Steigt der Pegelstand, so steigen diese ebenfalls. Die letztlich geforderte Eigenkapitalrendite ist individuell anhand des Unternehmensrisikos zu ermitteln. Weist ein Unternehmen bereits eine Rendite auf seine Anleihen von 7 % auf, so muss die geforderte Eigenkapitalrendite folgerichtig deutlich über diesem Wert liegen. In der Praxis werden in der Regel Eigenkapitalkosten zwischen 7 % (sehr stabile Unternehmen) und 15 % (riskantes Unternehmen) verwendet. Im Abschnitt zur DCF-Bewertung wurde bereits eine Herangehensweise zur Bestimmung der Eigenkapitalkosten vorgestellt. Unter Berücksichtigung der Verzinsung anderer Kapitalebenen lassen sich diese Werte kritisch überprüfen. Die genannten Zinsunterschiede zwischen den einzelnen Kapitalstufen sind dabei keineswegs konstant und ändern sich je nach Risikoneigung der Investoren im Zeitverlauf. Die angegebene Auflistung stellt jedoch einen geeigneten Überblick zur Überprüfung der Eigenkapitalkosten dar.

Überprüfung der Ergebnisse

Auf Basis der oben angegebenen, empirisch abgeleiteten Formel, folgt nun unsere Einstufung der fairen KBVs für durchschnittliche Unternehmen in Abhängigkeit der erzielten Eigenkapitalrendite. Nach dem KBV aufgelöst, ergibt sich folgende, aus der Regressionsanalyse abgeleitete Formel:

$$\text{Kurs-Buchwert-Verhältnis} = \frac{\text{Eigenkapitalrendite}}{0{,}05} - 1{,}14$$

Diese Regressionsgerade beschreibt die aus den Marktdaten abgeleitete faire Bewertung eines durchschnittlichen Unternehmens mit Eigenkapitalkosten von 10,7 % in Abhängigkeit der Eigenkapitalrendite. Weist ein Unternehmen geringere Eigenkapitalkosten als der Marktschnitt auf, so erhöht sich das angemessene KBV gegenüber dem Marktschnitt. Unternehmen, die höhere Eigenkapitalkosten aufweisen, notieren entsprechend unter den aus der Formel ersichtlichen Durchschnittswerten. Basierend auf der empirischen Auswertung weist ein Unternehmen mit einer Eigenkapitalrendite von 15 % und Eigenkapitalkosten von 10,7 % ein faires KBV von 1,86 auf:

$$\text{Kurs-Buchwert-Verhältnis} = \frac{\text{Eigenkapitalrendite}}{0{,}05} - 1{,}14$$

$$\text{Kurs-Buchwert-Verhältnis} = \frac{0{,}15}{0{,}05} - 1{,}14 = 1{,}86$$

Verglichen mit der theoretischen Formel ergibt sich ein Wert von: (Doppler-Wert zu 10,7 % sind 20,36 % oder 0,2036)

$$\text{Faires KBV} = \frac{\text{Doppler} - 2 \times \text{EK-Kosten} + \text{Eigenkapitalrendite}}{\text{Doppler} - \text{EK-Kosten}}$$

$$\text{Faires KBV} = \frac{0{,}2036 - 2 \times 0{,}107 + 0{,}15}{0{,}2036 - 0{,}107} = 1{,}44$$

Diese Ergebnisse weichen offenbar voneinander ab, weisen aber beide in dieselbe Richtung. Da die praktisch hergeleitete Formel auf einer Regressionsanalyse tatsächlicher Daten beruht, weist das Ergebnis mehrere Fehler auf. Zum einen kann die Datenbasis durch mangelhafte Daten belastet sein. Dies ist insbesondere bei der Eigenkapitalrendite der Fall, die nach dem Krisenjahr 2009 unter Umständen noch unter den tatsächlich nachhaltigen Werten liegen. Um die Effekte aus der Krise zu glätten, wurde bei der Regressionsanalyse auf den 5-jährigen Durchschnitt der Eigenkapitalrenditen zurückgegriffen. Da es sich auch hier um historische Daten handelt, der Markt jedoch stets die zukünftige Entwicklung berücksichtigt und sich die Zukunftsaussichten vieler Unternehmen durch die Krise positiv wie negativ verändert haben, ist die Datenbasis nur eingeschränkt verwertbar. Zudem ist es nicht auszuschließen, dass die gesamte Datenbasis unter- oder überbewertet ist und so das Ergebnis verzerrt. Trotz dieser Mängel bestätigt die praktische Auswertung durch die hohe Korrelation zwischen der Überrendite von Eigenkapitalrendite zu Eigenkapitalkosten und dem Kurs-Buchwert-Verhältnis die theoretisch hergeleitete Formel. Zur Bestimmung des fairen Kurs-Buchwert-Verhältnis eines Unternehmens nach dieser Methode sind demnach Informationen zur Eigenkapitalrendite, dem risikofreien Zins und den Eigenkapitalkosten nötig. Die faire KBV-Formel hat neben der einfachen Anwendung den Vorteil der Immunität gegenüber dem steigern (hebeln) der Eigenkapitalrendite durch Fremdkapitalaufnahme. Zwar erhöht sich die Eigenkapitalrendite durch den Leverage-Effekt, die absolute Eigenkapitalbasis sinkt jedoch gleichzeitig. Beide Effekte wirken aufeinander neutralisierend.

Beispiel 8.17 - FAIRES KBV: ACCELL GROUP

Die Accell Group weist über den Zeitraum 2006 bis 2010 eine relativ konstante Eigenkapitalrendite von 21,5 % auf. Das KBV schwankte in diesem Zeitraum zwischen 1,3 und 2,8. Im Durchschnitt notierte die Aktie zum 2,1-fachen des Buchwertes. Ende 2010 weist die Accell Group ein KBV von 2,17 auf. Angesichts der stabilen Eigenkapitalrenditen und des Ergebniswachstums kann das faire KBV durch Einsetzen in die Formel ermittelt werden. In der Vergangenheit lag die Eigenkapitalrendite konstant im Bereich von 20 bis 21 %. Zu Bewertungszwecken nehmen wir einen Wert von 20,5 % an. Die Eigenkapitalkosten erhalten wir durch den Kehrwert des fairen Kurs-Gewinn-Verhältnis ohne Wachstumskomponente mit 7,7 % (1/(15-2)), zuzüglich 3 % risikolosem Zins liegen die Eigenkapitalkosten bei 10,7 % (Dopplerwert: 0,2036). Damit ergibt sich das folgende faire KBV:

$$\text{Faires KBV} = \frac{0{,}2036 - 2 \times 0{,}107 + 0{,}205}{0{,}2036 - 0{,}107} = 2{,}01$$

Könnte das Unternehmen die Eigenkapitalrendite beispielsweise auf 25 % steigern, würde dies das faire KBV auf 2,48 erhöhen.

Beispiel 8.18 - Faires KBV: Coca-Cola

In Kapitel 7 wurde bereits der Verlauf der Eigenkapitalrendite und des Kurs-Buchwert-Verhältnis der Coca-Cola Company angesprochen. In diesem kurzen Fallbeispiel wollen wir einen Blick auf die aktuelle Bewertung der Aktie richten. Zu Beginn des vierten Quartals 2010 notiert die Aktie bei rund 60 $. Das Unternehmen wird laut Analystenschätzungen das Geschäftsjahr 2010 mit einer Eigenkapitalrendite von 30,8 % abschließen. Bedingt durch die sehr gute Entwicklung des Konzerns in den letzten Quartalen scheint eine langfristige Eigenkapitalrendite von 31,5 % als realistisch. Der Buchwert des Unternehmens beläuft sich zum Ende des Geschäftsjahres 2010 auf voraussichtlich 27,4 Mrd. $ bei 2.336 Mio. ausstehenden Aktien. Dies ergibt ein Buchwert je Aktie von 11,74 $. Werden neben der Eigenkapitalrendite von 31,5 % Eigenkapitalkosten von 7 % angesetzt (Dopplerwert: 0,1354), ergibt sich ein faires KBV von 4,74. Diese Eigenkapitalkosten sind am unteren Rand gewählt, jedoch zählt Coca-Cola zweifelsohne zu den stabilsten und finanziell stärksten Unternehmen der Welt, wodurch diese Wahl gerechtfertigt wird.

$$\text{Faires KBV} = \frac{0{,}1354 - 2 \times 0{,}07 + 0{,}315}{0{,}1354 - 0{,}07} = 4{,}74$$

Nach diesem Modell beläuft sich der vorläufige Wert je Aktie entsprechend auf 55,72 $ (4,74 × 11,74 $). Da Coca-Cola ohne Zweifel zu den stärksten Marken und Unternehmen der Welt zählt, eine geringe Verschuldung aufweist und über ein sehr defensives Geschäftsmodell mit stabilen Cashflows verfügt, könnte der Markt bereit sein, ein weiteres Premium zu bezahlen. Diese Analyse ergibt somit einen fairen Wert von mehr als 56 $ je Aktie. Zurückkommend auf die Schlussfolgerung aus Kapitel 7 bedeutet dies, dass die Aktie inzwischen ihre Überbewertung aus dem Jahr 2000 wohl weitestgehend abgebaut hat. Um zukünftig Raum für weiteres Kurspotenzial zu ermöglichen, müsste das Unternehmen entweder die Eigenkapitalrendite steigern und/oder die Eigenkapitalbasis ausbauen. Ein weiterer Schritt wäre eine Verringerung des Risikoprofils, um die Eigenkapitalkosten zu senken, jedoch besteht in diese Richtung für den Coca-Cola Konzern nur wenig Spielraum.

Beispiel 8.19 - Faires KBV: Vetropack

Jahr	Eigenkapitalrendite
2004	12,7%
2005	13,1%
2006	10,5%
2007	19,6%
2008	18,7%
2009	13,4%

Vetropack zählt zu den führenden Glasproduzenten Europas. Die oben aufgeführte Tabelle zeigt die (um Sondereffekte bereinigt) Entwicklung der Eigenkapitalrendite des Vetropack Konzerns, die im Durchschnitt 14,6 % betrug. Vetropack konnte in den letzten Jahren die Geschäftsposition und Margen deutlich ausbauen. So stieg der Aktienkurs zwischen 2001 und 2010 um mehr als 700 %. Zum 31.12.2009 weist das Unternehmen Eigenkapital von 582,9 Mio. CHF auf. Um den Buchwert des Eigenkapitals für das Gesamtjahr 2010 zu erhalten, wird der erwartete Gewinn für 2010 abzüglich der Dividende addiert. Aufgrund von Sondereffekten ist im Jahr 2010 nur mit einem geringen Gewinn von 50 Mio. CHF zu rechnen, welcher zusätzlich durch 15 Mio. CHF an Dividendenzahlungen geschmälert wird. Das anzusetzende Eigenkapital beläuft sich somit auf:

$$\text{EK}_{2010} = 582{,}9 \text{ Mio. CHF} + 50 \text{ Mio. CHF} - 15 \text{ Mio. CHF} = 617{,}9 \text{ Mio. CHF}$$

Dies entspricht einem Buchwert je Aktie von 1.445,71 CHF. Setzt man die langfristig realistische Eigenkapitalrendite bei 15 % an, so ergibt dies mit Eigenkapitalkosten von 10 % ein faires KBV von 1,6. Durch Multiplikation von fairem KBV und Buchwert je Aktie ergibt sich der faire Wert der Aktie:

$$\text{Fairer Wert} = 1.445{,}71 \text{ CHF} \times 1{,}6 = 2.313{,}13 \text{ CHF}$$

Zum Jahresende 2010 schloss die Aktie bei rund 1.800 CHF und damit deutlich tiefer als der ermittelte fairer Wert. Wie passt das zusammen? Aus den obigen Überlegungen lässt sich die aktuell vom Markt eingepreiste Eigenkapitalrendite ermitteln. Dazu lösen wir die folgende Formel nach dem KBV auf und vergleichen den KBV-

Multiplikator mit dem korrespondierenden Wert der Eigenkapitalrendite.

$$1.445{,}71 \text{ CHF} \times \text{Impliziertes KBV} = 1.800 \text{ CHF}$$
$$\text{Impliziertes KBV} = 1{,}24$$

Werden weiterhin Eigenkapitalkosten von 10 % angesetzt, so entspricht ein KBV von 1,24 einer erwarteten Eigenkapitalrendite zwischen 12 und 13 %. Vergleicht man diesen Wert nun mit der oben angegebenen Entwicklung der Eigenkapitalrendite des Vetropack Konzerns, so lag die Eigenkapitalrendite nur einmal unterhalb von 12 %. Zwar wird 2010 aller Voraussicht nach ebenfalls mit einer unterdurchschnittlichen Eigenkapitalrendite abgeschlossen werden, die mittel- bis langfristigen Aussichten des Unternehmens verändert dies jedoch nicht. Ein zweiter Grund könnte in zu niedrig angesetzten Eigenkapitalkosten bei der Kalkulation liegen. Wenn diese Probleme jedoch ausgeschlossen werden können, kann eine genaue Analyse der Zukunftsaussichten gegebenenfalls interessant sein.

Beispiel 8.20 - Faires KBV: Gerry Weber

Nach drei mehr oder weniger stabilen, aber relativ langsam wachsenden Unternehmen, wollen wir nun die Entwicklung von Eigenkapitalrendite und Bewertung im Bezug auf ein Unternehmen im Wandel untersuchen: Gerry Weber.

Jahr	Eigenkapitalrendite	KBV	Faires KBV
2005	13,1%	2,9	1,3
2006	16,3%	3,1	1,7
2007	18,6%	3,5	2,0
2008	21,7%	2,3	2,3
2009	27,0%	2,9	2,9
2010e	28,2%	4,1	3,0
2011e	28,7%	n/a	3,1

Wie die Tabelle zeigt, notierte Gerry Weber zwischen 2005 und 2007 mit einem Premium zu seinem fairen Wert, wenn Eigenkapitalkosten von 10 % angesetzt werden. Der Markt vergab in den Jahren 2005 bis 2007 in Anbetracht des hohen Gewinnwachstums Vorschusslorbeeren. Im Jahr 2005 lag das Kurs-Gewinn-Verhältnis zudem bei relativ hohen 22,6.

Während das Unternehmen sein Wachstum fortsetzte, fiel der Aktienkurs im Zuge der Finanzkrise deutlich, wodurch das KBV sich dem inneren Wert annäherte. Wie ist die Bewertung auf das Jahr 2011 bezogen einzuschätzen? Den Mittelwert der früheren Renditen oder Bewertungen zu bilden, ist in diesem Fall keine sinnvolle Alternative, da das Unternehmen heute kaum mit 2005 vergleichbar ist. Da ein weiterer Anstieg der Margen laut Unternehmensprognosen wahrscheinlich ist, kann zur Bewertung des Unternehmens eine Eigenkapitalrendite von 30 % herangezogen werden, was einem angemessenen KBV von 3,2 entsprechen würde. Fraglich ist jedoch, ob die Eigenkapitalkosten (hier konstant mit 10 % angenommen) mit der Zeit nicht abgenommen haben. Gerry Weber verfügt 2011 im Gegensatz zu 2005 über mehr Einkaufsmacht, eine geringere Verschuldung und einen breiteren Umsatzmix. Würden für 2011 also Eigenkapitalkosten von 9 % angesetzt werden, erhöht dies das faire KBV auf 3,5. Die korrekte Bestimmung der Eigenkapitalkosten zeigt sich dabei als maßgeblicher Schritt bei der Bewertung nach der KBV-Methode.

Beispiel 8.21 - Faires KBV: Vergleich von 4 Unternehmen

In diesem abschließenden Fallbeispiel betrachten wir vier mehr oder weniger willkürlich gewählte Unternehmen aus dem Dow Jones Industrial Average-Index.

Unternehmen	EKR'06	EKR'07	EKR'08	EKR'09	ØEKR	KBV
Merck	22,2%	15,9%	36,8%	20,9%	23,9%	2,06
McDonalds	22,9%	15,6%	32,2%	32,4%	25,7%	6,39
Microsoft	31,1%	45,1%	48,6%	36,2%	40,2%	5,19
3M	38,3%	34,1%	34,6%	24,4%	32,8%	3,85

Ein Vergleich von Merck und McDonalds, zwei im angegeben Durchschnitt ähnlich rentablen Unternehmen, zeigt deutliche Unterschiede in der Bewertung auf. Während McDonalds eine über die letzten Jahre ansteigende Eigenkapitalrendite aufweisen kann, deutet die Rentabilität von Merk eher auf eine Stagnation hin. Bei dynamischen

Unternehmen ist daher eine Schätzung der zukünftigen Renditen entscheidend. Ein weiterer Unterschied in der Bewertung ist durch unterschiedliche Eigenkapitalkosten erklärbar. Hier könnte McDonalds Vorteile aufgrund der weltweiten Präsenz und der sehr hohen Markenbekanntheit haben. Microsoft weist im Durschnitt die höchste Eigenkapitalrendite der Vergleichsgruppe auf, notiert jedoch nur zum zweithöchsten Kurs-Buchwert-Verhältnis auf. Der Grund hierfür ist weniger in den Eigenkapitalkosten, als vielmehr in der rückläufigen Entwicklung der Eigenkapitalrendite zu finden. Gegenüber dem Vorjahr ging die Eigenkapitalrendite des Konzerns im Jahr 2009 um 12,4 Prozentpunkte zurück. Die Geschäftsbereiche des Mischkonzerns 3M sind gegenüber den anderen Unternehmen aus der Vergleichsgruppe als relativ konjunkturabhängig einzustufen. Daher weist 3M vermutlich die höchsten Eigenkapitalkosten auf, verfügt jedoch im Mittel über die zweithöchste Eigenkapitalrendite.

8.2.3 Faire Kurs-Umsatz-Verhältnis

Neben dem Kurs-Buchwert-Verhältnis lässt sich aus den beobachtbaren Daten ebenfalls ein faires Kurs-Umsatz-Verhältnis bestimmen. Das KUV korreliert maßgeblich mit der Umsatzrendite eines Unternehmens, da die Umsatzrendite den Grenzgewinn jeder weiteren Umsatzeinheit darstellt. Je mehr Cent an Gewinn pro Euro Umsatz erzielt wird, desto höher ist folglich die angemessene Bewertung. Diese Kennzahl hat gegenüber den bereits vorgestellten den Vorteil, dass der Umsatz kaum bilanzpolitischen Spielraum aufweist und somit in der Regel nicht um Sondereffekte bereinigt werden muss. Der angemessene Wert je Aktie ergibt sich in diesem Verfahren durch die Multiplikation des fairen Kurs-Umsatz-Verhältnis und dem Umsatz je Aktie der nächsten 12 Monate.

$$\text{Fairer Wert je Aktie} = \text{Erwarteter Umsatz je Aktie} \times \text{Faires KUV}$$

Zur konkreten Bestimmung des fairen Kurs-Umsatz-Verhältnis werden analog zur praktischen Kurs-Buchwert-Herleitung die KUV Bewertungen und die korrespondierenden Umsatzrenditen der DAX und Dow Jones Unternehmen zum Ende des Jahres 2010 ausgewertet. Die Regressionsgerade dieser Werte ergibt einen funktionalen

Zusammenhang zwischen dem Kurs-Umsatz-Verhältnis und der Umsatzrendite der Form:

$$\text{Faires KUV} = \frac{\text{Umsatzrendite}}{0{,}053} - 0{,}4$$

Diese Gerade erklärt rund 70 % der Streuung und ist somit als geeignet anzusehen. Diese Methode weist zwei maßgebliche Kritikpunkte auf. Zum einen hat bereits der Vergleich zwischen theoretischer und praktischer Kurs-Buchwert-Formel gezeigt, dass die Marktdaten durch Verzerrungen und Ineffizienzen nur ein grobes Bild vermitteln. Der zweite Kritikpunkt betrifft das Kurs-Umsatz-Verhältnis an sich. Wie bereits im vorangegangen Kapitel beschrieben, erfüllt diese Kennzahl die Anforderungen an Bewertungsmultiplikatoren nicht einwandfrei, da der Umsatz als Entitygröße mit dem Jahresüberschuss, einer Equitygröße in Bezug gesetzt wird. Näherungsweise kann das Kurs-Umsatz-Verhältnis jedoch bei gering verschuldeten Unternehmen verwendet werden, da hier zwischen der Marktkapitalisierung und dem Enterprise Value nur geringe Unterschiede bestehen. Aufgrund dieser Mängel eignet sich das faire KUV nur für eine erste Standortbestimmung der Bewertung.

Ein Unternehmen mit einer Umsatzrendite von 7,5 % würde nach der Formel mit einem fairen Kurs-Umsatz-Verhältnis von 1, also exakt zu seinem Umsatzvolumen bewertet werden. Es ist auch bei dieser Kennzahl darauf achtzugeben, bereinigte und langfristig sinnvolle Umsatzrenditen anzusetzen. Analog zum KGV und KBV sollte mit den erwarteten Kennzahlen der nächsten 12 Monate gerechnet werden.

Beispiel 8.22 - Faires KUV: Accell Group

Die Accell Group weist eine erwartete Umsatzrendite von 5,9 % für das Geschäftsjahr 2010 bei Umsatzerlösen von 598,8 Mio. € auf und konnte die Umsatzrendite in den letzten Jahren stetig steigern. Um eine konservative Bewertung zu erhalten, wird mit einem mittelfristig erreichbaren Wert von 6 % gerechnet. Es ergibt sich ein faires KUV von:

$$\text{Faires KUV} = \frac{0{,}06}{0{,}053} - 0{,}4 = 0{,}73$$

Die angemessene Bewertung des Unternehmens würde nach diesem Modell somit 73 % der Umsatzerlöse des Folgejahres entsprechen.

Beispiel 8.23 - FAIRES KUV: STARBUCKS

Der US-amerikanische Starbucks Konzern weist jeweils zum Geschäftsjahresende am 28. September die unten aufgeführten Umsatzrenditen auf.

Jahr	Umsatzrendite
2005	7,71 %
2006	7,23 %
2007	7,15 %
2008	3,02 %

Die Umsatzrendite nahm zwischen 2005 und 2008 kontinuierlich ab. Zudem wurde das Ergebnis im Geschäftsjahr 2008 von hohen Sondereffekten belastet, jedoch hätte auch das bereinigte Ergebnis ein weiteres Absinken der Umsatzrendite ergeben. Die Bewertung des Konzerns für das Jahr 2009 fällt somit schwer, da kein klarer Trend erkennbar ist. Starbucks kündigte in 2008 ein umfassendes Restrukturierungsprogramm an, wodurch zumindest ein Stagnieren der Umsatzrendite bei rund 7 % zu vermuten war. Sollte das Unternehmen bereits auf diesem Niveau nach der fairen KUV-Formel unterbewertet sein, wäre eine weitere Analyse zu diesem Zeitpunkt besonders interessant. Bei Umsatzerlösen über 10,4 Mrd. \$ und einer Umsatzrendite von 7 % ergibt sich durch Einsetzen ein angemessenes Kurs-Umsatz-Verhältnis von:

$$\text{Faires KUV} = \frac{0{,}07}{0{,}053} - 0{,}4 = 0{,}92$$

Multipliziert mit den Umsatzerlösen erhalten wir einen vorläufigen Wert des Eigenkapitals von 9,56 Mrd. \$. Bei 741 Mio. ausstehenden Aktien ergibt dies einen Wert je Aktie von rund 13 \$. Im September 2008, kurz nach der Pleite von Lehman Brothers, notierte die Aktie unter 10 \$. Auf dieser Basis wäre eine weitere Analyse somit angebracht gewesen. Bei einem positiven Ergebnis bezüglich der Restrukturierung und der Margenentwicklung hätte die Bewertung demnach eine Kaufempfehlung ergeben. Tatsächlich zeigte die Restrukturierung bereits 2010 ihre volle Wirkung. Die Umsatzrendite verbesserte sich auf mehr als 8 % und die Aktie stieg vom Tiefpunkt bei 10 $ auf 30 $.

8.2.4 Faire Enterprise Value-EBIT-Verhältnis

Entitymultiplikatoren haben gegenüber Equity Bewertungskennzahlen wie dem KGV oder dem KBV den Vorteil, die Bilanzstruktur direkt zu berücksichtigen. Die Bewertungskennzahl EV/EBIT wurde bereits im vorangegangen Kapitel vorgestellt, in diesem Abschnitt wird die Ermittlung des fairen EV/EBIT erläutert und anhand von Fallbeispielen konkretisiert.

Das faire EV/EBIT wird durch die Beziehung von operativem Ergebnis zum eingesetzten Kapital, dem Capital Employed, ermittelt. Diese Rentabilitätskennzahl wurde bereits in Kapitel 2 unter dem Namen Return on Capital Employed (ROCE) vorgestellt. Der Return on Capital Employed berechnet sich nach folgender Formel:

$$\text{ROCE} = \frac{\text{EBIT}}{\text{Capital Employed}} = \frac{\text{EBIT}}{\text{Eigenkapital} + \text{Finanzverbindlichkeiten}}$$

Je höher ein Unternehmen die eingesetzten Mittel der Kapitalgeber verzinst, desto höher sollte der Unternehmenswert sein. In diesem Fall bezeichnet der Begriff „Unternehmenswert“ den Marktwert von Eigen- und Fremdkapital. Die Bewertungslogik folgt demnach der Herangehensweise der fairen KBV-Methode. In effizienten Märkten sollte der Unternehmenswert mit steigendem ROCE zunehmen. Tatsächlich zeigt sich dieser Zusammenhang bei einigen Aktien, jedoch ist die Abhängigkeit von Unternehmenswert und ROCE statistisch deutlich weniger signifikant als beispielsweise bei der Auswertung von KUV und KBV mit der Umsatz- bzw. Eigenkapitalrentabilität. Dies liegt zum einen an der größeren Komplexität der Kennzahl durch die Einbeziehung des Enterprise Value, zum anderen aber auch an der Tatsache, dass die Fremdkapitalgeber als Gläubiger des Unternehmens ab einem gewissen Grad nicht mehr von einer höheren Rendite auf das eingesetzte Kapital profitieren. Für die Gläubiger erhöht die Rentabilität den Wert des Fremdkapitals nur bis zu dem Punkt, an dem die Rückzahlung des Nennwerts problemlos gewährleistet ist. Eine 1:1-Beziehung zwischen Unternehmenswert und ROCE ist daher nicht ohne Weiteres unterstellbar. Interessant ist eine Unternehmensbewertung mithilfe des EV/EBIT dennoch, da durch die Einbeziehung des Enterprise Values die Kapitalstruktur des Unternehmens mit in die Bewertung einfließt und das EBIT geringeren bilanzpolitischen Maßnahmen unterliegt, als beispielsweise der Jahresüberschuss. Besonders für den Vergleich von verschiedenen Unternehmen eignet sich das EV/EBIT daher besser als das KGV oder KUV. Durch Auswertung der Unternehmen aus Dow Jones und DAX zeigt sich keine signifikante Korrelation zwischen ROCE und EV/EBIT. Eine formale Beziehung lässt sich aufgrund der oben genannten Problematik der begrenzten Fremdkapitalverzinsung also nicht herleiten. Vielmehr eignet sich das EV/EBIT ideal für eine Peer-Group Bewertung. Dabei werden vergleichbare Unternehmen zu dem zu bewertenden Unternehmen gesucht und die EV/EBIT-Werte der Unternehmen mit dem jeweiligen Return on Capital Employed oder anderen Kenngrößen abgeglichen.

Beispiel 8.24 - EV/EBIT PEER-GROUP BEWERTUNG

Stark vereinfacht könnte dies bei der Bewertung von Unternehmen X wie folgt aussehen:

Unternehmen	EV/EBIT	ROCE
Peer Unternehmen 1	8	10 %
Peer Unternehmen 2	10	12 %
Peer Unternehmen 3	12	14 %
Peer Unternehmen 4	14	16 %
Unternehmen X	?	17 %

Durch die unterschiedlichen EV/EBIT und ROCE-Paare, kann für das zu bewertende Unternehmen X bei einem ROCE von 17 % ein angemessenes EV/EBIT von 15 erwartet werden. Würde der Return on Capital Employed dagegen auf 10 % absinken, so wäre ein EV/EBIT von 8 angemessen. Diese Art der Bewertung sollte jedoch nur in Ergänzung zu den etablierten Methoden eingesetzt werden. Insbesondere bei Unternehmen mit einem hohen Fremdkapitalanteil liefert diese Bewertungsmethode sinnvolle Werte, die mit den Ergebnissen aus den anderen Bewertungsmethoden abgeglichen werden sollten. Wahlweise kann das EV/EBIT auch durch das EV/EBITDA ersetzt werden. Ergibt sich nun beispielsweise ein angemessenes EV/EBIT von 15 für Unternehmen X, so berechnet sich der Unternehmenswert durch Verrechnung des EBIT mit dem Faktor 15. Um abschließend den Wert des Eigenkapitals zu erhalten, müssen die Nettofinanzverbindlichkeiten vom gesamten Unternehmenswert abgezogen werden. Bei einem angemessenen EV/EBIT von 15, einem operativen Gewinn von 200 Mio. € und Nettofinanzverbindlichkeiten über 400 Mio. €, ergibt sich ein Gesamtunternehmenswert von 3.000 Mio. € (15 $\times$ 200 Mio. €) und abzüglich der Nettoverschuldung ein fairer Wert des Eigenkapitals von 2.600 Mio. €.

Die Nachteile dieser klassischen Multiplikatorenmethode liegen auf der Hand: Beispielsweise kann die gesamte Peer-Group oder einzelne Unternehmen darin unterbewertet sein und so das Ergebnis verzerren. Zudem kann die Rentabilität der einzelnen Werte unter Umständen nicht eins zu eins vergleichbar sein, da durch unterschiedliche Rechnungslegungssysteme und Wahlrechte Bewertungsspielräume bestehen. Nichtsdestotrotz stellt diese Methode eine sinnvolle Ergänzung zu den bereits vorgestellten Bewertungsmethoden dar. Des Weiteren ist eine Betrachtung der historischen EV/EBIT Bewertung eines Unternehmens in Verbindung mit der Entwicklung des Return on Capital Employed aufschlussreich, um das aktuelle Bewertungsniveau einschätzen zu können.

Beispiel 8.25 - Faires EV/EBIT: Swatch Group

Das aktuelle EV/EBIT der Swatch Group kann direkt bei Datenanbietern wie Bloomberg oder Reuters abgelesen werden. Zur Bewertung nach der fairen EV/EBIT Methode wird nun aber angenommen, dass das aktuelle Bewertungsniveau nicht den inneren Wert des Unternehmens abbildet, sondern durch eine Betrachtung früherer Renditen und Bewertungen eine adäquate Bewertungsspanne ermittelt werden kann.

Swatch Group					
in Mio. CHF	2010	2009	2008	2007	2006
EBIT	1.436	903	1.202	1.236	973
Marktwert Eigenkapitals	22.207	14.205	8.032	19.367	15.882
Buchwert Eigenkapitals	7.101	5.981	5.451	5.329	4.967
Finanzverbindlichkeiten	108	518	529	521	556
Liquide Mittel	2.369	1.645	1.226	1.942	2.176
Enterprise Value	19.946	13.078	7.335	17.946	14.262
Capital Employed	7.209	6.499	5.980	5.850	5.523
ROCE	19,9%	13,9%	20,1%	21,1%	17,6%
EV/EBIT	13,8	6,9	6,1	14,5	14,6

Quelle: Swatch Group (2010) [IFRS]

Die Daten zeigen, dass die Swatch Group vor der Finanzmarktkrise 2008/09 einen stabilen Return on Capital Employed von rund 20 % erzielte und dabei zu einem EV/EBIT von durchschnittlich 14,5 bewertet war. In der Finanzkrise sank die Bewertung deutlich auf ein EV/EBIT von 6 ab, wohingegen der ROCE nur auf rund 14 % nachgab und schon 2010 wieder auf das Niveau vor der Krise zurückkehrte. Wird weiterhin ein Return on Capital Employed von 20 % angenommen, so ist demnach eine EV/EBIT-Bewertung von 14,5 als angemessen anzusehen. Mit einem fairen EV/EBIT von 14,5 ergibt sich durch Multiplikation mit dem erwarteten EBIT für 2011 der faire Unternehmenswert. Bei einem operativen Ergebnis von beispielsweise 1.600 Mio. CHF im Geschäftsjahr 2011 beläuft sich der faire Unternehmenswert somit auf 23.200 Mio. CHF. Durch die Net-Cash Position von 2.200 Mio. CHF beläuft sich der hypothetische faire Wert des Eigenkapitals somit auf insgesamt 25.400 Mio. CHF, da der Verkäufer neben den 23,2 Mrd. CHF an Unternehmenswert auch den Bestand an flüssigen Mitteln abzüglich Finanzverbindlichkeiten veräußert.

8.2.5 Mathematik der Multiplikatoren

Da bei Equitymultiplikatoren der Aktienkurs beziehungsweise die Marktkapitalisierung im Zähler steht, besteht ein mathematischer

Zusammenhang zwischen den einzelnen Kennzahlen. Durch Division von KUV und KGV ergibt sich beispielsweise genau die Umsatzrendite:

$$\begin{aligned}&\frac{\text{Kurs-Umsatz-Verhältnis}}{\text{Kurs-Gewinn-Verhältnis}}\\ =&\frac{\text{Jahresüberschuss}}{\text{Umsatzerlöse}}\\ =&\text{Umsatzrendite}\end{aligned}$$

Analog erhalten wir durch Division von KBV und KGV die Eigenkapitalrendite:

$$\begin{aligned}&\frac{\text{Kurs-Buchwert-Verhältnis}}{\text{Kurs-Gewinn-Verhältnis}}\\ =&\frac{\text{Jahresüberschuss}}{\text{Eigenkapital}}\\ =&\text{Eigenkapitalrendite}\end{aligned}$$

Aus dieser Beziehung folgt, dass ein Unternehmen bei gegebener Rentabilität stets nur faire Bewertungskennzahlen aufweisen kann, die den angeführten Formeln entsprechen. Vergegenwärtigen wir uns diesen Sachverhalt anhand eines kurzen Beispiels: Die Value AG weist beispielsweise eine langfristig erzielbare Eigenkapitalrendite von 16 % und ein faires KBV von 2 auf. Mithilfe der Beziehung,

$$\frac{\text{Kurs-Buchwert-Verhältnis}}{\text{Kurs-Gewinn-Verhältnis}}=\text{Eigenkapitalrendite}$$

lässt sich nun das faire KGV bestimmen, da KBV und Eigenkapitalrendite „bekannt“ sind. Durch Umstellen erhalten wir:

$$\frac{\text{Kurs-Buchwert-Verhältnis}}{\text{Eigenkapitalrendite}}=\text{Kurs-Gewinn-Verhältnis}$$

Angewandt auf unser Beispiel ergibt sich damit ein faires KGV von 12,5:

$$\frac{2}{0{,}16}=12{,}5$$

Erhalten wir in unserer Analyse also *einen* fairen Multiplikator, so können die fehlenden Multiplikatoren problemlos über die angegebenen Formeln berechnet werden. Ist das faire Kurs-Buchwert-Verhältnis und die Eigenkapitalrendite gegeben, so kann stets nur ein mathematisch korrektes Kurs-Gewinn-Verhältnis existieren. Soweit die Theorie. Da Unternehmensbewertung keine abstrakte Wissenschaft ist, haben diese Zahlenspiele nur einen begrenzten Nutzen. Es ist essenziell die Unternehmensbewertung auf verschiedenen Wegen anzugehen, da ein einzelner Multiplikator oft nicht zur Bewertung ausreicht und fehlerhaft sein kann. Aus diesem einen Multiplikator durch die oben angegebenen Formeln weiter zu berechnen, hätte keinen Mehrwert für die Bewertung. Im Ergebnis der Analyse kann ein Unternehmen ein faires KGV und KBV aufweisen, die mathematisch nicht genau zusammenpassen. Faire Bewertungskennzahlen sollten also immer getrennt voneinander bestimmt werden, um dann zusammen mit dem Ergebnis der DCF-Analyse einen endgültigen Unternehmenswert zu bestimmen. Auf diesem Weg werden die einzelnen Ergebnisse gegenseitig überprüft und konkretisiert. Der mathematische Hintergrund dient daher nicht der eigentlichen Bewertung, sollte jedoch im Bewertungsprozess zumindest beachtet werden.

8.2.6 Liquidationsansatz

Die vorangegangenen Methoden versuchen unter der Fortführungsprämisse, mittels Ertragswert- und Marktwertverfahren, den Unternehmenswert zu ermitteln. Der Liquidationsansatz bewertet ein Unternehmen dagegen auf Basis der sofortigen Auflösung. Der Unternehmenswert bestimmt sich in diesem Fall anhand des Liquidationswertes. Bei korrekter Bewertung der Vermögenswerte in der Bilanz lässt ein Verkauf der gesamten Aktiva somit genau den Buchwert (= bilanzielles Eigenkapital) für die Aktionäre erlösen.

Beispiel 8.26 - LIQUIDATIONSANSATZ

Die Heuschrecken AG verfügt über Vermögenswerte im Gegenwert von 100 Mio. €. Die Hälfte davon besteht aus den Fabriken und dem Fuhrpark der Firma, weitere 30 Mio. € sind in den Vorräten gebunden und 20 Mio. € sind in Form von liquiden Mitteln vorhanden.

Auf der Passivseite finden sich 5 Mio. € Eigenkapital und 95 Mio. € Fremdkapital, da die Heuschrecken AG großzügig vom Leverage-Effekt Gebrauch gemacht hat. Aus den daraus resultierenden Fremdkapitalzinsen ist das Unternehmen aussichtslos in die roten Zahlen geraten.

Wie hoch ist der innere Wert der Heuschrecken AG? Da in Zukunft durch die hohen Zinszahlungen nur negative Free-Cashflows zu erwarten sind, ist ein negativer fairer Wert naheliegend. Unter der Prämisse, dass die Vermögenswerte richtig gepreist und verkäuflich sind, könnte das Unternehmen jedoch zu einem Erlös von 5 Mio. € liquidiert werden. In diesem Prozess würde die gesamte Aktiva (80 Mio. € Sachwerte und 20 Mio. € Cash) zu Geld gemacht, die Schulden in Höhe von 95 Mio. € abgelöst und die verbleibenden 5 Mio. € an die Eigentümer verteilt werden. Das Unternehmen ist in diesem Fall also sprichwörtlich tot mehr Wert als lebendig.

In der Regel notiert ein Unternehmen unter dem Buchwert, wenn es nicht imstande ist, seine Eigenkapitalkosten zu verdienen. Könnte das Unternehmen jedoch jederzeit liquidiert werden, dürfte der Marktwert nie unter den Buchwert des Eigenkapitals fallen, sofern die Vermögenswerte korrekt in der Bilanz abgebildet sind. In den meisten Fällen ist eine Betriebsauflösung jedoch aufgrund der Aktionärsstruktur, der Erwartung zukünftig höherer Renditen, schwer verkäuflicher Vermögensgegenstände oder aber aus politischen Gründen keine Option.

Neben diesen Faktoren können Vermögenswerte in der Bilanz zu hoch angesetzt sein. Es ist also fraglich, ob bei einer Liquidation tatsächlich die gesamte Aktiva zum bilanzierten Wert verkauft werden kann. Unternehmen die darauf angewiesen sind ihre Aktiva zu liquidieren, erzielen in der Regel unterdurchschnittliche Preise, da sich der Käufer in einer besseren Verhandlungsposition befindet. Das häufigste Problem sind jedoch immaterielle Vermögenswerte, die oft gänzlich unverkäuflich sind. Darunter sind Patente, EDV, Konzessionen und Lizenzen aber auch aktivierte Entwicklungskosten zu verstehen. Infolge von Übernahmen weisen viele Unternehmen zudem hohe Goodwill-Positionen auf. Da immaterielle Vermögenswerte oft individuelle Eigenschaften aufweisen, gestaltet sich eine monetär korrekte Bewertung als schwierig. In der Regel werden immaterielle Vermögenswerte daher komplett mit dem Eigenkapital verrechnet, um einen konservativen Liquidationswert zu erhalten.

Ein Unternehmen mit einer Bilanzsumme von 100 €, immateriellen Vermögenswerten von 10 € und Eigenkapital von 25 € würde nach dieser Bereinigung somit nur noch ein Eigenkapital von 15 € aufweisen. Eine weitere Abwandlung stellt das sogenannte Tobins-Q dar. Hierbei wird die Aktiva zu Wiederbeschaffungswerten bewertet und mit dem aktuellen Marktwert verglichen. Da dies faktisch einer Einzelbewertung aller Vermögenswerte entspricht, welche aus Sicht eines externen Bewerters nicht durchgeführt werden kann, findet diese Methode in der Praxis nur vereinzelt Verwendung.

Beispiel 8.27 - Liquidationsansatz: Arcandor

Der Arcandor Konzern, zu dem unter anderem die Tochterunternehmen Karstadt und Thomas Cook gehörten, wurde Ende 2008 an der Börse mit 680 Mio. € bewertet. Durch die fortlaufenden Fehlbeträge notierte der Aktienkurs ebenfalls auf einem niedrigen Niveau. Im Zwischenbericht zum 31.12.2008 ist das bilanzielle Eigenkapital mit 727,4 Mio. € angegeben. Die Eigentümer hätten somit über eine Liquidation nachdenken können, da eine Auflösung des Unternehmens einen höheren Ertrag als die aktuelle Börsenbewertung gebracht hätte (727 Mio. € > 680 Mio. €). Diese Argumentation ist jedoch nur ohne Bereinigung der Bilanz zutreffend. Bei Betrachtung der Aktiva fallen immaterielle Vermögenswerte in Höhe von 4.276 Mrd. € auf, welche als schwer- bis unverkäuflich einzustufen sind. Von diesem Betrag entfallen rund 3.059 Mio. € auf die Bilanzposition Goodwill. Dieser ist in diesem Fall als sehr kritisch einzustufen, da in einem Verkaufsprozess vermutlich kein Bieter einen Aufschlag auf bereits verlustreiche Segmente bezahlen würde. Bereinigt um diese Goodwill-Position erhalten wir daher einen Liquidationswert von minus 2.331 Mio. € (727 Mio. € − 3059 Mio. €), darüber hinaus könnten noch die restlichen immateriellen Vermögenswerte abgezogen werden, sofern diese als unverkäuflich einzustufen sind. Es wird deutlich, dass der Buchwert des Unternehmens unter Umständen zu hoch angesetzt ist und durchaus Null betragen kann.

Beispiel 8.28 - Liquidationsansatz: Accell Group

Die bereits vorgestellte niederländische Accell Group wird in diesem Beispiel nach dem Liquidationsverfahren bewertet. Die verkürzte Bilanz gibt Vermögenswerte, Reinvermögen und Schulden des Unternehmens zum 31.12.2009 wieder.

Accell Group					
Assets		in T€	Equity&Liabilities		
Property, plant & equip.	61,219		Group Equity	151,756
Goodwill	26,702		Interest-bearing loans	59,836
Other intangible assets	15,680		Provision for pensions	4,110
Other non-current assets	10,085		Deferred tax liabilities	8,502
			Provisions	9,512
Inventories	137,835			
Trade receivables	74,677		Trade payables	43,615
Tax receivables	2,892		Interest-bearing loans	25,812
Other receivables	7,363		Tax liabilities	8,042
Cash and equivalents	849		Other liabilities	26,117

Quelle: Accell Group (2009) [IFRS]

Die Accell Group verfügt über moderne und effiziente Produktionsanlagen, eine Liquidierung könnte in diesem Punkt also zu Buchwerten vollzogen werden. Das Umlaufvermögen kann ebenfalls als direkt liquidierbar angenommen werden. Durch mehrere Übernahmen in den letzten zehn Jahren weist das Unternehmen Goodwill in Höhe von 26,7 Mio. € auf. Aufgrund der hohen Rentabilität der Konzernmarken ist dieser Betrag jedoch gerechtfertigt. Dem konservativen Bewertungsansatz folgend, werden daher nur die „Other intangible assets“ mit dem Eigenkapital verrechnet. Aus diesen Überlegungen ergibt sich ein möglicher Liquidationserlös von:

$$\begin{aligned}\text{Liquidationswert} &= \text{Eigenkapital} - \text{immaterielle Vermögenswerte (bereinigt)}\\ &= 151.756\ \text{T€} - 15.680\ \text{T€} = 136.076\ \text{T€}\end{aligned}$$

Verglichen mit dem aus der fairen KGV-Methode abgeleiteten Unternehmenswert von mehr als 500 Mio. € liegt es auf der Hand, dass die Diskrepanz zwischen innerem Unternehmenswert und dem Liquidationswert umso höher ist, je positiver die Geschäftsaussichten eingeschätzt werden.

8.3 Jahresabschlussbereinigung

Jahresabschlüsse unterscheiden sich weltweit aufgrund von unterschiedlichen Rechnungslegungen, Wahlrechten und Veröffentlichungspflichten. Ziel der Jahresabschlussbereinigung ist die Aufbereitung des Zahlenwerks um Kennzahlen vergleichbar zu machen, Sondereffekte zu tilgen und Wertkorrekturen bei falsch angesetzten Vermögenswerten vorzunehmen.

Die Berechnung der in den vorangegangen Kapiteln vorgestellten Kennzahlen sollte stets auf Basis einer um Sondereffekte bereinigten Bilanz stattfinden. Unternehmen ohne Sondereffekte und nennenswerte Anteile immaterieller Vermögensgegenstände tangiert die Bereinigung jedoch nur marginal, auf eine Bereinigung der Zahlen kann in diesem Fall meist verzichtet werden. Immaterielle Vermögenswerte, wie beispielsweise der Goodwill, stellen Bilanzpositionen dar, die in der Regel kritisch überprüft werden müssen. Des Weiteren gilt es Sondereffekte in der Gewinn- und Verlustrechnung und weitere über- bzw. unterbewertete Positionen in der Bilanz zu korrigieren.

Immaterielle Vermögenswerte
Eine Beschreibung der immateriellen Vermögenswerte, die Zu- und Abgänge sowie die notwendigen Abschreibungen sind im Konzernanhang aufgeführt. Bei der Überprüfung der immateriellen Vermögenswerte sollte eine Trennung der Bereiche „Goodwill“ und „sonstige Immaterielle Vermögenswerte“ (z. B. Markenrechte, Konzessionen, Software) vorgenommen werden. Während immaterielle Vermögensgegenstände oft unkritisch sind, muss der Goodwill genau analysiert werden. Dabei ist es unter Umständen nötig, ältere Geschäftsberichte auszuwerten, um nachvollziehen zu können, durch welche Übernahme die entsprechende Goodwillposition entstanden ist. Zur Erinnerung: Goodwill ist der Aufpreis, den das übernehmende Unternehmen auf den Buchwert (=Eigenkapital) des Zielunternehmens bezahlt. Nun ist aus den vorangegangenen Kapiteln klar geworden, dass gewisse Unternehmen durchaus einen Aufschlag auf ihren Buchwert (KBV $>$ 1) verdienen. Zur Einschätzung, ob der ausgewiesene Goodwill werthaltig ist oder nicht, empfiehlt sich eine grobe Bewertung des Zielunternehmens durch Betrachtung der zentralen Kennzahlen. Erreichte das Zielunternehmen beispielsweise eine nachhalti-

ge Eigenkapitalrendite von 30 % und ist zum Zweifachen des Buchwertes übernommen worden, so kann der Kaufpreis als hinreichend fair bewertet werden. Auch hier gilt: je vorsichtiger, desto besser. Entwickelt sich das Zielunternehmen nach der Übernahme schlechter als erwartet (beispielsweise aufgrund von Integrationsproblemen), so sollte der Goodwill neu bewertet und wenn nötig korrigiert werden. Das Eigenkapital verringert sich um den Korrekturbetrag.

Die Bewertungsproblematik ist bei anderen immateriellen Vermögenswerten wie Markenrechten und Software einfacher, da selbst geschaffene immaterielle Vermögenswerte nur zu den Herstellkosten angesetzt werden dürfen. Lediglich bei erworbenen immateriellen Vermögenswerten, insbesondere bei Markenrechten und Lizenzen sollte eine kurze Analyse der Werthaltigkeit durchgeführt werden. Da eine solche Analyse objektiv nur sehr schwer durchführbar ist, lautet die Leitfrage, wie viel ein direkter Konkurrent maximal für den immateriellen Vermögensgegenstand bezahlen würde.

Es gilt bei der Bilanzierung von Marken zudem zu beachten, dass immaterielle Vermögenswerte nach den IFRS in der Regel keiner planmäßigen Abschreibung unterliegen. Die Marke „Raider“ mag beispielsweise in den 80er Jahren hoch bewertet gewesen sein, wird aber inzwischen nur noch einen Erinnerungswert aufweisen. Diese Veränderungen sollten im Zeitverlauf berücksichtigt werden, sofern dies nicht bereits durch Werthaltigkeitsprüfungen geschehen ist.

Sachanlagen

Ziel der Bilanzbereinigung ist die Aufdeckung von stillen Lasten und Reserven. Insbesondere Unternehmen mit einer weit zurückreichenden Geschichte weisen oft hohe stille Reserven in der Bilanz auf, da beispielsweise Fabrikanlagen bereits komplett abgeschrieben sind, jedoch weiterhin genutzt werden. Ähnliches gilt für Grundstücke, da manche Unternehmen über Land und Grund verfügen, welches vor vielen Jahren erworben wurde, inzwischen aber deutlich im Wert gestiegen ist. Zwar wurde durch die Einführung der IFRS mehr Spielraum bei der Bewertung solcher Vermögensgegenstände gelassen, eine komplett aktuelle Bewertung ist dennoch nicht immer anzutreffen. Eine solche Einschätzung ist aus den Informationen des externen Rechnungswesens oft sehr schwer zu treffen. Besuche beim Unternehmen vor Ort, Gespräche mit Mitarbeitern und dem Management sowie ein Studium der Unternehmensgeschichte können hier jedoch zu einem Informationsgewinn führen.

Umlaufvermögen
Das Umlaufvermögen muss in der Regel zeitnah wertberichtigt werden, wodurch selten stille Lasten auftreten. Eine kurze Analyse der Vorräte und Forderungen ist dennoch anzuraten. Sollten Rechnungen beispielsweise zunehmend mit Verspätung bezahlt werden oder steigende Ausfallraten aufweisen, kann eine eigene Bewertung des Umlaufvermögens sinnvoll sein. Die Kennzahlen zum Working Capital Management aus Kapitel 4 können für diese Analyse verwendet werden.

Latente Steuern
Latente Steuern entstehen aus unterschiedlichen Bewertungsansätzen von Steuern in der Steuer- und Handelsbilanz. Dem Vorsichtsprinzip folgend, sollten latente Steuerforderungen und latente Steuerschulden miteinander verrechnet werden, da diese Positionen mit erheblichen Unsicherheiten bezüglich der zukünftigen Verlustverrechnungsmöglichkeit behaftet sind. Zudem sind latente Steuern nicht einzelveräußerungsfähig. Im Falle einer Liquidation können diese Forderungen oft nicht in Geld transformiert werden. Im Zweifel sollte diese Position somit komplett mit dem Eigenkapital verrechnet werden.

Pensionsrückstellungen
Pensionsrückstellungen sind Verpflichtungen aus der betrieblichen Altersvorsorge. Da diese eine Zahlungszusage in unbekannter Höhe und Dauer darstellen, werden sie als Rückstellung und nicht als Verbindlichkeit bilanziert. Sofern Pensionsrückstellungen nur in geringer Höhe bestehen, können diese weiterhin als Rückstellung behandelt werden und berühren die Bilanzbereinigung nicht. Vor allem US-amerikanische Gesellschaften haben sich in den letzten Jahren jedoch durch zu hohe Renditeerwartungen ihrer Pensionsfonds merkliche Verluste eingehandelt. Da diese in der Regel direkt mit dem Eigenkapital verrechnet werden, nehmen viele Marktteilnehmer diese Verluste gar nicht wahr. Der Cerealienhersteller Kellogg's verbuchte 2009 beispielsweise Verluste aus Pensionsaufwertungen über

mehr als eine Milliarde Dollar. Wenn ein Unternehmen zu hohe Zinssätze für seine Pensionsverpflichtungen annimmt (und diese dadurch schmälert), sollten diese mit einem geeigneteren Zinssatz neu abgezinst und der Differenzbetrag gegen das Eigenkapital gebucht werden. Manche Bilanzanalysten gehen zudem dazu über, Pensionsrückstellungen vollumfänglich als Finanzverbindlichkeiten zu behandeln.

8.3.1 Pro forma Abschlüsse und Sondereffekte

Berichte, die zahlreiche hochgestellte Sternchen und Hochzahlen, also Anmerkungen enthalten, sollten besonderes genau geprüft werden. Die Gewinn- und Verlustrechnung sollte stets bereinigt und aufbereitet werden, um eine einheitliche Bewertungsgrundlage zu schaffen. Insbesondere in Abschwungphasen lancieren Unternehmen oft Restrukturierungsprogramme, deren Aufwendungen als Sondereffekte und Einmalaufwendungen ausgewiesen werden. Dieses Vorgehen ist in vielen Fällen legitim, da diese Aufwendungen tatsächliche einmalige Ereignisse sind. Gleichwohl gehen inzwischen einige Unternehmen dazu über, durch angebliche Sonder- und Einmaleffekte ihre Ertragssituation zu retuschieren. Eine genaue Analyse dieser Sondereffekte mit anschließender Bereinigung sowie ein verstärkter Fokus auf die Cashflowrechnung ist in diesen Fällen empfehlenswert. Die folgende Herangehensweise wird besonders oft in Abschwungphasen genutzt: Zeichnet sich in einem Jahr ein negatives Ergebnis ab, so wird ein Restrukturierungsprogramm aufgelegt welches direkt in vollem Umfang als Rückstellung (und damit in der GuV als Aufwendung) verbucht wird. Der dadurch entstandene Verlust wird als Sondereffekt abgetan und die Auflösung der Rückstellung (die ggf. zu hoch angesetzt war) führt in den Folgejahren zu außerordentlichen Erträgen.

Beispiel 8.29 - Bilanzbereinigung: AOL Time Warner

AOL Time Warner				
Assets		in Mio. $	Equity&Liabilities	
Property, plant, equip.	12,669		Shareholders Equity	152,027
Goodwill	127,420		Long-Term Debt	22,792
Other intangible assets	44,997		Accounts payable	2,266
Other n-c assets	13,167		Other Liablities	31,410
Cash and equivalents	719			
Other current assets	9,532			
Balance Sheet Total	208,504		Balance Sheet Total	208,504

Quelle: AOL Time Warner (2001) [US-GAAP]

Vor der Bereinigung ergeben sich gute Bilanzrelationen:

- Eigenkapitalquote: 72,9 %
- Gearing: 14,5 %

Dem kritischen Bilanzleser fällt der äußerst hohe Goodwillanteil auf, der sich auf 83,8 % des Eigenkapitals beläuft. Bei Durchführung einer konservativen Bilanzbereinigung verrechnen wir den kompletten Goodwill mit dem Eigenkapital und erhalten einen neuen, bereinigten Buchwert von 24.607 Mio. $. Selbst diese Wertkorrektur könnte noch drastischer ausfallen, da zudem 44.997 Mio. $ an immateriellen Vermögenswerten bestehen, welche jedoch durchaus werthaltig sein können. Nach der geschilderten Bereinigung verändern sich die oben errechneten Werte wie folgt:

- Eigenkapitalquote: 30,3 %
- Gearing: 89,7 %

Durch die Korrektur um den zu hoch angesetzten Goodwill ergibt sich ein neues, deutlich negativeres Bild des Konzerns. Die Qualität des Goodwills ist schon deshalb anzuzweifeln, da das Unternehmen im Berichtsjahr einen Verlust von 4,9 Mrd. $ ausweisen musste. Im Folgejahr kam, was aufmerksame Bilanzanalysten bereits ahnten: AOL Time Warner erlitt einen Verlust von 98,6 Mrd. $ (sic!) im Zuge von Goodwill Abschreibungen und weiteren Wertberichtigungen. Vor der Bilanzbereinigung hatte das Zahlenwerk des Konzerns ein falsches Bild vermittelt. Besonders bei Unternehmen mit einem geringen Anteil von Sachanlagevermögen oder Vorräten ist eine kritische Bereinigung wichtig, da immaterielle Vermögensgegenstände erfahrungsgemäß oft zu überhöhten Werten in der Bilanz aktiviert werden.

8.4 Zusammenfassung der Bewertungsmethoden

In diesem Kapitel wurden verschiedene Ansätze zur Bewertung von Unternehmen vorgestellt. Es wurde dabei deutlich, dass nicht ein allgemeingültiges Bewertungsverfahren existiert, sondern je nach Situation verschiedene Bewertungsansätze gewählt und die Ergebnisse ausgewertet werden müssen. Letztendlich spielt neben der zahlenbasierten Analyse auch die qualitative Auswertung eines Unternehmens eine große Rolle. Der Reiz der Unternehmensbewertung gründet gerade auf diesem Ansatz: Die Ermittlung des inneren Wertes besteht aus der Verschmelzung von quantitativen Fakten und qualitativem Wissen in einem geeigneten Modell. Das DCF-Modell eignet sich dabei für Unternehmen mit einem planbaren Geschäftsmodell und gilt als theoretisch fundiert. Die Bewertungsmultiplikatoren können sowohl als Alternative, sowie als Überprüfung und Erweiterung des DCF-Modells eingesetzt werden. Dabei besteht grundsätzlich die Wahl zwischen Equity- und Entitymultiplikatoren. Zudem können die „fairen Multiplikatoren“ über die hier dargestellte modifizierte Herangehensweise qualitativ bestimmt werden, oder in Einzelfällen auch aus einer Peer-Group abgeleitet werden. Grundsätzlich ist dabei das faire KGV, KBV und EV/EBIT von Interesse. Bei Unternehmen die sich aktuell in einer Restrukturierungsphase befinden und keine oder nur stark schwankende Gewinne ausweisen, ist auch die Anwendung des KUV oder EV/Sales empfehlenswert. Zuletzt kann durch die Liquidationsmethode der untere Bewertungsrand bestimmt werden. Die folgende Tabelle gibt abschließend einen Überblick über die Vor- und Nachteile der einzelnen Bewertungsmethoden.

Methode	Vorteil	Nachteil
DCF-Bewertung	• Theoretisch einwandfreie Methode • Verwendung des Free-Cashflows	• Solide einschätzbares Geschäftsmodellen notwendig • Fehleranfälligkeit
Faires KGV	• Praxisorientierte Bewertungsmethode • Einfache, schnelle Anwendung	• Gewinn entspricht nicht dem Cashflow • Gestaltungsspielraum
Faires KBV	• Quantitativ- und qualitativ herleitbar • Einfache, schnelle Anwendung	• Bestimmung der Eigenkapitalkosten • Bilanzpolitischer Spielraum
Faires KUV	• Anwendbar bei nicht vorhandenen Gewinnen • Umsatz ist schwer zu manipulieren	• Umsatz hat keine Aussage über den Unternehmenswert
Faires EV/EBIT	• Enterprise Value berücksichtig Verschuldung • Beachtet Rendite von Fremd- & Eigenkapitalgebern	• Verschuldung schwankt saisonal • EBIT unterliegt Sondereffekten
Liquidation	• Untergrenze der Bewertung ermittelbar • Alternative, statische Methode	• Vernachlässigt die Geschäftsaussichten • Liquidationspreise schwer bestimmbar

Mit den oben genannten Modellen verfügen wir über ein breites Arsenal an Bewertungsmethoden. Gleichwohl bietet sich nicht jedes Unternehmen für eine umfassende Bewertung an. Bei fehlender Kenntnis des Marktes, veralteter Datenlage oder mangelnder Einschätzung des Geschäftsmodells kann eine Unternehmensbewertung nicht durchgeführt werden. Solange der eigene Kompetenzbereich nicht überschritten wird, ergeben die vorgestellten Bewertungsmethoden einen guten Indikator für die Bandbreite des inneren Wertes eines Unternehmen. Es ist sinnvoll mindestens zwei Modelle zu verwenden. Dies verhindert Fehler (z. B. durch zu hohe Wachstumsraten oder zu niedrige Abzinsungsfaktoren beim DCF-Modell) und dient der kritischen Überprüfung der einzelnen Ergebnisse. Bei börsennotierten Unternehmen sollte der aktuelle Kurs und Kursverlauf nicht vor der Analyse betrachtet werden, um eine unvoreingenommene und unabhängige Bewertung zu gewährleisten. Eine empfehlenswerte Vorgehensweise ist zudem, Geschäftsberichte von vorne nach hinten zu lesen. Dieser auf den ersten Blick trivial erscheinende Ratschlag hat den Vorteil, dass zuerst das Geschäftsmodell und erst im Anschluss der Konzernabschluss betrachtet wird. Viele Bewertungen orientieren sich dagegen zu stark am Zahlenabschnitt, der meist im hinteren Bereich des Geschäftsberichts steht. Dieses Vorgehen bewirkt unter Umständen eine positive Einschätzung des Unternehmens nur auf Basis der Zahlen, was als „Quantitative-Bias“ bezeichnet werden könnte und einer unvoreingenommenen Bewertung nicht hilfreich ist. Überzeugt dagegen das Geschäftsmodell bereits ohne Blick auf die Zahlen, so wird das Studium des Konzernabschlusses ebenfalls keine Enttäuschung bringen, es sei denn, das Management macht einen schlechten Job, was ebenfalls eine verwertbare Erkenntnis ist. Der letzte und wichtigste Punkt der Unternehmensbewertung ist Selbstdisziplin. Viele Investoren und Analysten neigen dazu, nach besonders ausführlichen Analysen eines Unternehmens zwingend positive Bewertungen vorzunehmen, da ansonsten die erbrachte Arbeit umsonst gewesen wäre. Dieser Fehler kann unter Umständen sehr teuer werden. Analysen müssen und dürfen nicht zwingend mit einer positiven Kaufentscheidung schließen.

9 Value Investing

> Reich wird, wer in Unternehmen investiert, die weniger kosten als sie wert sind.
>
> *(Warren E. Buffett)*

In diesem abschließenden Kapitel soll nun die Brücke zwischen der Bewertungstheorie und der Praxis an der Börse geschlagen werden. Eine Investition kann immer dann lohnend sein, wenn zwischen dem aktuellen Börsenkurs und der eigenen Bewertung eine möglichst große Diskrepanz herrscht. Da Unternehmensbewertung niemals eine genaue Wissenschaft, sondern stets eine von Mängeln und Fehlern geprägte Kunst ist, muss eine ausreichend hohe Sicherheitsmarge zwischen eigener und aktueller Bewertung liegen, um eine Investition zu rechtfertigen. Dieser Unterschiedsbetrag stellt in gewisser Weise eine Versicherung gegen das eigene Unvermögen dar und berücksichtigt Fehleinschätzungen sowie die Unsicherheit bezüglich zukünftiger Entwicklungen. Ein genauer und endgültiger Unternehmenswert ist schlechthin gar nicht ermittelbar. Weshalb aber sollten andere Investoren überhaupt bereit sein, eine Aktie unter ihrem inneren Wert abzugeben?

Es kann zwar angenommen werden, dass Märkte an sich und speziell Aktienmärkte langfristig effiziente Bewertungsmaschinen sind, kurzfristig sind Über- und Untertreibungsphasen jedoch in regelmäßigen Abständen beobachtbar. Nicht erst seit der Tulpenblase 1630 in den Niederlanden lässt sich das Aufblähen und Platzen von Märkten kontinuierlich beobachten. Ziel des sogenannten Value Investing ist es, „falsch“ gepreiste Wertpapiere ausfindig zu machen und diese Ineffizienzen auszunutzen. Dem gegenüber stehen die Anhänger der sogenannten „Effizenzmarkthypothese“. Diese Theorie besagt, dass Aktien zu jeder Zeit korrekt bewertet und sämtliche verfügbare Informationen in den Kursen enthalten sind. Insbesondere ist nach dieser Theorie keine Arbitrage, also ein risikofreier Gewinn, möglich. Während die langfristige Entwicklung von Aktien im Modell richtigerweise durch die fundamentalen Unternehmensdaten erklärt wird, bietet die Effizienzmarkthypothese keine geeignete Erklärung für Über- und Untertreibungen in der kurzen Frist. Da diese oft auf irrationalen Handlungen der Marktteilnehmer beruhen, ist eine Einbettung dieser in das Modell auch gar nicht umsetzbar. Zudem trifft die Effizienzmarkthypothese die zweifelhafte Annahme, dass Information mit Wissen gleichzusetzen ist. Es ist jedoch keineswegs gegeben, dass vorhandene Informationen jederzeit korrekt eingepreist werden, oder überhaupt bewertungsrelevant sind. Gemäß dieser Theorie ergibt die aktive Suche nach unterbewerteten Aktien keinen Sinn, da der Markt sämtliche Wertpapiere zu jeder Zeit richtig preist. Daraus folgt, dass eine langfristige Überrendite gegenüber dem Markt schlechthin unmöglich ist, oder auf Zufall beruht. Nach dem Motto „Der Markt hat immer Recht“, lautet die Anlageempfehlung dieser Theoretiker daher, den breiten Markt durch passives Investieren, beispielsweise mittels eines Indexfonds, abzubilden. Es gibt jedoch gute Gründe, die Validität der Effizienzmarkthypothese in der kurzen Frist zu bezweifeln. Investoren wie beispielsweise Warren Buffett, Charles Munger, Walter Schloss oder Bill Ruane erzielten und erzielen immer noch überdurchschnittliche Ergebnisse durch die aktive Auswahl einiger weniger, unterbewerteter Aktien. Die Möglichkeit der Ausnutzung von irrational hohen oder niedrigen Preisen ergibt sich, da die Marktteilnehmer, entgegen der Behauptung der Effizienzmarkttheorie, nicht ausschließlich kühl kalkulierende Maschinen, sondern ebenso von Angst und Gier getriebene Menschen sind. Die zurückliegenden Blasen sind Zeugnis dieser irrationalen Übertreibungen. Zu Zeiten der New Economy wurden Luftschlösser zu Milliardenpreisen gehandelt; Keine sieben Jahre später platzte die US-Häuserblase - auch hier glaubten die Marktteilnehmer an fortwährend steigende Preise. Einer der beeindruckendsten Belege von irrationalen Bewertungen ist der teilweise Spin-Off des Smartphone Herstellers Palm von seinem Mutterkonzern 3Com im März 2000. Dabei veräußerte 3Com 5 Prozent der Palm-Anteile an seine Aktionäre, die pro gehaltener Aktie 1,525 Palmaktien erhalten sollten. Am Tag des Spin-Offs stiegen die Palm Aktien um mehr als

150 % auf 95 $ während 3Com-Aktien rund 20 % an Börsenwert einbüßten und zum Tagesschluss zu 81 $ notierten. Da 3Com immer noch 95 % der Palm-Anteile hielt, waren die restlichen 3Com Geschäftsbereiche mit einem negativen Wert von 63,16 $ je Aktie (95 $ * 1,525 - 81 $) bewertet. Dies entspricht einem negativen Unternehmenswert von 22 Mrd. $ für die verbleibenden Geschäftsbereiche von 3Com. Die Börse bewertete hier offensichtlich irrational. Die Palm Aktie notierte dabei zu einem KGV von astronomischen 1350. Der Absturz Palms erfolgte kurze Zeit später und endete nach einer Serie von Verlusten mit der Übernahme durch Hewlett-Packard im Herbst 2010. Weiter oben in Kapitel 7 wurde das Fallbeispiel Medions aufgegriffen, als das Unternehmen zeitweise unterhalb seiner Kassenbestände abzüglich der ausstehenden Schulden notierte. Dies sind nur zwei Beispiele, wie irrational die Börse in Zeiten von übermäßiger Gier oder Angst vorgeht. Intelligente Investoren nutzen diese Abweichungen zu ihrem Vorteil.

Von fallenden Kursen traumatisiert, gleichen Investoren sodann kleinen Kindern. Das vormalige Objekt der Begierde wird auf der Stelle fallen gelassen und notiert in manchen Fällen deutlich unter seinem fairen Wert. Es verwundert daher nicht, dass sich die besten Investitionsgelegenheiten kurz nach dem Platzen großer Blasen auftun, also in von Angst und Unsicherheit geprägten Zeiten. Warren Buffett hat dies in seinem legendären Spruch wie folgt zusammengefasst: „*I will tell you how to become rich. Close the doors. Be fearful when others are greedy. Be greedy when others are fearful.*“

Der Grundgedanke des „Value Investing“ besteht im profitieren von Preis- und Wertdifferenzen in Folge ineffizienter Märkte. Selbstredend wäre diese Art des Investierens nicht möglich, wenn die Märkte Wertpapiere per se und immer ineffizient preisen würden. Benjamin Graham, seines Zeichens Begründer des Value Investings und Lehrer Warren Buffetts, beschrieb diesen Zusammenhang mit seinem berühmt gewordenen Gleichnis: Kurzfristig seien die Märkte von Stimmungen und Meinungen getrieben (voting machine), langfristig hingegen kämen sie einer genaue Waage (weighing machine) gleich. Auf lange Sicht werden also auch die kurzfristig so irrationalen Märkte den wahren Wert eines Unternehmens erkennen und die Aktie entsprechend bewerten. Besonders bei großen und vielbeachteten Unternehmen ist oft eine Bewertung nahe des fairen Wertes zu beobachten, was diese Theorie stützt.

Kern dieser Investmentphilosophie ist die Betrachtung einer Aktie als Anteil an einem real existierenden Unternehmen und nicht als abstrakter Börsenkurs, der sekündlich in eine andere Richtung zuckt. Graham fasste diesen Ansatz mit den Worten „*Investment is most intelligent when it is most businesslike.*“ zusammen. Es ist wichtig, sich zu verinnerlichen, dass der aktuelle Aktienkurs nicht zwingend den wahren Wert eines Unternehmens widerspiegelt. Vielmehr zeigen die Börsenkurse lediglich an, zu welchem Kurs die Marktteilnehmer aktuell bereit sind zu kaufen oder zu verkaufen. Noch deutlicher drückt dies Warren Buffett aus: „*As far as I am concerned, the stock market doesn't exist. It is there only as a reference to see if anybody is offering to do anything foolish.*“

Es ist hilfreich beim Wertpapierkauf anzunehmen, nicht einen kleinen Teil des Unternehmens, sondern das gesamte Unternehmen zu erwerben. Um dem langfristigen und nachhaltigen Ansatz gerecht zu werden, sollten Bewertung und Investition daher aus Unternehmersicht getroffen werden. In den vorangegangenen Kapiteln haben wir bereits wichtige Faktoren für den Erfolg eines Unternehmens kennengelernt. Neben der Betrachtung von Markt, Geschäftsmodell, Produkt und Finanzkennzahlen, sowie der Unternehmensbewertung, ist jedoch der richtige Kaufpreis entscheidend. Hierzu dient das Konzept der „Margin of Safety“.

9.1 Ansatz der Margin of Safety

Die Margin of Safety ergibt sich aus dem Unterschied zwischen dem fairen Wert eines Wertpapiers und dem aktuellen Marktpreis. Das Konzept der Sicherheitsmarge entstammt Grahams Werken „Security Analysis“ (1934) und „Intelligent Investor“ (1949).

Je größer die Margin of Safety, desto interessanter und - bei richtiger Analyse - sicherer ist eine Investition. Da die Unternehmensbewertung nie zu einem exakten Unternehmenswert gelangt, ist es wichtig, einen gewissen Abschlag auf den inneren Wert einer Aktie zu fordern. Insbesondere bei Unternehmen mit einer temporären Schwächephase sollte man z. B. eine Margin of Safety von mindestens 50 % fordern, um einen Kauf zu rechtfertigen. Dabei gilt, dass die geforderte Sicherheitsmarge mit dem Risiko einer Aktie zunehmen sollte: Gerade zyklische oder finanziell angeschlagene Unternehmen stellen nur dann ein geeignetes Investitionsobjekt dar, wenn eine besonders hohe Sicherheitsmarge gegeben ist. Bei einfach einzuschätzenden und soliden Geschäftsmodellen kann dagegen auch eine niedrigere Sicherheitsmarge akzeptiert werden.

Befindet sich der innere Wert einer Aktie beispielsweise bei 5 € und man verlangt eine Sicherheitsmarge von 2 €, so beträgt der maximale Kaufpreis 3 €. Jeder Wert darüber verringert die Sicherheitsmarge. Eine hohe Sicherheitsmarge ermöglicht selbst im Falle einer falschen Unternehmensbewertung (nehmen wir an, der tatsächliche faire Wert liegt bei nur 4 €) ein positives Ergebnis. Die Margin of Safety ist daher gewissermaßen als Absicherung gegen die eigene Urteilsfähigkeit aufzufassen.

In der Praxis ist es sinnvoll, eine Sicherheitsmarge von mindestens 30 % zu erreichen, bevor ein Kauf getätigt wird, wobei dieser Wert je nach Branche, wirtschaftlicher Lage und Zinsniveau nach oben angepasst werden kann. In diesem Wert ist zum einen die Fehlbarkeit der eigenen Bewertung und zum anderen die Ungewissheit hinsichtlich zukünftiger Ereignisse enthalten. Es ergibt keinen Sinn, eine Aktie zu kaufen, die zu 15,50 € notiert, deren innerer Wert jedoch 16,00 € beträgt. Unternehmensbewertung kommt vielmehr einer Kunst gleich, als einer präzisen Wissenschaft.

Beispiel 9.1 - Sicherheitsmarge: A.S. Creation

In Kapitel 8 wurde ein angemessenes KGV von 13,5 für den Tapetenhersteller A.S. Creation bestimmt. Im Geschäftsjahr 2009 erwirtschaftete das Unternehmen einen Gewinn je Aktie von 2,72 €. Es ergibt sich ein indikativer Wert von 36,72 € je Aktie, der aufgrund außergewöhnlicher Belastungen im Krisenjahr 2009 zudem konservativ angesetzt ist. Der Kurs pendelte im betrachteten Jahr zwischen 10 € und 27 €. Ein Einstieg in dieser Zeitspanne hätte zu jedem Zeitpunkt die 30%-Regel der Sicherheitsmarge erfüllt. Die Höhe der geforderten Sicherheitsmarge sollte sich dabei nach der Zielrendite und dem Risiko der Investition richten.

9.2 Diversifikation

Value Investing besteht im Wesentlichen aus der langfristigen Anlage in preiswerte Qualitätsaktien. Eine weitere, deutlich kurzfristiger ausgerichtete Value-Strategie, richtet den Fokus auf Werte ohne wesentliche Qualitätsmerkmale, die jedoch zu besonders attraktiven Preisen erworben werden können. Buffett nennt diese Art von Aktien „Zigarettenstummel“, da diese Unternehmen - ohne nennenswerte Alleinstellungsmerkmale - langfristig zwar nur geringes Potenzial aufweisen, jedoch kurz- bis mittelfristig auf ihr faires Niveau zurückkehren können. In diese Kategorie fallen oft Aktien aus altmodischen und nur langsam wachsenden Branchen, die vom Markt vernachlässigt werden. Besonders häufig sind hier Unternehmen zu finden, die in ihrer Nische zwar profitabel wirtschaften, aber dennoch unter ihrem Buchwert notieren. Da die Rendite einer Investition vom Ertrag und der Dauer abhängig ist, stellen kurz- bis mittelfristige Zigarettenstummel-Investitionen durchaus eine sinnvollen Zusatz zu langfristig angelegten Value Investments in Qualitätsaktien dar. Value Investing beschränkt sich demnach nicht nur auf Unternehmen mit einem herausragenden Geschäftsmodell, sondern zielt vielmehr darauf ab, Aktien mit erheblichem Abschlag auf ihren fairen Wert zu kaufen.

Welche Art von Investition auch getätigt wird, ein Kauf mit einer ausreichenden Sicherheitsmarge reduziert das Risiko substanziell. Aus diesem Grund ist die Forderung nach einer breiten Diversifikation der Aktien zur Risikominimierung hinfällig. Zudem ist es kaum möglich, derart viele Unternehmen mit einer angemessenen Sicherheitsmarge zu finden, um dem Postulat der Diversifikation gerecht zu werden. Value Investing lebt von der konzentrierten, aber bedachten Auswahl an Wertpapieren. Lebhafter drückt Warren Buffett diesen Sachverhalt aus: „*Big opportunities come infrequently. When it's raining gold, reach for a bucket, not a thimble.*“

Wenn eine Aktie die in diesem Buch geforderten Kriterien erfüllt und eine mehr als ausreichende Sicherheitsmarge aufweist, so sollte dieses Investment nicht halbherzig, sondern mit einer der Sicherheitsmarge entsprechend großen Position eingegangen werden. Dazu Buffett: „*The way to go is to get one good idea a year and ride it to its full potential.*“

Aus dem bisher Geschriebenen wird klar, dass zum erfolgreichen, langfristigen Investieren neben einer klugen Auswahl an Aktien auch ein klarer Kopf in unruhigen Zeiten gehört. Die genaue Analyse von Markt und Unternehmen dient nicht nur der Schärfung des Urteilsvermögens, sondern auch der eigenen Überzeugung, gegen die allgemeine Marktmeinung ein Unternehmen zu kaufen und auch durch kurzfristige Rücksetzer nicht aus der Ruhe gebracht zu werden. Die wesentlichen persönlichen Voraussetzungen für eine erfolgreiche Anlegerkarriere beschreibt Warren Buffett in einem seiner „Shareholder Letters“ wie folgt: „*To invest successfully over a lifetime does not require a stratospheric IQ, unusual business insight, or inside information. What's needed is a sound intellectual framework for decisions and the ability to keep your emotions from corroding that framework.*“

9.3 Anlagehorizont

Wenn Unternehmen mit einem Alleinstellungsmerkmal dazu in der Lage sind, ihre Marktposition Jahr für Jahr auszubauen und zu festigen, so steigt auch der Unternehmenswert mit der Zeit an. Die optimale Haltedauer einer solchen Aktie lautet daher vorerst: für immer. Für die Desinvestitionsentscheidung sollten Investoren jedoch die gleichen Kriterien wie für den Kauf heranziehen. Notiert ein Unternehmen über seinem inneren Wert, so ist ein Marktteilnehmer offensichtlich bereit, mehr zu bezahlen, als das Unternehmen tatsächlich wert ist. Es wäre unvorteilhaft, dieses Angebot nicht anzunehmen, wenn der Marktpreis deutlich vom inneren Wert abweicht. Infolgedessen sollten Investoren ihre Positionen in regelmäßigen Abständen neu bewerten und darauf überprüfen, ob die aktuelle Börsenbewertung einen Verkauf rechtfertigt, also der Marktpreis deutlich über dem inneren Wert liegt. Die Zeit ist dabei auf der Seite langfristig orientierter Investoren. Je länger eine Position gehalten wird und je geringer die Ausschüttungsquote ist, desto stärker wirkt der Zinseszinseffekt auf Unternehmensebene. Des Weiteren implizieren lange Haltezeiten geringe Transaktionskosten und verschieben die Steuerlast weiter in die Zukunft. Folgendes Beispiel soll die enorme Bedeutung des Zinseszinseffektes, also von langen Halteperioden sowie den Transaktions- und Steuerkosten hervorheben.

Beispiel 9.2 - ZINSESZINSEFFEKT

Anleger A und B legen sehr erfolgreich an der Börse an. Beide erreichen jährlich eine Rendite von 100 % und verdoppeln damit ihr eingesetztes Kapital. Der einzige Unterschied liegt im Anlagehorizont der beiden Anleger: Während Anleger A langfristig investiert und nur eine Aktie über die nächsten 20 Jahre hält, verkauft Anleger B seine spekulativ gekaufte Aktie jeweils am Ende des Jahres und erwirbt erfolgreich eine neue, die sich wiederum verdoppeln wird. Die Aktien beider Anleger verdoppeln sich also Jahr für Jahr. Anleger B ist lediglich aktiver am Handel beteiligt. Diese Aktivität kostet Geld und Rendite. Während A nach 20 Jahren aus seinem Startkapital von 1 € genau 1.048.576 € gemacht hat und darauf nun 262.144 € an Steuern bezahlen muss, bleiben ihm also 786.432 € am Ende der Periode. Im Gegensatz dazu muss B aufgrund seiner jährlichen Verkäufe jeweils eine Abgeltungssteuer von 25 % auf den Gewinn bezahlen: Ihm blieben nach 20 Jahren lediglich 72.570 € und damit weniger als 1/10 des Ertrags von Anleger A.

Im Gegensatz zur eigentlichen Unternehmensbewertung wurde das Thema Value Investing durch Benjamin Grahams „Intelligent Investor“ und Buffetts „Shareholder Letters“ bereits zu genüge diskutiert. Die Grundsätze Grahams sind auch heute noch uneingeschränkt gültig. Da das Ziel dieses Buches nicht im Wiedergeben bereits geschriebener Texte besteht, fällt dieses Kapitel entsprechend kurz aus. Die Originalwerke „Intelligent Investor“ und „Security Analysis“ seien daher wärmstens empfohlen. Das Internet, zahllose Analystenkommentare pro Stunde und eine Informationsverbreitung in Echtzeit haben den Börsenalltag zwar maßgeblich geprägt, können jedoch nicht zwei allzu menschliche Eigenschaften eliminieren: Gier und Angst. Das Value Investing nutzt genau diese Tatsache aus.

9.4 Schlusswort

Value Investing besteht in der Ausnutzung von Preisdifferenzen zwischen dem aktuell gehandelten Aktienpreis und dem nach eingehender Analyse erhaltenen fairen Wert. Sofern diese Preisdifferenz die geforderte Sicherheitsmarge übersteigt, sollte eine Investition getätigt werden. Dieser simplen Handlungsanweisung steht der komplexe und intellektuell herausfordernde Bewertungsprozess gegenüber. Die in diesem Buch dargelegten Hilfsmittel, wie die unterschiedlichen Kennzahlen sowie die methodische Analyse und Einordnung des Geschäftsmodells, dienen der Verdichtung von quantitativen und qualitativen Merkmalen als Entscheidungsgrundlage über den zukünftigen Erfolg einer Unternehmung. Es zeigt sich, dass auch auf einer einheitlichen Datenbasis die unterschiedlichen Bewertungsmethoden zu abweichenden Ergebnissen führen können. Letztendlich spiegelt sich die eigentliche Leistung des Investors in der konsequenten Durchführung des gesamten Analyseprozesses jedoch nur im Erfolg und Misserfolg an den Kapitalmärkten wider. Da die Aktienmärkte von Zeit zu Zeit zu extremen Über- und Untertreibungen neigen, ist das Vertrauen in die eigene Urteilsfähigkeit maßgeblich für diesen Erfolg. Selbstdisziplin und das konsequente Ausnutzen von irrationalem Handeln anderer Marktteilnehmer sind daher stets die Folge einer - (selbst)vertrauensschaffenden - umfassenden Analyse. Die von Warren Buffett geforderte „*Gier, wenn andere ängstlich sind*“ lässt sich nur auf dieser Grundlage umsetzen. Der Philosoph Arthur Schopenhauer schloss einst sein Hauptwerk sinngemäß mit den Worten, dass für den, der das wahre Wesen der Welt erkannt hat, die eigentliche Welt keine Bedeutung mehr habe. Übertragen auf unser Thema lässt sich sagen, dass für den, der die eigentlichen betriebswirtschaftlichen Hintergründe der Unternehmensbewertung kennengelernt hat, die ständigen und oft emotional getriebenen Kursänderungen an der Börse, nur eines sind: Nichts.

Stichwortverzeichnis